国家骨干高职院校项目建设成果

Qiche Yunyong Jishu Zhuanye ji Zhuanyequn

汽车运用技术专业及专业群

Rencai Peiyang Fang'an

人才培养方案

黄晓敏　官海兵　胡雄杰　主　编

彭志勇　主　审

人民交通出版社股份有限公司

China Communications Press Co.,Ltd.

内 容 提 要

《汽车运用技术专业及专业群人才培养方案》是江西交通职业技术学院国家骨干高职院校建设项目的重点专业建设成果之一。汽车运用技术专业作为中央财政支持的重点建设专业项目之一，在建设过程中，坚持“以需求为导向、以能力为核心、以学生为中心”的现代职业教育理念，在行业企业调研基础上，对汽车后市场服务职业岗位的能力要求进行了分析，同时借鉴了丰田 T-TEP、中德 SGAVE、通用 ASEP 等技术教育项目的先进经验和做法，构建了“岗位需求引导、行企标准跟进、三方考核评价”的人才培养模式和“素质课程、平台课程、职业方向课程和就业岗位拓展课程”的专业课程体系。

本专业人才培养方案共分为三个部分，第一部分是汽车运用技术专业人才培养方案、实施人才培养方案的支撑条件以及主要的课程标准；第二部分是汽车技术服务与营销专业人才培养方案及专业核心学习领域的课程标准；第三部分是汽车电子技术专业人才培养方案及专业核心学习领域的课程标准。

本方案可作为高职院校同类专业的教学参考标准，也可以作为其他专业制订人才培养方案和课程标准的参考用书。

图书在版编目(CIP)数据

汽车运用技术专业及专业群人才培养方案/黄晓敏，官海兵，胡雄杰主编. —北京：人民交通出版社股份有限公司，2015. 1

国家骨干高职院校项目建设成果

ISBN 978-7-114-12439-6

Ⅰ. ①汽…　Ⅱ. ①黄…　②官…　③胡…　Ⅲ. ①汽车-应用-人才培养-高等职业教育-教材　Ⅳ. ①U471. 2

中国版本图书馆 CIP 数据核字(2015)第 183695 号

国家骨干高职院校项目建设成果

书　　名：汽车运用技术专业及专业群人才培养方案

著 作 者：黄晓敏　官海兵　胡雄杰

责任编辑：卢仲贤　司昌静　周　凯

出版发行：人民交通出版社股份有限公司

地　　址：(100011)北京市朝阳区安定门外外馆斜街 3 号

网　　址：http://www.ccpress.com.cn

销售电话：(010)59757973

总 经 销：人民交通出版社股份有限公司发行部

经　　销：各地新华书店

印　　刷：北京市密东印刷有限公司

开　　本：787 × 1092　1/16

印　　张：18.5

字　　数：444 千

版　　次：2015 年 1 月　第 1 版

印　　次：2015 年 1 月　第 1 次印刷

书　　号：ISBN 978-7-114-12439-6

定　　价：90.00 元

江西交通职业技术学院
专业人才培养方案编审委员会

本书编审人员

主　编：黄晓敏　江西交通职业技术学院
　　　　官海兵　江西交通职业技术学院
　　　　胡雄杰　江西交通职业技术学院
主　审：彭志勇　江西运通汽车技术服务有限公司
参　编：欧阳娜　江西交通职业技术学院
　　　　廖胜文　江西交通职业技术学院
　　　　闵思鹏　江西交通职业技术学院
　　　　吴纪生　江西交通职业技术学院
　　　　张光磊　江西交通职业技术学院
　　　　孙丽娟　江西交通职业技术学院
　　　　付慧敏　江西交通职业技术学院
　　　　潘开广　江西交通职业技术学院
　　　　周羽皓　江西交通职业技术学院
　　　　杨　晋　江西交通职业技术学院
　　　　刘星星　江西交通职业技术学院
　　　　刘堂胜　江西交通职业技术学院
　　　　胡烈敏　江铃福特汽车销售服务有限公司

序

PREFACE

为配合国家骨干高职院校建设，推进教育教学改革，重构教学内容，改进教学方法，在多年课程改革的基础上，江西交通职业技术学院组织相关专业教师和行业企业技术人员共同编写了“国家骨干高职院校重点建设专业人才培养方案和优质核心课程系列教材”。经过三年的试用与修改，本套丛书在人民交通出版社股份有限公司的支持下正式出版发行。在此，向本套丛书的编审人员、人民交通出版社股份有限公司及提供帮助的企业表示衷心感谢！

人才培养方案和教材是教师教学的重要资源和辅助工具，其优劣对教与学的质量有着重要的影响。好的人才培养方案和教材能够提纲挈领，举一反三，而差的则照搬照抄，不知所云。在当前阶段，人才培养方案和教材仍然是教师以育人为目标，服务学生不可或缺的载体和媒介。

基于上述认识，本套丛书以适应高职教育教学改革需要、体现高职教材“理论够用、突出能力”的特色为出发点和目标，努力从内容到形式上有所突破和创新。在人才培养方案设计时，依据企业岗位的需求，构建了以岗位需求为导向，融教学生产于一体的工学结合人才培养模式；在教学内容取舍上，坚持实用性和针对性相结合的原则，根据高职院校学生到工作岗位所需的职业技能进行选择。并且，从分析典型工作任务入手，由易到难设置学习情境，寓知识、能力、情感培养于学生的学习过程中，力求为教学组织与实施提供一种可以借鉴的模式。

本套丛书共涉及汽车运用技术、道路桥梁工程技术、物流管理和交通安全与智能控制等27个专业的人才培养方案，24门核心课程教材。希望本套丛书能具有学校特色和专业特色，适应行业企业需求、高职学生特点和经济社会发展要求。我们期待它能够成为交通运输行业高素质技术技能人才培养中有力的助推器。

用心用功用情唯求致用，耗时耗力耗资应有所值。如此，方为此套丛书的最大幸事！

江西省交通运输厅总工程师

2014年12月

目　录

CONTENTS

汽车运用技术专业人才培养方案

汽车技术服务与营销专业人才培养方案

汽车电子技术专业人才培养方案

汽车运用技术专业
人才培养方案

第一部分　主体部分

一、专业名称(专业代码)

汽车运用技术(520104)

二、招生对象

普通高中毕业生或具有同等学力者

三、学制

全日制三年

四、培养目标

本专业面向省内及周边地区汽车后市场机电维修、售后服务、配件管理及汽车事故勘查定损与理赔等岗位,培养具有良好的职业素养和职业道德,具备较扎实的汽车检测诊断、维修与服务、事故汽车查勘定损与理赔等专业理论知识,具有较强的实践动手能力和分析问题、解决问题能力的技术技能人才。

五、就业面向

本专业就业面向主要是汽车后市场企业的生产与管理岗位。根据汽车运用技术专业毕业生职业能力的成长规律和职业生涯的发展特点,将就业岗位群划分为初始岗位、发展岗位和高阶岗位3个阶段,如表1-1所示。

汽车运用技术专业就业面向及岗位群表　　表1-1

序号	就业面向	就业岗位群		
		初始岗位	发展岗位	高阶岗位
1	汽车维修企业	机电维修学徒	机修组长/保修专员	技术总监
2		服务顾问	前台主管	服务经理
3		配件管理员	配件采购专员	配件经理
4	汽车检测站	汽车检测员	检测站技术负责人	检测站站长
5	保险公司/公估公司	保险查勘定损员	理赔专员/核损专员	理赔经理/核损经理

六、培养规格

(一)素质目标

(1)具有良好的思想政治素质、社会公德和职业道德;

(2)具有强烈的责任意识、质量意识和安全意识，能自觉遵守行业法规和职业规范；

(3)具有开拓创新、团结合作的精神和严谨务实的工作作风；

(4)具有较强的口头表达能力和人际沟通技巧；

(5)具有良好的环保意识；

(6)具备获取、分析、使用信息的能力；

(7)具有科学分析和解决问题的能力。

(二)知识目标

(1)掌握汽车机械系统的基本构造和工作原理；

(2)掌握汽车材料的工作特性及使用方法；

(3)掌握汽车电气系统、电控系统的构造与工作原理；

(4)掌握汽车维修服务接待与结算流程；

(5)掌握汽车维护和维修的流程与方法；

(6)掌握汽车性能检测与故障诊断的流程和方法；

(7)熟悉汽车保险理赔有关知识；

(8)了解汽车销售与服务方法；

(9)熟悉汽车检测站工艺流程。

(三)能力目标

(1)具有与客户沟通交流的能力；

(2)能熟练使用汽车维修工具和检测仪器设备；

(3)具有汽车故障诊断与检测能力；

(4)具有排除汽车基础机械故障的能力；

(5)具有对汽车进行维护和维修的能力；

(6)具有对汽车进行性能评价和试验的能力；

(7)具有对汽车安全检测和综合检测的能力；

(8)具有基本的汽车销售与售后服务能力；

(9)具有翻译汽车维修外文资料和计算机操作的能力；

(10)具有信息收集与处理、写作与表达能力。

七、教学环节进程安排表

(一)培养时间分配表

以汽车售后服务市场岗位需求为导向，以培养学生良好职业道德和较强职业能力为宗旨，导入行业企业技术标准，借鉴校企合作培养人才的经验，通过与德国、韩国等一批汽车职业教育合作项目的实施，引入发达国家先进的汽车技术和职教理念，构建“岗位需求引导、行企标准跟进、三方考核评价”，适应区域经济发展的汽车运用技术专业人才培养模式。适时调整教学计划，试行“旺入淡出”的教学组织模式。学生分别在第二学期5月份“旺季”到企业进行2周实训教学，第三学期10月份与第四学期5月份“旺季”到企业进行4周实训教学，在企业的生产淡季时间则在校内学习，第五学期12月份到第六学期末期间进行毕业顶岗实习，试行工学交替的教学组织形式。教学组织过程，如图1-1所示。

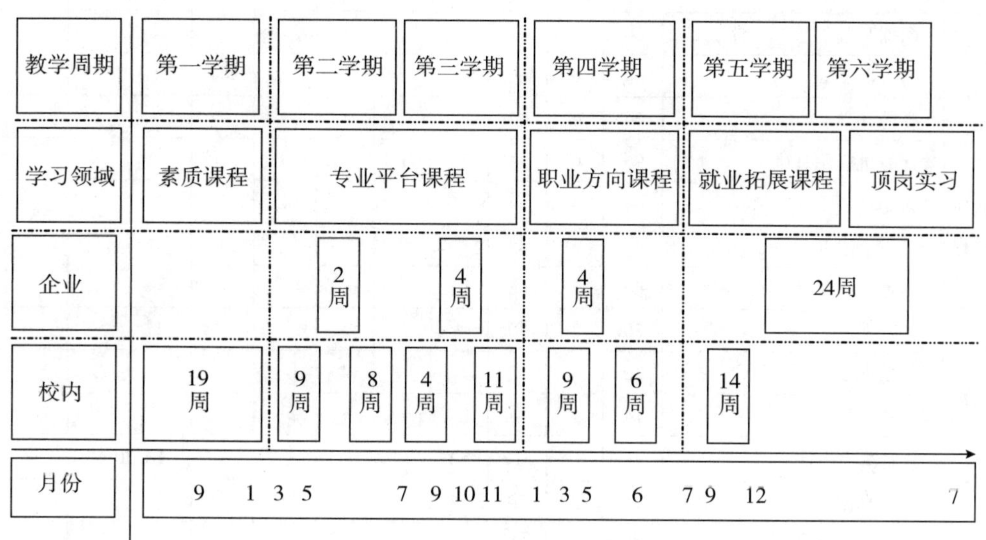

图1-1 教学组织过程示意图

在人才培养的实施过程中，教学环节培养时间分配，如表1-2所示。

汽车运用技术专业培养时间分配表

表1-2

学　　年		第一学年		第二学年		第三学年		合计
学期		一	二	三	四	五	六	
1	入学教育	1周						1周
2	国防教育	2周						2周
3	课内教学	16周	17周	15周	15周	14周		76周
4	实践教学		2周	4周	4周			10周
5	生产实习					5周	19周	24周
累计		19周	19周	19周	19周	19周	19周	114周

注：1. 课内教学指按课程（学习领域）组织的各种教学活动，包括理论课程、理实一体化课程等。

2. 实践教学是指计划单列的非生产性实践教学活动，包括专业认识实践、专项单列实训、课程设计、综合设计、社会实践等。

3. 生产实习是指生产性教学实习活动，包括工学交替生产实习、生产劳动实习、毕业顶岗实习。

（二）教学进程表

本专业的人才培养进程，如表1-3所示。

汽车运用技术专业教学进程表 表1-3

序号	类别	课程名称	教学时数				考核方式		课内教学时数及教学周数					
									第一学年		第二学年		第三学年	
			总学分	学分	理论学时	实践学时	考试学期	考查学期	一	二	三	四	五	六
									16周	17周	15周	15周	14周	19周
1	素质课程	两课基础与形势教育	64	4	64			1	4					
2		“两课”概论	68	4	68			2		4				
3		高等数学	64	4	64			1	4					
4		计算机应用基础	96	6	44	52	1		6					
5		大学英语Ⅰ	64	4	64		1		4					
6		大学英语Ⅱ	68	4	68			2		4				
7		体育	66	3	66			1、2	2	2				
8		任选课1	30	2	30			3			2			
9		任选课2	30	3	30			4				2		
10		就业指导	14	1	14			5					1	
素质课程小计			564	35	512	52	百分比		18.30%					
1	专业平台课程	机械制图	64	2	50	14	1		2					
2		汽车机械基础	68	2	68		2			2				
3		电工电子技术	64	4	52	12	2		4					
4		发动机机械系统检修	102	6	60	42	2			6				
5		发动机原理与汽车理论	68	4	58	10		2		4				
6		汽车传动系统检修	30	2	12	18	3				2			
7		汽车行驶转向制动系统检修	60	4	30	30	3				4			
8		汽车电气系统检修	90	6	40	50	3				6			
9		汽车维护与保养	30	2	10	20		3			2			
10		汽车运行材料	30	2	30			3			2			
11		汽车空调系统检修	45	3	20	25		3			3			
12		汽车专业英语	30	2	30			3			2			
13		汽车法规与标准	30	2	30			3			2			
专业平台课程小计			711	41	490	221	百分比		23.07%					
1	职业方向学习 汽车维修方向	发动机电控系统检修	90	6	46	44	4					6		
2		汽车底盘电控系统检修	90	6	50	40	4					6		
3		汽车车身电控系统检修	90	6	50	40		4				6		
4		汽车车内局域网系统检修	30	2	16	14		4				2		
5		汽车检测与诊断技术	60	4	30	30	4					4		
汽车维修职业方向课程小计			360	24	192	168	百分比		11.68%					

续上表

序号	类别		课程名称	教学时数				考核方式		课内教学时数及教学周数					
				总学分	学分	理论学时	实践学时	考试学期	考查学期	第一学年		第二学年		第三学年	
										一	二	三	四	五	六
										16 周	17 周	15 周	15 周	14 周	19 周
1	职业方向课程学习领域	大众订单方向	保养和维护车辆及其系统	30	2	10	20		4				2		
2			检查和维修/修理发动机机械机构	60	4	30	30		4				4		
3			检查和修理电气系统及能量/起动系统	60	4	30	30		4				4		
4			诊断和修理发动机管理系统	60	4	30	30	4					4		
5			诊断和修理动力传输系统	30	2	10	20	4					2		
6			诊断和修理底盘和制动系统	60	4	30	30	4					4		
7			诊断和修理底盘备选驱动方案	30	2	20	10		4				2		
8			工作过程中的沟通和互动	30	2	12	18		4				2		
			大众订单方向小计	360	24	172	188	百分比		11.68%					
1		丰田订单方向	丰田技术员模块	30	2	20	10		4				2		
2			丰田汽车保养与维护	90	6	30	60		4				6		
3			丰田汽车常见维修工作	30	2	10	20		4				2		
4			汽车发动机大修	60	4	20	40	4					4		
5			汽车底盘大修	60	4	20	40	4					4		
6			丰田汽车电气设备大修	60	4	20	40	4					4		
			丰田订单方向小计	330	22	120	210	百分比		10.80%					
1		现代订单方向	北京现代汽车保养与维修	60	4	30	30		4				4		
2			北京现代汽车发动机检测与维修	90	6	30	60	4					6		
3			北京现代汽车底盘检测与维修	60	4	20	40	4					4		
4			北京现代汽车电气系统检测与维修	90	6	30	60	4					6		
			现代订单方向小计	300	20	110	190	百分比		9.93%					
1		通用订单方向	发动机机械系统	60	4	22	38	4					4		
2			自动变速器	60	4	30	30	4					4		
3			手动变速器及车桥系统	30	2	10	20		4				2		
4			转向与悬挂系统	30	2	10	20		4				2		
5			制动系统	30	2	10	20		4				2		
6			电子电气	60	4	20	40	4	4				4		
7			汽车加热、通风及空调系统	30	2	10	20		4				2		
8			发动机性能	30	2	20	10		4				2		
9			服务信息与理性保养维护	30	2	8	22		4				2		

续上表

序号	类别	课程名称	教学时数				考核方式		课内教学时数及教学周数					
			总学分	学分	理论学时	实践学时	考试学期	考查学期	第一学年		第二学年		第三学年	
									一	二	三	四	五	六
									16 周	17 周	15 周	15 周	14 周	19 周
10		上海通用文化背景与服务理念	30	2	30			4				2		
		通用订单方向小计	390	26	170	220	百分比		12.53%					
1	就业岗位拓展课程	汽车车身修复技术	56	4	28	28	5						4	
2		汽车涂装技术	56	4	28	28		5					4	
3		汽车营销实务	56	4	28	28	5						4	
4		汽车维修业务接待	56	4	28	28		5					4	
5		机动车保险实务	56	4	40	16		5					4	
6		机动车保险查勘	56	4	28	28	5						4	
		就业岗位拓展课程小计	336	24	180	156	百分比		10.90%					
1	实践课程	入学教育	30	1		30			1 周					
2		国防教育	60	2		60			2 周					
3		“旺入淡出”企业实践	300	5		300		2、3、4		1 周	2 周	2 周		
4		毕业企业顶岗实习	720	14		720		5、6					5 周	19 周
		实践课程小计	1110	22	0	1110	百分比		36.02%					
汽车维修方向总学时		理论教学总学时	1374	百分比					44.60%					
		实践教学总学时	687	百分比					22.30%					
		企业实践总学时	1020	百分比					33.10%					
		总学时	3081											
		总学分	146											
大众订单方向总学时		理论教学总学时	1354	百分比					43.95%					
		实践教学总学时	707	百分比					22.95%					
		企业实践总学时	1020	百分比					33.10%					
		总学时	3081											
		总学分	146											
丰田订单方向总学时		理论教学总学时	1302	百分比					42.67%					
		实践教学总学时	729	百分比					23.89%					
		企业实践总学时	1020	百分比					33.44%					
		总学时	3051											
		总学分	144											
现代订单方向总学时		理论教学总学时	1292	百分比					42.77%					
		实践教学总学时	709	百分比					23.47%					
		企业实践总学时	1020	百分比					33.76%					
		总学时	3021											
		总学分	142											

续上表

<table>
<tr><td rowspan="4">序号</td><td rowspan="4">类别</td><td rowspan="4">课程名称</td><td colspan="4">教学时数</td><td colspan="2">考核方式</td><td colspan="6">课内教学时数及教学周数</td></tr>
<tr><td rowspan="3">总学分</td><td rowspan="3">学分</td><td rowspan="3">理论学时</td><td rowspan="3">实践学时</td><td rowspan="3">考试学期</td><td rowspan="3">考查学期</td><td colspan="2">第一学年</td><td colspan="2">第二学年</td><td colspan="2">第三学年</td></tr>
<tr><td>一</td><td>二</td><td>三</td><td>四</td><td>五</td><td>六</td></tr>
<tr><td>16 周</td><td>17 周</td><td>15 周</td><td>15 周</td><td>14 周</td><td>19 周</td></tr>
<tr><td colspan="2" rowspan="5">通用订单方向总学时</td><td>理论教学总学时</td><td>1352</td><td colspan="5">百分比</td><td colspan="6">43.46%</td></tr>
<tr><td>实践教学总学时</td><td>739</td><td colspan="5">百分比</td><td colspan="6">23.75%</td></tr>
<tr><td>企业实践总学时</td><td>1020</td><td colspan="5">百分比</td><td colspan="6">32.79%</td></tr>
<tr><td>总学时</td><td colspan="12">3111</td></tr>
<tr><td>总学分</td><td colspan="12">148</td></tr>
</table>

(三)课程设置及学时比例

在人才培养的实施过程中,各教学环节学时比例,如表 1-4 所示。

汽车运用技术专业课程设置及学时比例表 表 1-4

<table>
<tr><td colspan="2" rowspan="2">项 目</td><td rowspan="2">理论教学</td><td colspan="4">实践教学</td></tr>
<tr><td>课内实训</td><td>专项实训</td><td>生产实习</td><td>合计</td></tr>
<tr><td rowspan="2">汽车维修方向</td><td>学 时</td><td>1374</td><td>687</td><td>300</td><td>720</td><td>1856</td></tr>
<tr><td>所占比例</td><td>44.60%</td><td colspan="4">55.40%</td></tr>
<tr><td rowspan="2">大众订单方向</td><td>学 时</td><td>1354</td><td>707</td><td>300</td><td>720</td><td>1876</td></tr>
<tr><td>所占比例</td><td>43.95%</td><td colspan="4">56.05%</td></tr>
<tr><td rowspan="2">丰田订单方向</td><td>学 时</td><td>1302</td><td>729</td><td>300</td><td>720</td><td>1918</td></tr>
<tr><td>所占比例</td><td>42.67%</td><td colspan="4">57.33%</td></tr>
<tr><td rowspan="2">现代订单方向</td><td>学 时</td><td>1292</td><td>709</td><td>300</td><td>720</td><td>1930</td></tr>
<tr><td>所占比例</td><td>42.77%</td><td colspan="4">57.23%</td></tr>
<tr><td rowspan="2">通用订单方向</td><td>学 时</td><td>1352</td><td>739</td><td>300</td><td>720</td><td>1890</td></tr>
<tr><td>所占比例</td><td>43.46%</td><td colspan="4">56.54%</td></tr>
</table>

注:1. 理论教学学时不包含课内的实训环节教学,课内实训是指在课程教学内完成的、非计划单列实践教学。

2. 专项实训是指计划单列的非生产性实践教学,包括专业认识实践、专项单列实训、课程设计、综合设计、社会实践等。

3. 生产实习包含轮岗生产实习、定岗生产实习、毕业顶岗实习。

八、毕业标准

(一)基本要求

(1)德、智、体、美等方面均通过学生管理部门考核达标;

(2)按规定完成课程(学习领域)的学习,成绩合格;

(3)完成各实践性教学环节(单列科目,如实践课、课程设计、实习、毕业实践、毕业设计等)的学习,成绩合格。

（二）考证要求

（1）必须取得全国计算机等级证（一级及以上）、英语应用能力证书（三级 B）及汽车驾驶证；

（2）获得至少一个本专业职业资格证书方可毕业。本专业职业资格证书，如表 1-5 所示。

汽车运用技术专业职业资格证书表 表 1-5

序号	考核项目	发证部门	等级要求
1	汽车维修工	江西省人力资源与社会保障厅	中级/高级
2	汽车配件销售员	江西省人力资源与社会保障厅	中级/高级
3	汽车保险公估员	中国保险监督管理委员会	初级
4	二手车鉴定评估师	江西省人力资源与社会保障厅	中级

（三）其他要求

完成任选课的学习，并取得 5 学分。

九、其他说明

本专业人才培养方案是依托汽车工程系校企合作工作委员会，与江西运通汽车集团有限公司、江西华宏汽车集团有限公司、江西国力汽车集团有限公司、江西欧亚汽车集团有限公司、江西江铃海外汽车销售有限公司、南昌同驰丰田汽车销售服务有限公司等企业共同制订，将有关行业标准和企业规范导入专业课程中，与企业共同实施工学交替的人才培养模式。

现已开设大众订单、丰田订单、现代订单、通用订单等职业方向课程，学生在第四学期可自愿选择其中一个职业方向学习。

（执笔人：胡雄杰）

第二部分　支撑材料

一、专业人才培养实施条件

(一)专业教学团队

1. 师资数量与结构

(1)教师队伍数量应与学生规模相适应,师生比控制在1∶16左右。

(2)教师队伍结构优化,梯队合理,45岁以下青年教师中研究生学历或硕士以上学位比例达到30%,专任教师中高级职称的比例≥30%,专任教师中具备双师素质教师的比例应达到80%以上。

(3)每门课程(学习领域)的教师应不少于2人,其中专业核心课程应配备相关专业中级技术职称以上的双师素质教师2人。

(4)各专业学习领域及独立实践环节,均应配备行业企业专业技术人员担任兼职教师,兼职教师折算比例应达到50%左右。

(5)专业实习(训)指导教师均为大专以上学历或中级以上职称。实习(训)指导教师具有中高级职称≥20%。

2. 业务水平

教师应具备良好的职业道德和一定的教学科研能力,达到高等教育教师任职资格的要求且具备高等教育教师任职资格。其中主讲教师应由具备讲师以上职称的专任教师或工程师以上职称的兼任教师担任,参加科学研究或技术服务的专任教师人数不少于专任教师总数的30%。

(二)专业教学资源

1. 选用优秀的高职高专规划教材

在选择教材时,应整体研究制定教材选用标准和选用程序,确保具有时代性、应用性、先进性和普适性的优秀教材优先被选用。同时,要注意选用具有鲜明行业特征的高职高专规划教材、特色教材和精品教材。

2. 开发基于工作过程的校本教材

与合作企业共同开发基于工作过程的校本教材,将相关的企业标准、行业规范等导入教材之中,编写中要突破学科体系的构架,将职业教育的教学过程与工作过程对接,将专业理论知识和技能向企业工作过程知识转变,以典型工作任务作为工作过程知识的载体,并按职业能力构建教材的知识、技能体系,使之成为理实一体化教学的适用教材。专业平台课程教材一般要求为特色鲜明的校本教材、国家和地区职业教育优质教材,职业方向课程教材应由校企共同开发。本专业校企合作开发的校本教材,如表1-6所示。

汽车运用技术专业校本教材开发一览表　　表 1-6

序号	教材名称	出版社	主编	出版时间
1	汽车行驶转向制动系统检修	人民交通出版社股份有限公司	黄晓敏、邹小明	2015 年
2	汽车底盘电控系统检修	人民交通出版社股份有限公司	闵思鹏、周羽皓	2015 年
3	汽车检测与诊断技术	人民交通出版社股份有限公司	官海兵、张光磊	2015 年
4	汽车发动机机械系统检修	人民交通出版社股份有限公司	廖胜文、杨晋	2015 年
5	汽车电气系统检修	人民交通出版社股份有限公司	吴纪生、刘星星	2015 年
6	汽车市场营销	人民交通出版社股份有限公司	付慧敏、欧阳娜	2015 年
7	汽车车身电控系统检修	北京邮电大学出版社	闵思鹏、吴纪生	2012 年

3. 选用精品资源共享课程

加强网络学习平台建设,充分利用现有国家和地方的精品资源共享课程开展教学。通过慕课、个人空间、网络课程等网络技术构建日常教学课程网站,整合各种优质教学资源进行专业教学。根据汽车机电维修工、汽车服务顾问等职业岗位群任职要求,引进汽车维修企业操作规范和工艺流程,将职业岗位能力和职业素养融入到教学内容中。由专业教师与企业技术人员共同开发了《汽车行驶转向制动系统检修》等 8 门专业核心课程,供教学使用。已经建成的精品资源共享课程,如表 1-7 所示。

汽车运用技术专业可供选用的精品资源共享课程一览表　　表 1-7

序号	课 程 名 称	建设状态	负责人	通过时间
1	发动机电控系统检修	省级	闵思鹏、龙志平(企业)	2009 年
2	汽车车身电控系统检修	省级	徐昭、赵和辉(企业)	2011 年
3	汽车空调系统检修	院级	刘堂胜、陶云飞(企业)	2011 年
4	汽车行驶转向制动系统检修	国家级	黄晓敏、彭志勇(企业)	2013 年
5	汽车底盘电控系统检修	国家级	闵思鹏、杨丹峰(企业)	2013 年
6	汽车检测诊断技术	院级	官海兵、邹良春(企业)	2014 年
7	发动机机械系统检修	院级	廖胜文、李发禾(企业)	2014 年
8	汽车电气系统检修	院级	吴纪生、邹军新(企业)	2014 年

4. 专业网络教学资源

以学院的数字化平台为运行载体,以学习领域(课程)为组织形式,利用网络学习空间建设共享性网络教学资源库,主要包括试题库、课件库、专业教学素材库、教学录像库等。网络教学资源库的建议配置,如表 1-8 所示。

汽车运用技术专业网络教学资源库的建议配置　　表 1-8

类别	资　源	主要内容与要求	备注
专业基本资源	专业简介	专业代码、招生对象、学制、就业面向、专业特点、主要课程等	专业介绍
	人才培养方案	主要包括培养目标、专业面向的职业岗位分析、专业定位、课程体系、核心课程描述、教学进程、毕业标准、实施条件、实施规范、实施流程、实施保障等	
	课程标准	专业核心课程的课程标准	
	教学文件	教学管理相关文件	

续上表

类别	资　源	主要内容与要求	备注
课程教学资源	教学指南	本课程的作用、目标和要求，本课程与职业岗位的关系，本课程与其他课程的关系，本课程的主要特点、课程结构、课程内容、课时分配、课程的重点与难点、实践教学体系、课程教学方法、课程教学资源、课程考核、课程授课方案设计、课程建设与工学结合效果评价等	专业基本配置
	教学设计	主要包括学时安排、学习任务设计、学习内容确定、教学目标设定、教学重难点分析及处理、任务工单提供、教学方法建议、教学手段选用、教学设施和教学场地安排、教学实施要求、课程考核方法以及课后总结等	
	多媒体课件	优质核心课程课件	
	教学视频库	课程设计录像、课堂教学录像、实训操作演示录像等	
	案例库	以一个完整的企业项目为案例单元，通过观看、阅读、学习、分析案例，实现知识内容的传授、知识技能的综合应用展示、知识迁移、技能掌握等	
	FLASH 资源	教学难点的动漫演示	
	实训项目	实训目标、实训设备、实训要求、实训内容与步骤、实训项目考核和评价标准、实训报告或总结、技术手册、操作规程与安全注意事项	
	学生作品	学生学习成果、实训作品和生产产品	
自主学习资源	学习指南	课程学习目标与要求，重点、难点提示及释疑，学习方法，典型任务解析，自我测试题及答案，参考资料和网站	专业特色配置
	测试题库	知识和技能测试	
	视频库	学习任务实施操作视频资料	
	网络课程	基于互联网的自主学习平台	
	课程链接	与本专业相关的网站	
拓展学习资源	拓展视频资源	其内容可以在教学标准的基础上适当拓展	专业拓展选配
	文献库	与本课程或本专业相关的行业标准、企业规范、专利资料、法律法规、技术资料、成功案例等	
	仪器设备操作手册	常用仪器设备的操作手册	
	仿真教学	与上海景格科技有限公司共同开发《发动机拆装虚拟实训系统》《汽车检测线实训系统》《汽车故障诊断虚拟实训系统》《汽车自动变速器拆装虚拟实训系统》等仿真软件	
	课程 BBS	建立由专人管理的网上论坛	
	网上答疑	按主讲教师开设答疑室	
	其他资源	素质教育模块、课外活动园地	

5. 其他教学资源

学院图书馆与系部资料室配置了数量适当、结构合理、技术先进的本专业纸质和电子图书,为师生的专业学习、教学、科研和社会服务搭建了良好的平台;学院配置的电子图书和数字化期刊,能为专业教学资源库建设提供大数据服务。

(三)实验实训条件

1. 校内实训条件

根据交通职业教育教学指导委员会制定的《汽车运用技术专业教学标准》中校内实训条件要求和汽车运用技术专业人才培养目标,在校内由专任教师与企业行业兼职教师共同参与,本着技术同步主机厂,布局、管理及文化对接企业的理念,动态引进企业先进设备,建设具备理实一体化教学和生产性(校中厂)实训功能的校内实训基地,保障实践教学和生产性实训教学的有效实施,为校内实训和顶岗实习提供保障。使学生在实训过程中既能学习到专业知识和专业技能,又能接受到企业文化熏陶、规范操作行为。

根据汽车运用技术专业人才培养的需要,校内实训条件建议,如表1-9所示。

校内实训条件情况表

表1-9

序号	名称	主要设备	主要功能	对应课程	容纳人数
1	汽车发动机实训室	发动机曲柄连杆机构台架、发动机配气机构台架、发动机供给系统台架、发动机冷却系统台架、发动机润滑系统台架、发动机起动系统台架、发动机点火系统台架、拆装用发动机、套装普通工具(含工具车)、零配件、发动机固定支架、大修包等	完成发动机拆装和检测的教学与实训,使学生具备发动机专项检测、维修等能力,培养学生基本职业岗位能力	发动机机械系统检修、汽车维护与保养、职业技能鉴定考证	50
2	汽车底盘实训室	手动变速器解剖实训台、离合器解剖实训台、差速器解剖实训台、悬架拆装实训台、球笼拆装实训台、ABS/EBD/ESP综合系统实训台、扒胎机、轮胎动平衡机、手动变速器、套装普通工具(含工具车)、变速器固定支架、驱动桥等	完成汽车底盘各总成拆装和维修等项目的教学与实训,使学生具备变速器、制动、传动等系统的检测与维修能力;培养学生基本职业岗位能力	汽车维护与保养、汽车传动系统检修、汽车行驶转向制动系统检修、职业技能鉴定考证	50
3	汽车电气实训室	起动系统实训台架、灯光系统实训台架、点火系统实训台架、空调系统实训台架、起动机实训台架、空调系统检测设备、蓄电池检测设备、刮水器系统实训台架、车门中控锁、玻璃升降机实训台架、发动机电路实训台架、套装普通工具(含工具车)、零配件等	完成汽车电路设备总线路连接、汽车电源及充电系统、照明与信号系统、仪表及显示系统、空调系统及汽车辅助电气设备的检修等项目的教学与实训	汽车电气系统检修、汽车空调系统检修、职业技能鉴定考证	50

续上表

序号	名称	主要设备	主要功能	对应课程	容纳人数
4	汽车电子实训室	发动机电控系统实训台、底盘电控系统实训台、CAN－BUS系统实训台、自动变速器、失速试验台、博世740故障诊断仪、教学一体化设备、解码器套装普通工具(含工具车)等	完成汽车发动机电控技术、汽车底盘电控技术、汽车车身电控技术故障检测诊断,汽车局域网技术实训等项目的教学与实训	发动机电控系统检修、汽车底盘电控系统检修、汽车车身电控系统检修、职业技能鉴定考证	50
5	汽车仿真实训室	网络教学设备 汽车仿真教学软件	完成汽车总成及部件的结构原理仿真,车辆各大系统的构造认识教学,完成汽车发动机、底盘、电气及电控故障诊断模拟实训操作,各个部件测量、虚拟故障排除;培养学生掌握清晰的操作方法	发动机机械系统检修、汽车传动系统检修、汽车行驶转向制动系统检修、发动机电控系统检修、汽车底盘电控系统检修	30
6	丰田T－TEP实训室	举升机、丰田汽车维护设备、丰田专用工具(含工具车)、变速器总成、套装普通工具(含工具车)、丰田解码器、教学一体化设备、丰田威驰、雅力士、卡罗拉、花冠、锐志、凯美瑞教学整车等	完成丰田T－TEP"订单班"教学与实训项目,完成汽车二级维护实训;完成丰田车系故障检测与维修实训培养学生的岗位技能	丰田订单班职业方向课程、汽车维护课程、T－TEAM21高级技术员考证	30
7	北京现代实训室	发动机检测实训台架、悬架拆装实训台架、发动机固定支架、实训整车、现代解码器、套装普通工具(含工具车)、教学一体化设备、北京现代雅绅特、悦动、ix25、途胜教学整车等。	完成北京现代"订单班"教学与实训项目,完成汽车维护实训;完成现代车系故障检测与维修实训,培养学生的岗位技能	北京现代订单班职业方向课程、汽车维护课程、完成北京现代技术等级证书考试	30
8	中德汽车职业教育培训实训室(大众方向)	教具车、发动机、汽车变速器、诊断仪、线束修理装置、HPS系统、发动机固定支架、变速器固定支架、空调机服务设备、电池测试仪、光线调节器、电池充电器、教具箱、专用工具(含工具车)、教学一体化设备、斯柯达明锐、迈腾、桑塔纳3000教学整车等	完成中德汽车职业教育项目教学与实训项目;培养学生的岗位技能	大众订单班职业方向课程、完成大众技术等级证书考试	30

续上表

序号	名称	主要设备	主要功能	对应课程	容纳人数
9	上海通用实训室	举升机、通用汽车维护设备、专用工具(含工具车)、发动机总成、变速器总成、套装普通工具(含工具车)、通用解码器、教学一体化设备、上海通用君越、君威、凯越、景程、迈锐宝、科鲁兹教学整车等	完成通用ASEP班实训项目,完成汽车二级维护实训;完成通用车系故障检测与维修实训培养学生的岗位技能	通用ASEP班职业方向课程、汽车维护课程、完成通用技术等级证书考试	30
10	汽车钣金实训室	CO_2焊接设备、焊烟抽排系统、介子机、干磨设备、点焊机、钣金手动工具、车门固定架、角磨机等	完成丰田BP"订单班"教学与实训;完成汽车钣金基本岗位技能教学与实训;满足汽车钣金修复生产性功能	汽车车身修复技术课程、丰田BP课程;丰田BP技术员考证	30
11	汽车涂装实训室	电子秤、无尘干磨系统、喷枪、洗枪机、气动锯、单作用打磨机、呼吸器、车门固定架、空压机等	完成丰田BP"订单班"教学与实训;完成汽车涂漆和涂料调色基本岗位技能教学与实训;满足汽车喷涂生产性功能	汽车车身修复技术课程、丰田BP课程;丰田BP技术员考证	30
12	汽车检测实训室	汽车制动检验台、汽车轴(轮)重仪、汽车悬架性能检验台、汽车底盘测功机、汽车速度表检验台、汽车侧滑检验台、机动车前照灯检测仪、声级计、转向盘转向力仪、烟度计、废气分析仪、五工位智能工控计算机仪表控制系统	完成汽车性能检测基本岗位技能教学与实训;满足汽车技术服务中心修复车辆性能检测的生产性功能;满足C类检测站的检测功能	汽车检测与诊断、职业技能鉴定考证	50
13	新能源汽车实训室	混合动力汽车实训台架、电动汽车实训台架、锂电池检测实训台架、套装普通工具(含工具车)、教学一体化设备、零配件	完成汽车节能与低排放技术、电驱动技术和混合动力电动汽车技术的实训	丰田专业技术员培训考核	30
14	汽车技术服务中心(校中厂)	快速维护工位设备、发动机清洗机、通用诊断仪、举升机、汽车维修服务管理软件、常用工具(含工具车)、电脑、电子屏等	开展社会服务,同时完成汽车专项维修、综合维修等实训项目,满足学生顶岗实习需要;培养学生专项维修和综合维修能力	职业岗位认知实践、校内顶岗实训、职业技能鉴定考证	50

2. 校外实训条件

通过“订单”合作培养平台，本着“共建共管”的原则，积极与区域内合作企业开展深层次、紧密型合作，建立规模适应、稳定的校外实训基地及“厂中校”，满足本专业所有学生综合实践教学及半年以上顶岗实习的需要。发挥企业在人才培养中的作用，由企业提供场地、办公设备和技术指导人员，企业技术人员与教师共同组织和指导学生完成真实的工作任务。

校外实训基地应有健全的规章制度及基于职业标准的员工日常行为规范，使学生在实训期间养成遵纪守法的习惯，使其能真正领悟到团队合作精神，同时培养学生解决实际问题的能力。

汽车运用技术专业现建校外实训基地数量 13 家，如表 1-10 所示。与南昌同驰丰田汽车销售服务有限公司等合作企业共建 3 个“厂中校”，如表 1-11 所示。

校外实训基地情况 表 1-10

序号	校外实训基地	主要功能	容纳学生人数
1	江西运通汽车集团公司	1. 汽车维修综合实训； 2. 车身修复综合实训； 3. 服务接待综合实训； 4. 汽车营销综合实训； 5. 职业岗位认识实践； 6. 寒暑假岗位见习； 7. 毕业顶岗实习	30
2	江铃海外汽车服务有限公司		30
3	南昌同驰丰田汽车销售服务有限公司		30
4	江西国力东本汽车服务公司		30
5	江西国力广丰汽车服务有限公司		30
6	江西国力北京现代汽车服务公司		30
7	南昌欧业一汽大众汽车服务有限公司		30
8	江西德奥汽车销售服务有限公司		30
9	南昌宝泽汽车销售服务有限公司		30
10	江西昌河汽车股份有限公司		30
11	江西全顺汽车销售服务有限公司		30
12	江西东维汽车销售有限公司		30
13	江西省海峰实业有限公司		30

“厂中校”建设情况 表 1-11

序号	名称	共建单位	功能	容纳人数
1	丰田企业学校	南昌同驰丰田汽车销售有限公司(一汽丰田)	专业教学、学生实训、师资培养、社会培训等	20
2	现代企业学校	江西国力汽车贸易有限公司(北京现代)	专业教学、学生实训、师资培养、社会培训等	20
3	大众企业学校	江西欧亚集团有限公司(一汽大众)	专业教学、学生实训、师资培养、社会培训等	20

二、专业人才培养实施规范

（一）课程教学标准

1. 素质课程教学标准（表 1-12）

素质课程教学标准　　表 1-12

课程 1	两课基础与形势教育		
学　期	第 1 学期	参考学时	64 学时
学习目标	1. 以马列主义、毛泽东思想和中国特色社会主义理论为指导，以人生观、价值观、道德观教育为主线，综合运用相关学科知识，提升自身思想素养； 2. 依据大学生成长的基本规律，教育引导大学生增强学习、交往、心理、恋爱的能力，适应由中学向大学的转折； 3. 增强道德是非判断、自我约束和引导示范能力，提升自身道德素养和营造学校与社会的良好道德环境； 4. 能激发对人生目的、人生态度和人生价值的思考，并把思想道德教育和法制教育紧紧地结合在一起，策划成功的人生方案		
学习内容	1. 大学的适应（学习、人际交往、恋爱、心理健康）； 2. 大学生的道德素养（公民基本道德素养、大学生的基本道德素养、职业道德素养）； 3. 大学生的人生观（人生目的、人生态度与人生价值、人生理想与大学生成才）； 4. 认知法律制度，自觉遵守法律（我国的宪法、实体法律制度、程序法律制度）		
课程 2	毛泽东思想和中国特色社会主义理论体系概论（“两课”概论）		
学　期	第 2 学期	参考学时	68 学时
学习目标	1. 以马列主义、毛泽东思想、邓小平理论和“三个代表”重要思想为指导，贯彻落实科学发展观； 2. 以马克思主义中国化理论为教育主线，综合运用相关学科知识，指导大学生运用马克思主义世界观和方法论去认识和分析问题，提升大学生的政治理论水平和判断是非的能力； 3. 帮助大学生认知国史、国情，深刻领会历史和人民是怎样选择了中国共产党、选择了社会主义道路； 4. 增强用真理的力量、逻辑的力量，科学地认识和分析复杂的社会现象的能力		
学习内容	1. 马克思主义中国化进程中的三大理论成果和十六大以来的最新理论成果及其精髓； 2. 毛泽东思想体系中两个特殊内容（新民主主义革命和中国社会主义改造理论和经验； 3. 建设中国特色社会主义（中国特色社会主义三个基本问题、中国特色社会主义的总体布局、祖国完全统一和外交政策、建设中国特色社会主义的依靠力量和领导力量）		
课程 3	高等数学		
学　期	第 1 学期	参考学时	64 学时
学习目标	1. 能够利用函数的相关知识解决工程中遇到的与函数相关的简单问题； 2. 能够利用微积分的相关知识和理论，解决专业课程中与之相关的问题； 3. 利用微积分相关理论知识，解决专业课中的一元函数和多元函数的近似计算问题； 4. 培养学生的抽象思维能力、逻辑推理能力和综合运用数学知识分析问题、解决问题的能力		

续上表

<table>
<tr><td>课程 3</td><td colspan="3">高等数学</td></tr>
<tr><td>学　期</td><td>第 3 学期</td><td>参考学时</td><td>64 学时</td></tr>
<tr><td>学习内容</td><td colspan="3">1. 学习函数的相关概念和极限的基本计算；
2. 学习导数的相关概念和基本计算，并学习导数的相关性质，并利用相关知识求解简单的优化模型；
3. 学习函数的微分和利用微分进行近似计算；
4. 学习不定积分的相关概念，熟练掌握基本公式，以及换元积分法和分部积分法；
5. 学习定积分的相关概念和计算，并利用微元法解决与定积分相关的几何和物理方面的问题；
6. 学习微分方程相关概念和计算，能够解可分离变量的微分方程、一阶线性微分方程、二阶常系数线性微分方程；
7. 学习向量和向量空间的相关概念以及向量的数量积和向量积，会求简单的空间平面方程和空间直线方程；
8. 学习多元函数的极限、偏导数、全微分等相关概念和计算；
9. 学习重积分的相关概念和计算。</td></tr>
<tr><td>课程 4</td><td colspan="3">计算机应用基础</td></tr>
<tr><td>学　期</td><td>第 1、2 学期</td><td>参考学时</td><td>96 学时</td></tr>
<tr><td>学习目标</td><td colspan="3">1. 了解计算机组成及各部分的作用，为选配计算机打下基础；
2. 培养学生熟练使用计算机，能进行简单故障分析处理的能力；
3. 引导学生正确使用网络，让学生充分体验计算机网络在日常生活、工作等领域所起到的重要作用；
4. 能够熟练使用 Office 2010 办公软件进行排版、计算及演示文稿制作等操作</td></tr>
<tr><td>学习内容</td><td colspan="3">1. 了解计算机软硬件基础的知识及选机要素，掌握计算机的系统组成；
2. 熟练掌握 Windows 7 操作系统的使用及配置；
3. 了解计算机网络的基础知识，掌握计算机网络（重点是互联网）的使用，让网络更好地服务于生活；
4. 掌握 Office 2010 办公软件中 Word、Excel 和 PowerPoint 的使用，能够进行文字排版、数据计算统计及演示文稿制作</td></tr>
<tr><td>课程 5</td><td colspan="3">大学英语</td></tr>
<tr><td>学　期</td><td>第 1、2 学期</td><td>参考学时</td><td>132 学时</td></tr>
<tr><td>学习目标</td><td colspan="3">1. 具有能够就日常话题和与未来职业相关的话题进行简单交谈的能力；
2. 具有能够填写和模拟套写常见的简短英语应用文的能力；
3. 基本读懂一般题材及与未来职业相关的浅易英文资料的能力；
4. 借助词典将与职业相关的一般性业务材料译成汉语的能力</td></tr>
<tr><td>学习内容</td><td colspan="3">1. 巩固和规范英语基础知识，掌握、运用涉及日常生活中的衣食住行、通信、游览、购物、求职等话题的英语交流技能；
2. 通过听、说、读、写、译等方面的学习和基本训练，使学生掌握相关话题的英语语言知识；
3. 培养锻炼在实际工作岗位应用英语的能力及继续学习能力</td></tr>
</table>

续上表

课程6	体育		
学　期	第1、2学期	参考学时	68学时
学习目标	1. 通过合理的体育教学和科学的体育锻炼过程，使学生达到身心健康、不断提高体能的目的； 2. 使健康的身体成为知识、道德强有力的载体，并使学生认识到健康的身体是知识、道德的基础，人才成功的支柱； 3. 通过体育课培养学生积极参与体育锻炼的良好习惯和终身体育思想； 4. 加强素质教育，发展学生个性，磨练学生意志，增强社会适应能力		
学习内容	1. 学习体育运动基本理论知识，包括运动原则、科学锻炼身体的方法、运动损伤的处理、运动卫生常识等； 2. 使学生熟练掌握1～2项运动基本技术、基本战术和基本裁判知识； 3. 使学生掌握身体素质的基本练习方法，包括力量素质、速度素质、柔韧素质、耐力素质、灵敏素质		
课程7	就业指导		
学期	第5学期	参考学时	14学时
学习目标	1. 了解自己的专业，知道自己的专业所对应的职业类别和工作岗位； 2. 能够客观地分析自己，找准符合个人实际的就业目标，会做职业生涯规划设计； 3. 了解国家就业政策和学院就业管理规定； 4. 能通过各种途径收集自己所需要的企业信息，及时获取就业信息； 5. 能够制作彰显个人特点的简历； 6. 掌握面试的技巧和方法，了解如何提升个人素质和综合能力		
学习内容	1. 专业介绍、职业生涯规划理论； 2. 就业政策、相关法律法规、如何获取就业信息； 3. 提升就业能力的方法和途径、面试的方法和技巧； 4. 与人沟通交流的技巧，迅速融入企业文化的途径		

2. 专业平台课程教学标准（表1-13）

专业平台课程教学标准　　表1-13

学习领域1	机　械　制　图		
学期	第1学期	参考学时	68学时
职业能力要求	1. 能看懂零件图的技术要求； 2. 能看懂组合体视图； 3. 具备制图的基本技能； 4. 会画零件图、标准件与常用件、装配图； 5. 具备零件测绘的能力		
学习目标	1. 掌握看、画组合体视图的方法和步骤； 2. 掌握零件图尺寸和技术要求合理标注的方法； 3. 掌握零件的测绘； 4. 掌握零件图、标准件与常用件、装配图的画法； 5. 掌握装配图尺寸和技术要求合理标注的方法		

续上表

<table>
<tr><td>学习领域1</td><td colspan="3">机 械 制 图</td></tr>
<tr><td>学期</td><td>第1学期</td><td>参考学时</td><td>68学时</td></tr>
<tr><td>学习内容</td><td colspan="3">学习情境1:组合体视图的绘制;
学习情境2:典型零件图例分析;
学习情境3:零件的测绘;
学习情境4:装配图中的尺寸标注和技术要求;
学习情境5:装配图的绘制</td></tr>
<tr><td>学习领域2</td><td colspan="3">汽车机械基础</td></tr>
<tr><td>学期</td><td>第1、2学期</td><td>参考学时</td><td>68学时</td></tr>
<tr><td>职业能力要求</td><td colspan="3">1. 会对机械零件进行静力分析和强度计算;
2. 会叙述常用机械传动的工作原理;
3. 了解、熟悉和掌握汽车工业中常用机构的结构、特性等基本知识,并初步具有选用、分析基本机构的能力;
4. 了解、熟悉和掌握通用机械零件的工作原理、特点、应用和简单设计计算方法,并初步具有选用和分析简单机械传动装置的能力;
5. 了解、熟悉和具有运用标准、规范、手册、图册等有关技术资料的能力</td></tr>
<tr><td>学习目标</td><td colspan="3">1. 会进行机械零件的静力分析;
2. 会分析零件的变形和计算零件的强度;
3. 了解并熟悉常用机构和机械传动的结构、类型及工作原理;
4. 了解轴系零件的结构、类型及功用;
5. 掌握液压传动的工作原理及液压系统部件的结构及工作原理;
6. 了解常用金属材料的特性及使用;
7. 了解机械制图的基本看图识图方法;
8. 了解公差与配合的作用及工作原理</td></tr>
<tr><td>学习内容</td><td colspan="3">学习情境1:机械零件的静力分析;
学习情境2:机械零件的变形及强度计算;
学习情境3:常用机构和机械传动工作过程分析;
学习情境4:轴系零件的结构认识;
学习情境5:液压传动工作分析;
学习情境6:常用金属材料的特性分析;
学习情境7:机械制图的基本看图识图;
学习情境8:公差与配合</td></tr>
<tr><td>学习领域3</td><td colspan="3">电工电子技术</td></tr>
<tr><td>学 期</td><td>第2学期</td><td>参考学时</td><td>68学时</td></tr>
<tr><td>职业能力要求</td><td colspan="3">1. 能够使用基本的电工电子工具、仪器、仪表;
2. 掌握手工焊接方法和工艺,并能熟练地进行手工焊接基板和元器件;
3. 能够正确识读电子电路图、电气设备控制系统电气图和安装接线图;
4. 学会常用的低压电器的识别、选择与使用;
5. 熟悉电子元器件的类别、性能、用途,并能够正确地选用电子元器件;
6. 能够根据电路图独立完成电子电路的制作任务,并能分析和查找问题并排除故障</td></tr>
</table>

续上表

学习领域3	电工电子技术		
学　期	第2学期	参考学时	68学时
学习目标	1. 学会使用基本的电工电子工具、仪器、仪表； 2. 学会手工焊接方法和工艺，并能熟练地进行手工焊接基板和元器件； 3. 能够正确识读电子电路图、电气设备控制系统电气图和安装接线图； 4. 学会常用的低压电器的识别、选择与使用； 5. 熟悉电子元器件的类别、性能、用途，并能够正确地选用电子元器件； 6. 能够根据电路图独立完成电子电路的制作任务，并能分析和查找问题并排除故障		
学习内容	学习情境1：照明电路的安装与调试； 学习情境2：低压配电柜的装配与调试； 学习情境3：分立式功率放大器的制作与调试； 学习情境4：直流稳压电源的制作与调试； 学习情境5：数字钟的制作与调试		
学习领域4	发动机机械系统检修		
学期	第2学期	参考学时	102学时
职业能力要求	1. 能够熟练使用发动机维修的常用工具、量具和设备； 2. 熟悉发动机主要系统的工作原理和结构； 3. 能使用发动机拆装工具熟练拆装发动机总成及主要部件； 4. 了解发动机常见故障的类型； 5. 能排除发动机常见故障； 6. 能与他人一起进行发动机的维护和大修		
学习目标	1. 掌握发动机主要系统及各主要部件的结构与工作原理； 2. 掌握发动机主要系统及各主要部件的检修方法； 3. 能熟练使用发动机维修的常用工具、量具和设备； 4. 具备对发动机进行维护、调整、拆装及检修的初步技能； 5. 具有分析、判断和排除发动机常见故障的能力； 6. 掌握发动机维护的方法步骤； 7. 掌握发动机大修的方法步骤		
学习内容	学习情境1：发动机总体结构认知； 学习情境2：汽缸压力低故障检修； 学习情境3：配气机构异响故障检修； 学习情境4：发动机冒黑烟故障检修； 学习情境5：柴油机起动困难故障检修； 学习情境6：发动机水温过高故障检修； 学习情境7：机油压力过低故障检修； 学习情境8：发动机怠速不稳故障检修； 学习情境9：发动机的拆装与竣工验收		

续上表

<table>
<tr><td>学习领域 5</td><td colspan="3">发动机原理与汽车理论</td></tr>
<tr><td>学　期</td><td>第 2 学期</td><td>参考学时</td><td>68 学时</td></tr>
<tr><td>职业能力要求</td><td colspan="3">1. 具备根据指标进行评价汽车动力性能的能力；
2. 具备根据指标进行评价汽车制动性能的能力；
3. 具备根据指标进行评价汽车燃油经济性的能力；
4. 具备提出合理使用发动机和提高发动机性能的建议和措施的能力；
5. 具备发动机性能和汽车性能变化的原因及提出解决办法的能力</td></tr>
<tr><td>学习目标</td><td colspan="3">1. 熟悉发动机的过程参数、循环参数和整机性能指标的内在联系和变化规律；
2. 掌握发动机性能和汽车性能变化的原因及分析问题的能力；
3. 熟悉利用新结构、新技术改善汽车性能的原理；
4. 掌握电子控制等技术在汽车上的应用方法和基本结构；
5. 掌握发动机主要性能与其结构之间的内在联系；
6. 掌握发动机性能提高和合理使用的基本原理；
7. 正确分析发动机和汽车主要使用性能的各种影响因素；
8. 基于运动学基本规律分析汽车性能与结构之间的联系；
9. 掌握汽车性能与使用因素之间的内在联系，合理使用和充分发挥汽车性能的能力；
10. 掌握汽车动力性、制动性、燃油经济性、通过性、平顺性的评价指标</td></tr>
<tr><td>学习内容</td><td colspan="3">学习情境 1：发动机工作循环和性能指标；
学习情境 2：发动机功率的选择和传动系传动比的确定；
学习情境 3：汽车动力性指标；
学习情境 4：汽车燃油经济性指标；
学习情境 5：汽车制动性能指标；
学习情境 6：汽车操纵稳定性指标</td></tr>
<tr><td>学习领域 6</td><td colspan="3">汽车传动系统检修</td></tr>
<tr><td>学期</td><td>第 3 学期</td><td>参考学时</td><td>30 学时</td></tr>
<tr><td>职业能力要求</td><td colspan="3">1. 能够熟练使用维修的常用工具、量具和设备；
2. 熟悉传动系统的工作原理和结构；
3. 能使用常用工具熟练拆装底盘各总成及主要部件；
4. 熟知传动系统常见故障的类型；
5. 能排除传动系统常见故障</td></tr>
<tr><td>学习目标</td><td colspan="3">1. 掌握传动系统及各主要部件的结构与原理；
2. 掌握传动系统各主要部件的检修方法；
3. 熟练使用常用工具、量具和设备；
4. 具备对传动系统进行维护、调整、检修、更换的初步技能；
5. 具有分析、判断和排除传动系统常见故障的能力</td></tr>
<tr><td>学习内容</td><td colspan="3">学习情境 1：离合器分离不彻底故障检修；
学习情境 2：手动变速器跳挡故障检修；
学习情境 3：万向传动装置抖动故障检修；
学习情境 4：驱动桥过热故障检修</td></tr>
</table>

续上表

<table>
<tr><td>学习领域7</td><td colspan="3">汽车行驶转向制动系统检修</td></tr>
<tr><td>学期</td><td>第3学期</td><td>参考学时</td><td>60学时</td></tr>
<tr><td>职业能力要求</td><td colspan="3">1. 具备与客户交流与协商的能力，能够向客户咨询车况、查询车辆技术档案、初步判断车辆的技术故障；
2. 能遵守相关法律、遵循车辆检修工作安全和技术规范，制订检修工作计划，能正确选择和使用检测设备和工具；
3. 能正确完成汽车行驶系检修的相关操作；
4. 能正确完成汽车转向系检修的相关操作；
5. 能正确完成汽车制动系检修的相关操作；
6. 能检查汽车行驶、转向、制动系的检修质量，并在交车过程中向客户介绍已完成的工作；
7. 能根据环境保护要求，正确处理使用过的辅料、废气液体及报废的零部件</td></tr>
<tr><td>学习目标</td><td colspan="3">1. 掌握汽车行驶转向制动系统及各主要部件的结构与原理；
2. 掌握汽车行驶转向制动系统各主要部件的检修方法；
3. 熟练使用常用工具、量具和设备；
4. 具备对汽车行驶转向制动系统进行维护、调整、检修、更换的初步技能；
5. 具有分析、判断和排除汽车行驶转向制动系统常见故障的能力</td></tr>
<tr><td>学习内容</td><td colspan="3">学习情境1：汽车行驶跑偏故障检修；
学习情境2：轮胎磨损异常故障检修；
学习情境3：汽车转向不灵故障检修；
学习情境4：汽车转向沉重故障检修；
学习情境5：汽车制动失效故障检修</td></tr>
<tr><td>学习领域8</td><td colspan="3">汽车电气系统检修</td></tr>
<tr><td>学期</td><td>第3学期</td><td>参考学时</td><td>90学时</td></tr>
<tr><td>职业能力要求</td><td colspan="3">1. 能够熟练使用汽车电气设备维修的常用工具、仪器设备；
2. 熟悉电气系统主要子系统的工作原理和结构；
3. 能使用常用工具熟练拆装电气设备各子系统及主要部件；
4. 了解电气设备系统常见故障的类型；
5. 能排除电气设备常见故障；
6. 能看懂汽车电气系统的子系统电路图及整车电路图</td></tr>
<tr><td>学习目标</td><td colspan="3">1. 掌握汽车电气设备的结构与原理；
2. 掌握汽车电气设备系统主要部件的检修方法；
3. 熟练使用汽车电气设备维修的常用工具、量具和设备；
4. 具备对汽车电气设备进行维护、调整、检修的初步技能；
5. 具有分析、判断和排除汽车电气设备常见故障的能力</td></tr>
<tr><td>学习内容</td><td colspan="3">学习情境1：发动机起动无力故障检修
学习情境2：充电指示灯常亮故障检修；
学习情境3：起动机不转故障检修；
学习情境4：发动机无高压点火故障检修；
学习情境5：汽车前照灯不亮故障检修；
学习情境6：车速表指示异常故障检修；
学习情境7：线束更换</td></tr>
</table>

续上表

学习领域9	汽车维护与保养		
学期	第3学期	参考学时	30学时
职业能力要求	1. 掌握查询车辆技术档案,初步评定车辆技术状况的能力; 2. 具备制订维护工作计划的能力; 3. 具备能正确选择检测设备和工具的能力; 4. 具备正确使用维护工具和设备的能力; 5. 具备规范完成车辆维护任务的能力; 6. 具备检查整车维护质量的能力; 7. 具备工具设备维护和检查的能力		
学习目标	1. 具备对汽车各系统进行维护的初步技能; 2. 熟练使用汽车维护的工具、量具和设备; 3. 能完成在用汽车的日常维护及一、二级维护; 4. 能进行汽车整车维护质量的检查		
学习内容	学习情境1:新车交车检验; 学习情境2:查找车辆安全配置; 学习情境3:客户接待——车辆外观检查; 学习情境4:蓄电池维护; 学习情境5:车辆系统润滑维护; 学习情境6:车轮轮胎维护; 学习情境7:整车维护		
学习领域10	汽车运行材料		
学期	第3学期	参考学时	30学时
职业能力要求	1. 掌握正确选用并且使用汽车运行材料的能力; 2. 掌握正确存储汽车运行材料的能力		
学习目标	1. 具有对汽车运行材料进行选择、使用和管理的能力; 2. 掌握汽车燃料、润滑材料、轮胎的种类和性能; 3. 掌握汽车燃料、润滑材料、轮胎的合理选用及使用		
学习内容	学习情境1:汽车燃料的选用; 学习情境2:汽车润滑油及特种油液的选用; 学习情境3:汽车轮胎的选用		
学习领域11	汽车空调系统检修		
学期	第3学期	参考学时	45学时
职业能力要求	1. 具备进行汽车空调系统性能维护和测试的能力; 2. 熟悉汽车空调检修工量具及仪器仪表的使用; 3. 具有规范完成空调各部件的更换和安装工作的能力; 4. 具有规范地完成制冷剂充注与泄漏检查的能力; 5. 具备汽车空调各部件及控制系统的基本检修能力		

续上表

学习领域 11	汽车空调系统检修		
学期	第 3 学期	参考学时	45 学时
学习目标	1. 掌握汽车空调系统及各主要部件的结构与原理; 2. 掌握汽车空调系统各主要部件的检修方法; 3. 熟练使用常用工具、量具和设备; 4. 具备对汽车空调系统进行维护、调整、检修、更换的初步技能; 5. 具有分析、判断和排除汽车空调系统常见故障的能力		
学习内容	学习情境 1:汽车空调不制冷故障检修; 学习情境 2:汽车空调无暖风故障检修; 学习情境 3:汽车空调不出风故障检修; 学习情境 4:自动空调按键无反应故障检修		
学习领域 12	汽车专业英语		
学期	第 3 学期	参考学时	30 学时
职业能力要求	1. 具备基本的音标拼读能力; 2. 具备翻阅汽车专业英语词典的能力; 3. 具备英汉对照读写、翻译外文资料的能力		
学习目标	1. 熟练掌握汽车常见结构的英文词汇; 2. 掌握汽车专业英语的翻译技巧; 3. 能熟练完成教与学的外文资料的英汉对照; 4. 熟悉并掌握汽车常用缩略词及不同车型常见故障码的英文说明; 5. 借助汽车英汉字典,能较熟练地阅读英文汽车说明书、维修手册、光盘等最新的汽车外文资料		
学习内容	学习情境 1:英语基础技能; 学习情境 2:汽车系统及主要部件中英互译; 学习情境 3:汽车常用缩略词解读; 学习情境 4:英文维修手册及培训资料识读		
学习领域 13	汽车法规与标准		
学期	第 3 学期	参考学时	30 学时
职业能力要求	1. 掌握并且运用道路交通法规的能力; 2. 具备其他法规相关的知识能力; 3. 具有准确对汽车分类的能力; 4. 具备选择试验和检验方法的能力; 5. 具备对汽车进行排放测试的能力		
学习目标	1. 准确解释汽车法规的相关术语及其含义的能力; 2. 掌握我国的汽车法律法规主要内容; 3. 了解发达国家汽车法律法规,能够借鉴国外先进的汽车法律法规体系; 4. 掌握标准和标准化的概念、分类,标准的结构、制定、编写和实施		

续上表

学习领域 13	汽车法规与标准		
学期	第 3 学期	参考学时	30 学时
学习内容	学习情境 1:认识汽车法规; 学习情境 2:认知汽车产品三包政策; 学习情境 3:汽车车辆标准; 学习情境 4:汽车维修及维修企业标准; 学习情境 5:汽车排放标准		

3. 职业方向课程教学标准(表 1-14)

职业方向课程教学标准 表 1-14

学习领域 1	发动机电控系统检修		
学期	第 4 学期	参考学时	90 学时
职业能力要求	1. 具备与客户交流与协商的能力,能够向客户咨询车况、查询车辆技术档案、初步判断车辆的技术故障; 2. 能遵守相关法律、遵循车辆检修工作安全和技术规范,制订检修工作计划,能正确选择和使用检测设备和工具; 3. 具备对汽车发动机电控系统进行维护、调整、检修的初步技能; 4. 能检查汽车电控系统的检修质量,并在交车过程中向客户介绍已完成的工作; 5. 能根据环境保护要求,正确处理使用过的辅料、废弃液体及报废的零部件		
学习目标	1. 掌握电控燃油喷射系统及主要元件的构造、原理及检修方法; 2. 掌握电控点火系统及主要元件的构造、工作原理与检修方法; 3. 掌握怠速控制系统及主要元件的构造、工作原理及检修方法; 4. 掌握进气控制系统及主要元件的构造、工作原理及检修方法; 5. 掌握增压控制系统及主要元件的构造、工作原理及检修方法; 6. 掌握排放控制系统及主要元件的构造、工作原理及检修方法; 7. 掌握柴油机电控系统及主要元件的构造、工作原理及检修方法; 8. 掌握电控发动机诊断仪器设备的使用(万用表、示波器及故障诊断仪)方法; 9. 掌握电控发动机常见故障的诊断方法; 10. 掌握汽车发动机电控系统主要零部件的拆装方法		
学习内容	情境 1:汽车发动机起动困难故障检修; 情境 2:发动机点火不良故障检修; 情境 3:电控柴油机起动不着火故障检修; 情境 4:电控汽油机怠速不稳故障检修; 情境 5:电控汽油机排气管冒黑烟故障检修		

续上表

<table>
<tr><td>学习领域2</td><td colspan="3">汽车底盘电控系统检修</td></tr>
<tr><td>学期</td><td>第4学期</td><td>参考学时</td><td>90学时</td></tr>
<tr><td>职业能力要求</td><td colspan="3">1. 熟练使用汽车底盘电控系统维修的常用工具、量具和仪器设备;
2. 具备对汽车底盘电控系统各子系统进行维护、调整、拆装、检修的初步技能;
3. 掌握汽车底盘电控系统主要部件的检修方法;
4. 具有分析、判断和排除汽车底盘电控系统常见故障的能力</td></tr>
<tr><td>学习目标</td><td colspan="3">1. 能识别汽车底盘电子控制系统零部件;
2. 熟练掌握汽车底盘电子控制系统构造和工作原理;
3. 能识读汽车底盘电子控制系统电路图;
4. 能正确拆装、分解、检查、装配和调整汽车底盘电子控制系统各总成;
5. 能正确使用维修工具、仪器设备对汽车底盘电子控制系统进行诊断和检测</td></tr>
<tr><td>学习内容</td><td colspan="3">情境1:自动变速器漏油故障检修;
情境2:自动变速器异响故障检修;
情境3:自动变速器换挡冲击故障检修;
情境4:无级变速器无前进挡故障检修;
情境5:ABS故障指示灯常亮故障检修;
情境6:ASR/ESP功能失效故障检修;
情境7:电控悬架不能自动调节故障检修;
情境8:电控动力转向助力不足故障检修</td></tr>
<tr><td>学习领域3</td><td colspan="3">汽车车身电控系统检修</td></tr>
<tr><td>学期</td><td>第4学期</td><td>参考学时</td><td>90学时</td></tr>
<tr><td>职业能力要求</td><td colspan="3">1. 熟练掌握汽车车身电控系统构造和工作原理;
2. 能识读车身电控系统电路图;
3. 能正确拆装、分解、检查、装配和调整车身电控系统各总成;
4. 能正确使用维修工具、仪器设备对车身电控系统进行诊断和检测</td></tr>
<tr><td>学习目标</td><td colspan="3">1. 掌握汽车中控门锁与防盗系统的组成、结构与工作原理;
2. 掌握汽车巡航系统组成、结构与工作原理;
3. 掌握汽车安全气囊系统的组成、结构与工作原理;
4. 掌握汽车电动车窗、座椅及后视镜的结构与工作原理;
5. 掌握导航系统的组成、结构与工作原理</td></tr>
<tr><td>学习内容</td><td colspan="3">学习情境1:电动车窗不能升降故障检修;
学习情境2:遥控器失控门锁故障检修;
学习情境3:安全气囊故障灯常亮故障检修;
学习情境4:电子巡航失效故障检修;
学习情境5:导航仪屏无图标故障检修</td></tr>
</table>

续上表

<table>
<tr><td>学习领域4</td><td colspan="3">汽车车内局域网系统检修</td></tr>
<tr><td>学期</td><td>第4学期</td><td>参考学时</td><td>30学时</td></tr>
<tr><td>职业能力要求</td><td colspan="3">1. 具备汽车网络系统的基本检修能力;
2. 熟悉汽车网络系统检测仪器的使用方法;
3. 能够完成大众车系、奥迪车系CAN总系故障诊断;
4. 能够完成丰田多路传输系统故障诊断</td></tr>
<tr><td>学习目标</td><td colspan="3">1. 掌握汽车网络系统的基础知识;
2. 掌握车载CAN-BUS网络传输系统、MOST(多媒体)网络传输系统和车载LIN网络传输系统的原理;
3. 掌握汽车网络系统的故障诊断方法;
4. 认识大众车系CAN数据总线系统及故障波形;
5. 认识奥迪车系LIN和CAN总线系统及故障波形;
6. 认识丰田车系多路传输系统及故障波形</td></tr>
<tr><td>学习内容</td><td colspan="3">学习情境1:汽车电脑通信故障检修;
学习情境2:车载蓝牙电话无法拨打故障检修;
学习情境3:车载CAN-BUS网络系统无信号故障检修;
学习情境4:车载影音娱乐系统工作不正常故障检修</td></tr>
<tr><td>学习领域5</td><td colspan="3">汽车检测与诊断技术</td></tr>
<tr><td>学期</td><td>第4学期</td><td>参考学时</td><td>60学时</td></tr>
<tr><td>职业能力要求</td><td colspan="3">1. 具备与客户交流与协商的能力,能够向客户咨询车况、查询车辆技术档案、初步判断车辆的技术故障;
2. 能遵守相关法律、遵循车辆检修工作安全和技术规范,制订检修工作计划,能正确选择和使用检测设备和工具;
3. 能够根据故障现象分析故障原因;
4. 能够通过仪器检测和数据分析,确定故障部位;
5. 熟练制定正确的诊断操作流程;
6. 熟练完成故障排除的任务</td></tr>
<tr><td>学习目标</td><td colspan="3">1. 熟悉汽车检测诊断的基本知识;
2. 掌握发动机功率下降原因的检测和分析方法;
3. 掌握汽缸气密性的检测和分析方法;
4. 掌握点火系波形分析的方法;
5. 掌握空气混合质量、燃油系统油压检测基本方法;
6. 掌握机油压力、机油消耗量检测方法;
7. 掌握汽车底盘故障的诊断与排除方法;
8. 掌握四轮定位仪及车轮平衡机的使用;
9. 掌握汽车制动系及侧滑的检测方法;
10. 掌握汽车悬架、排放、前照灯及车速表的检测方法;
11. 掌握汽车检测与诊断专用仪器设备的使用方法</td></tr>
</table>

续上表

学习领域 5	汽车检测与诊断技术		
学期	第 4 学期	参考学时	60 学时
学习内容	学习情境 1:发动机技术状况检测诊断; 学习情境 2:底盘技术状况检测与诊断; 学习情境 3:整车性能检测; 学习情境 4:汽车检测站工艺流程与实施		

注:订单方向课程教学标准,按合作企业相关培训及考核要求执行。

4. 就业岗位拓展课程教学标准(表 1-15)

就业岗位拓展课程教学标准 表 1-15

学习领域 1	汽车车身修复技术		
学期	第 5 学期	参考学时	56 学时
职业能力要求	1. 熟练使用车身钣金修复的常用及专用工具; 2. 熟练使用车身修复维修手册及维修资料; 3. 能正确完成车身板件修复的相关操作; 4. 能正确完成车身焊接与切割的相关操作; 5. 能正确完成车身附件维修的相关操作; 6. 能正确完成车身车架碰撞损伤维修的相关操作; 7. 能检查钣金修复质量,并在交车过程中向客户介绍已完成的工作		
学习目标	1. 掌握汽车车身车身修复技术的相关含义; 2. 掌握校正汽车车身的方法; 3. 掌握修复汽车车身的方法; 4. 熟练正确地进行设备选型; 5. 掌握正确操作和调试设备的方法		
学习内容	学习情境 1:车身修复准备; 学习情境 2:汽车车身板件轻微损伤的修复; 学习情境 3:车身板件大面积损伤的修复; 学习情境 4:车身附件的的修复; 学习情境 5:车架损伤的修复		
学习领域 2	汽车营销实务		
学期	第 4 学期	参考学时	56 学时
职业能力要求	1. 能按计划进行汽车市场调研; 2. 能根据汽车市场营销的目的确定汽车市场营销战略和汽车市场竞争策略; 3. 会根据汽车目标市场进行汽车市场细分与目标市场定位; 4. 能按市场机会进行汽车市场营销组合; 5. 能根据企业规模进行汽车营销网络建设; 6. 能根据企业战略目标实施顾客满意战略; 7. 能按市场管理要求对汽车市场营销进行管理		

续上表

学习领域 2	汽车营销实务		
学期	第 4 学期	参考学时	56 学时
学习目标	1. 汽车与市场营销基础认知; 2. 汽车市场营销策划; 3. 正确分析汽车消费者购买行为; 4. 实施汽车市场 4P 策略; 5. 掌握汽车整车销售流程; 6. 能进行二手车交易		
学习内容	学习情境 1:汽车市场营销认知; 学习情境 2:汽车市场营销策划; 学习情境 3:汽车消费者购买行为分析; 学习情境 4:汽车市场 4P 策略; 学习情境 5:汽车整车销售流程		
学习领域 3	机动车保险理赔		
学期	第 5 学期	参考学时	56 学时
职业能力要求	1. 能独立完成汽车保险的投保业务; 2. 能根据交通事故认定方法识别事故车; 3. 能够完成交通事故现场的事故查勘,搜集整理资料; 4. 能对事故车的现场进行处理;准确快速确定事故车损失; 5. 能协助核损员及维修人员完成事故车辆的修理; 6. 能完成车辆理赔核算流程		
学习目标	1. 掌握汽车保险投保业务环节和工作内容; 2. 掌握汽车保险投保流程; 3. 掌握事故查勘流程和搜集整理资料的方法; 4. 掌握事故车辆定损的流程和方法; 5. 掌握事故车辆理赔核算流程; 6. 缮制保险单证		
学习内容	学习情境 1:车险业务开展; 学习情境 2:车险投保; 学习情境 3:车险承保; 学习情境 4:车险查勘定损; 学习情境 5:车险理赔		

5. 实践课程教学标准(表 1-16)

实践课程教学标准 表 1-16

学习领域 1	毕业顶岗实习		
学期	第六学期	参考学时	720 学时
职业能力要求	通过毕业顶岗实习,使学生加快与就业岗位的对接,了解岗位要求,履行岗位职责,加深对专业理论知识的理解,培养和提高学生实际操作和分析问题、解决问题的能力,使学生综合运用所学理论知识与汽车维修与售后服务实践紧密结合,为毕业后从事汽车维修与售后服务等工作打下良好的基础		

续上表

学习领域 1	毕业顶岗实习		
学期	第六学期	参考学时	720 学时
学习目标	1. 了解岗位要求,履行岗位职责; 2. 参与汽车 4S 店服务顾问、汽车机修工、汽车销售顾问、汽车保险理赔等岗位顶岗实习,独立或协助完成汽车维修服务工作; 3. 适应汽车销售与维修企业职业氛围和职业环境; 4. 具备安全和环保意识		
学习内容	1. 选择汽车 4S 店服务顾问、汽车机修工、汽车保险理赔、汽车销售顾问等汽车销售与维修服务企业岗位进行实习; 2. 岗位技能和职业素养培养; 3. 实习工作总结,撰写顶岗实习技术报告		

(二)教学组织

贯彻“合作办学、合作育人、合作发展”的理念,按照“依托行业、对接产业、定位职业、服务社会”的专业建设思路,以行动导向实施课程教学,形成以教师为主导、学生为主体、教学做合一、理论与实践合一、工学结合的教学模式。始终要重视学生在校学习与实际工作的一致性,采取工学交替、任务驱动的一体化教学模式,运用任务驱动法、情境教学法、案例分析法、现场教学法、课堂讨论法等教学方法进行教学,立足于加强学生实际操作能力的培养。

核心课程建议采用“任务驱动”教学法,通过典型的工作任务,由教师提出要求,组织学生进行活动,注重“教”与“学”的互动,让学生在活动中增强爱岗敬业、团结协作的意识,实现技能与素质的同步提高。实施“教、学、做”一体化教学,提高学生的学习兴趣,有效培养学生的职业能力;教师可着重进行引导并实施监督和评价。实践课程要加强引导,创设工作情境,让学生亲自动手,提高学生岗位适应能力和分析处理问题的能力。

在教学过程中,要充分借鉴多媒体、教学资源库、网络资源等教学资源辅助教学,帮助学生理解所学知识。要密切跟踪本专业领域新技术、新工艺、新设备的发展趋势,充分利用校外实训基地,校企合作、工学结合,积极引导学生提升职业素养、提高职业道德,同时通过结合职业技能证书的考核,加强学生取证项目的训练。

(三)考核评价

吸纳用人单位专家参与教学质量评价,建立以能力为核心、以过程为重点的学习绩效考核评价体系。针对不同类型的课程采用不同的考核方法。对素质课程,建议采取理论考核的方法;对于专业平台课程,建议采取过程考核、综合考核与职业技能鉴定相结合的方式;对于职业方向课程,建议采取企业认证的考核方式;对于实践课程,尽量采用实操考核、过程考核的方法。具体原则如下:

1. 素质课程

总评成绩 = 平时成绩(考勤、提问、作业等)×40% + 理论考核 ×60%。

2. 专业平台课程

专业核心课程采取按任务考评(过程考评)与课程考评(期末考评)相结合的方法对学

生的学习情况进行整体考评，突出过程考评，其中过程考评占总成绩的70%，期末考评占30%。其他平台课程采取过程考核与综合考核相结合的评价方式，其中过程考核包括学习态度、课程作业等，占课程总成绩的40%；综合考核包括期末考试、实践考核等，占课程总成绩的60%。同时，根据学生取得相应工种的职业资格证书的情况，综合评价学生成绩。

3. 职业方向课程

对于职业方向课程，实施三方考核评价的形式，具体实施方法见表1-17。通过学校校内综合技能实训室、校企共建的实训室或品牌汽车的4S店，按照企业提供的考核要求，完成企业认证考核，取得相应的等级证书，则对应的课程考核合格。

三方考核评价体系　　表1-17

职业方向课程	订单课程教学场所	学校评价	行业评价	企业评价
丰田订单班	1. 丰田汽车实训室； 2. 丰田汽车4S店	毕业证	维修中级工以上证书	1. 订单班培训合格； 2. 丰田技术等级证
现代订单班	1. 现代汽车实训室； 2. 现代汽车4S店			1. 订单班培训合格； 2. 现代技术等级证
通用订单班	1. 通用汽车实训室； 2. 通用汽车4S店			1. 订单班培训合格； 2. 通用技术等级证
大众订单班	1. 大众汽车实训室； 2. 大众汽车4S店			1. 订单班培训合格； 2. 通用技术等级证

4. 实践课程

以工作态度、实际操作和实习报告等情况综合评定学生成绩，其中工作态度、实际操作等占80%（在企业完成的项目由企业指导教师评定），实习报告占20%。

三、专业人才培养实施流程

将汽车售后服务市场岗位需求融入人才培养方案中，以培养学生良好的职业道德和较强的职业能力为宗旨，导入行业企业技术标准，借鉴校企合作人才培养经验，通过与德国、韩国等一批汽车职业教育合作项目的实施，引入发达国家先进的汽车技术和职教理念，构建"岗位需求引导、行企标准跟进、三方考核评价"，适应区域经济发展的汽车运用技术专业人才培养模式。具体的实施方法，如图1-2所示。

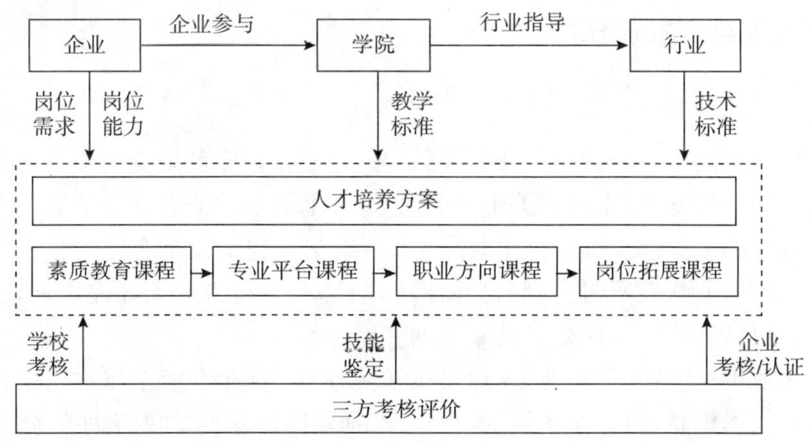

图1-2 "岗位需求引导、行企标准跟进、三方考核评价"人才培养模式

岗位需求引导是指深入汽车售后服务企业开展调研，把握企业岗位需求及综合职业能力要求，校企合作共同确定人才培养目标。行企标准跟进是指将行业企业技术和管理标准引入到学习领域中，建立包含专业平台课程、职业方向课程及就业岗位拓展课程的汽车运用技术专业课程体系。学生在学习专业平台课程的基础上，选择职业方向，根据职业方向进行岗位知识和技能的学习；三方考核评价包括：专业考核由学院实施，职业考核（如汽车维修资格证书）由国家职业技能鉴定部门实施，企业考核/认证由合作企业实施。

以典型工作任务为载体，积极推行任务驱动的教学模式。以完成真实维修任务为路径，将真实的工作任务嵌入教学过程，让学生经过自己的思考和老师的指导，独立完成工作任务，从而掌握相关的知识和技能。不断深化人才培养模式改革，提升人才培养质量。

1. 素质课程学习阶段

本阶段主要学习素质课程，培养学生基本的职业素养。学生在校中厂进行职业岗位认识实践 2 周。

2. 专业平台课程学习阶段

在校内基本技能实训室、校企共建实训室和“校中厂”，学习汽车（总成）的拆装，汽车一、二级维护等专业平台课程，并在 5 月、10 月的企业生产旺季，学生到校外合作企业分别进行汽车维护的生产性教学和实习 2 周、4 周，以培养学生专业技能。

3. 职业方向课程学习阶段

在校内综合技能实训室、校企共建的实训室和“校中厂”中，选择不同的职业方向进行岗位知识和技能的学习。在 5 月的企业生产旺季，学生到校外实训基地进行实训 4 周。培养学生汽车检测、故障诊断与维修等岗位技能，并取得汽车维修中级工证书。

4. 就业岗位拓展课程学习阶段

在校内校企共建实训室，结合生产岗位进行拓展技能的训练，参加汽车维修高级工考证。

5. 实践课程学习阶段

在校外实训基地、合作企业顶岗实习，结合岗位知识和技能，完成企业岗位技能、企业文化学习，融入企业，为后续的顺利就业打下良好基础。

四、专业人才培养实施保障

（一）专业人才培养实施的组织保障

在学院合作发展理事会的指导下，由系部牵头，组建由汽车行业企业专家和学院专业带头人、骨干教师、知名校友、学生代表等组成的“汽车工程系校企合作工作委员会”，并设立专业建设工作部和社会服务部。校企合作共同制定“汽车工程系校企合作工作委员会章程”，每年定期组织召开专业建设研讨会，制订年度工作计划，进行专业人才需求调研，专业人才培养方案修订研讨，课程开发、课程建设和实训基地建设等。

聘请合作企业 1 ~ 2 名专家和能工巧匠，在学院建立“企业专家工作站”，会同学院名师开展科技攻关和技术创新；对专业建设、课程建设、师资队伍建设提供咨询服务，对专业教师开展汽车新技术培训，参与学生的实训指导工作。

（二）专业人才培养实施的制度保障

1. 校企合作、工学结合运行机制

为了使专业建设和技术服务工作能健康、有序地开展，并切实解决学生安全、学生待遇等突出问题，应该根据学院的相关管理规定，结合本专业的实际制定相关的《校企合作工作委员会工作细则》《校企合作工作委员会例会制度》《汽车运用技术专业建设工作部管理细则》《社会服务工作部管理细则》《校外实训实习基地校企共建共管细则》《教师培训与企业锻炼实施细则》《学生顶岗实习评价细则》等制度。

2. 专业教学运行管理机制

为了保证理论与实践教学的顺利实施与运行，应该依据学院的《教学管理基本规程》《课程建设指导意见》《关于教学建设的若干规定》等；关于实践教学管理的《实践教学工作条例》；关于学生成绩考核的《学生学业成绩考核管理规定》；关于学生管理的《学生管理规定》《学生考试违纪和作弊认定处理办法》等教学管理制度执行。

为了确保实践教学的顺利进行，各校内实训室和校外实训基地建立了完善的校内实训室和校外实实训基地的管理制度，如《实训室及实训基地的运行管理机制》《校外实训基地运行管理制度》《实训指导教师管理办法》《设备管理和维护保养制度》《实训室操作规范及管理制度》《岗位职责》《安全管理制度》《实训质量考核评价制度》等，保证校内外实训条件的优势资源在教学过程中的充分发挥。

3. 顶岗实习制度

顶岗实习是工学结合人才培养模式的重要组成部分，为了保证顶岗实习的效果、提高实习的质量，应该根据学院《顶岗实习管理办法》和有关管理规定，制定本专业相关学生顶岗实习的实施细则，主要包括：《学生顶岗实习协议书》《学生自主联系顶岗实习申请表》《顶岗实习考核表》《顶岗实习辅导员联系学生情况登记表》《顶岗实习手册》等，使顶岗实习教学环节有计划、有组织、有考核、有落实。

4. 其他配套制度

此外，学院还制订了全员定期定聘计划、人才培养计划，出台了《江西交通职业技术学院人才引进管理办法》《兼职教师管理制度》《重点教学项目奖励办法》和《江西交通职业技术学院科技成果奖励办法》等文件，激励教师参与专业建设和教研、科研等工作。

（三）专业教学运行过程质量保障

1. 教学质量监控与评价主体

按学院的管理要求，构建和完善由教务、督导、系部、教研室、校企合作工作委员会和学生信息员六大部分构成的教学质量监控与评价主体，其中，教务处和系部是教学质量监控与评价主体，督导室是教学过程日常巡视监控与评价主体，校企合作工作委员会是专业人才培养目标与规格监控主体，学生信息员是教学效果反馈主体。

2. 教学质量标准体系

校企合作积极探索职业岗位任职要求与专业人才培养方案有机结合的途径与方式，充分发挥由行业专家参与的校企合作工作委员会专业建设工作部的作用，制订人才培养方案，建立实践教学环节质量标准体系。一是建立教师教学标准；二是在专业调研基础上，校企合作共同制订专业课程标准。

3. 教学质量监控与评价体系

针对本专业学生学习的目标、内容、要求等，形成一整套科学、规范的教学运行管理细则，形成教学全过程运行监控体系。特别是加强学生顶岗实习期间的教学质量监控，强化顶岗实习过程管理。校企共同实施教学质量评价，通过督导考核、学院考核、学生评教及同行评价四个方面对教师进行综合评价。督导考核通过听课、走课、巡课、师生座谈会、学生教学信息反馈、教案检查、教学检查等情况对教师的教学工作进行客观评价；教务处代表学院对教师执行管理情况进行客观评价；学生根据教师平时的教学情况进行网上测评，再通过测评数据标准化处理形成可比测评分；同行考核是由系部、教研室和同行教师通过听课和教研活动情况，对教师的教学进行考核。为了使考核公平可信，系部应该按学院的相关管理规定，制定本系部和本专业教研室的教学考核细则，以保证测评结果客观公正。

（执笔人：胡雄杰）

第三部分　附　　件

附件1:汽车运用技术专业人才培养与专业改革调研报告

一、调研目的

当前,我国现代化建设对职业教育的发展不断提出新的要求,旺盛的社会需求是职业教育发展面临的最大机遇,职业教育发展的最大动力是社会需求。汽车行业作为我国一个支柱产业,需要大批懂专业、动手能力强的高技能人才。为使我院汽车运用技术专业人才培养的目标和规格凸现职业教育的针对性、实践性和先进性,深入与本专业联系较为紧密的行业协会、企业,坚持以科学发展观为指导,充分尊重行业用人单位对生产与服务一线技术技能人才的客观要求,结合本专业毕业生从业现状和职业生涯发展的需求,以就业为导向、以能力为本位、以岗位群的需要和职业标准为依据,对汽车后市场行业企业发展现状、人才需求情况、职业岗位知识、技能、素质标准等进行调研,从宏观上把握行业企业的人才需求及职业学校人才培养的现状,在此基础上明确汽车运用技术专业培养目标和人才培养新模式,提出专业改革新思路和新方案。

二、调研时间

2012年3月—2013年12月。学院分管领导、系部负责人及专业骨干教师带队,分成若干个调研小组,根据用人单位的学生数,划定区域,分片进行。2012年,主要针对广州、深圳、东莞等地区的企业走访;2013年,对主要对上海、杭州等地区的企业及本省11个地市的企业进行走访。

三、调研对象

(一)订单班合作企业

丰田T-TEP班、北京现代班、中德SGAVE项目班、通用ASEP项目班所对应的品牌企业,如丰田汽车销售服务企业;北京现代汽销售服务企业;德系奥迪、大众、奔驰、宝马、保时捷五大品牌汽车销售服务企业;美系别克、雪佛兰、凯迪拉克三大品牌汽车销售服务企业等。

(二)毕业生需求量大的企业

多年来一直是我院汽车运用技术专业毕业生需求量大、学生就业稳定率高的企业,如浙江金昌汽车集团有限公司、上海冠松汽车股份有限公司、深圳市联胜保险公估有限公司、中国人保江西省分公司等企业。

（三）区域内综合性汽车维修、检测企业

多年来一直保持与学院密切联系、深度合作的区域内综合性汽车维修企业、汽车检测企业。如江西省翔笛汽车服务有限公司、江西省汽车销售技术服务总公司、南昌市新世纪汽车修理有限公司、南昌市洪大进口汽车维修服务有限公司、江西长运汽车技术服务有限公司；江西长运机动车检测中心有限公司、江西南昌机动车检测中心、江西赣安机动车检测站。调研单位，见表1。

调研主要单位一览表 表1

序号	企业名称	性质
1	东莞广汽丰田合信南城店	丰田品牌4S店
2	东莞一汽东城丰田汽车销售服务有限公司	丰田品牌4S店
3	雷克萨斯东莞美东汽车服务有限公司	丰田品牌4S店
4	广汽丰田赣州景华黄金店	丰田品牌4S店
5	广汽丰田南昌国力洪城店	丰田品牌4S店
6	广汽丰田九江江丰庐山店	丰田品牌4S店
7	南昌同驰丰田汽车销售服务有限公司	丰田品牌4S店
8	南昌富源丰田汽车销售服务有限公司	丰田品牌4S店
9	赣州同驰丰田汽车销售服务有限公司	丰田品牌4S店
10	新余深业丰田汽车销售服务有限公司	丰田品牌4S店
11	吉安富源丰田汽车销售服务有限公司	丰田品牌4S店
12	南昌恒隆丰田汽车销售服务有限公司	丰田品牌4S店
13	北京现代汽车国力特约销售服务店	现代品牌4S店
14	赣州华宏北现汽车有限公司	现代品牌4S店
15	华宏汽车北京现代上饶店	现代品牌4S店
16	九江浔瑞汽车销售服务有限公司	现代品牌4S店
17	鹰潭市弘鹰汽车销售服务有限公司	现代品牌4S店
18	景德镇市璟瞳汽车贸易有限公司	现代品牌4S店
19	九江市金穗汽车销售服务有限公司	现代品牌4S店
20	江西欧亚汽车服务有限公司	奥迪大众奔驰品牌4S店
21	江西德奥汽车销售服务有限公司	奥迪大众奔驰品牌4S店
22	南昌万宝行汽车销售服务有限公司	宝马品牌4S店
23	南昌宝泽汽车销售服务有限公司	宝马品牌4S店
24	南昌保时捷中心	保时捷品牌4S店
25	江西运通别克店	别克品牌4S店
26	江西通安别克店	别克品牌4S店
27	九江新运通别克店	别克品牌4S店
28	上饶运通别克店	别克品牌4S店
29	赣州国力别克店	别克品牌4S店
30	江西运通汽车雪佛兰城西店	雪佛兰品牌4S店

续上表

序号	企业名称	性　质
31	九江新运通雪佛兰店	雪佛兰品牌4S店
32	上饶新运通雪佛兰店	雪佛兰品牌4S店
33	赣州运通雪佛兰店	雪佛兰品牌4S店
34	江西运通凯威汽车销售服务有限公司	凯迪拉克品牌4S店
35	江西绿地名凯汽车销售服务有限公司	凯迪拉克品牌4S店
36	上饶绿地汽车销售服务有限公司	凯迪拉克品牌4S店
37	江西江铃汽车销售有限公司	江铃汽车品牌4S店
38	萍乡全顺江铃汽车销售服务有限公司	江铃汽车品牌4S店
39	江西赣东北江铃汽车销售服务有限公司	综合品牌企业
40	浙江金昌汽车集团有限公司	综合品牌企业
41	上海冠松汽车股份有限公司	综合品牌企业
42	江西省翔笛汽车服务有限公司	综合维修企业
43	江西省汽车销售技术服务总公司	综合维修企业
44	南昌市新世纪汽车修理有限公司	综合维修企业
45	江西长运汽车技术服务有限公司	综合维修企业
46	南昌市洪大进口汽车维修服务有限公司	综合维修企业
47	南昌公交皇菠萝汽车服务有限公司	综合维修企业
48	深圳市联胜保险公估有限公司	汽车保险公估企业
49	中国人保江西省分公司	汽车保险企业
50	江西长运机动车检测中心有限公司	机动车检测企业
51	江西南昌机动车检测中心	机动车检测企业
52	江西赣安机动车检测站	机动车检测企业

四、调研方法

(一)专家座谈

通过汽车系校企合作委员会专家组会议、江西省汽车维修协会年会等平台,邀请企业专家、人力资源管理部门领导、江西省汽车维修管理政府职能部门、各设市区汽车维修管理政府职能部门的领导组织专门的座谈。

(二)问卷调查

根据所需掌握的信息,设计专门的人才需求与专业调研表,通过邮寄的方式,对沪、浙、粤及江西11个设市区汽车维修行业、企业发放调查表,共计发放221份,回收201份。

(三)企业走访

结合用人单位的学生数,划定区域,分片进行。主要对广州、深圳、东莞、上海、杭州等地区及本省11个地市的企业进行走访。

(四)毕业生回访

通过毕业班班主任及任课教师以电话、电子信箱、校企合作项目订单班 QQ 群等方式对毕业学生进行跟踪访问。

(五)文献查阅

通过查阅交通运输部网站、工业和信息化部网站、中国汽车维修协会网站、江西省交通运输管理局网站、江西省汽车维修协会等官方网站以及《江西统计年鉴》《中国统计年鉴》获得相应的信息和资源。

(六)同类兄弟院校的走访与交流

主要走访开设汽车运用技术专业的兄弟院校。几年来,前后走访了浙江交通职业技术学院、南京交通职业技术学院、湖南交通职业技术学院、广东交通职业技术学院、河南交通职业技术学院、贵州交通职业技术学院、青海交通职业技术学院等兄弟院校。主要了解、收集当地对汽车运用技术专业人才需求的状况、学院在人才培养方面好的经验和方法。

五、调研内容

(一)汽车运用技术专业人才需求调研

1.汽车维修行业背景

1)行业总体背景

汽车产业是国民经济重要的支柱产业,产业链长、关联度高、就业面广、消费拉动大,在国民经济和社会发展中发挥着重要作用。2009 年,汽车产业发展政策(修订)出台后,我国的汽车产销量逐年上升,成为名副其实的汽车生产大国和销售大国。

(1)汽车产量和销售量

自 2001 年加入世界贸易组织以来,我国汽车工业发展迅猛,汽车产量从 2000 年的 200 万辆增加至 2010 年的 1800 万辆,进入了汽车制造工业大国行列。“十一五”期间,我国汽车产销量保持高速增长,年均增速为 25%,汽车产量占世界总产量的 23.5%。

2009 年,我国汽车市场销量达到 1364 万辆,跃居世界第一。2010 年,我国汽车产销量迅速蹿升至 1826 万辆和 1806 万辆,蝉联世界第一。2011 年,我国汽车产销量持续增长到 1841.89 万和 1850.51 万辆,再次刷新世界历史纪录。2012 年,我国汽车产销量持续增长:生产汽车 1927.18 万辆,销售汽车 1930.64 万辆,2013 年,汽车产销量分别为 2211.68 万辆和 2198.41 万辆。

(2)汽车保有量

“十一五”期间,汽车保有量几乎翻了一番。2011 年 8 月,我国机动车保有量达到 2.2 亿辆。其中,汽车首次突破 1 亿辆大关,占据世界第二位;全国私人汽车数量为 8613 万辆,占汽车总量的 76%。

至 2012 年,全国机动车保有量已达 2.4 亿辆。汽车保有量 1.2 亿辆,年增长 1510 万辆,增长量超过 1999 年底全国汽车保有量。18 个大中城市汽车保有量超过百万。

2013 全国机动车保有量突破 2.5 亿辆，其中汽车保有量为 1.37 亿辆，2009—2013 年汽车保有量见表 2。

2009—2013 年全国汽车保有量（万辆） 表 2

年份（年）	2009	2010	2011	2012	2013
汽车保有量	6280	9086	10578	12089	13741

（3）汽车维修行业现状

汽车维修行业作为汽车后市场最重要的领域和环节，服务汽车全寿命周期、车辆技术状况的维护，为道路运输及安全提供强力技术保障，为汽车产业大发展提供强大支持，是汽车产业链条中的重要一环。汽车维修业已由道路运输业附属部分转化为社会主义市场经济的重要组成部分，由纯劳动技术性行业转化为具有专业技术性、劳动密集性、作业分散性、市场调节性、服务延伸性五大特性，为道路运输业、汽车产业和广大消费者提供全方位服务的产业，其市场发展潜力巨大。

随着汽车保有量的快速增长，特别是私人轿车保有量高速增长，对汽车维修产生了深远影响，汽车维修需求明显增加。汽车进入家庭步伐加快，维修服务成为社会焦点，维修行业面临新的挑战。

2011 年，全国机动车维修经营企业 42.1 万家，从业人员 265 万人。一类汽车维修企业 1.26 万家，二类汽车维修企业 6.11 万家，三类汽车维修企业 22.6 万家。完成维修作业量 2.69 亿辆次，其中整车修理 205 万辆次，总成修理 678 万台次，二级维护 3564 万辆次，专项修理 2.03 亿辆次，维修救援 300 万辆次。

2012 年，全国机动车维修经营企业 43 万家，从业人员 282 万人。一类汽车维修企业 1.3 万家，二类汽车维修企业 6.45 万家，三类汽车维修企业 28.18 万家。完成维修作业量 2.97 亿辆次，其中整车修理 214 万辆次，总成修理 714 万台次，二级维护 3804 万辆次，专项修理 2.27 亿辆次，维修救援 389 万辆次。

2013 年底，全国共有机动车维修业户 44 万家、从业人员近 300 万人，完成年维修量 3.3 亿辆次，年产值达 5000 亿元以上，约占全国 GDP 的 1%。

目前，我国已形成了以一类维修企业为骨干、二类维修企业为基础、三类维修企业为补充，综合性能检测站为技术支撑，多种经济成份协调发展的机动车维修服务网络格局。

2）区域背景

2010 年，江西省民用汽车保有量为 147.6 万辆，2011 年为 181.4 万辆，增长率为 23%；2012 年为 211.7 万辆，增长率为 14%；2013 年为 243.5 万辆，增长率为 15%。

截至 2013 年年底，江西全省机动车维修企业共 9977 家，其中一类维修企业 313 家，二类维修企业 1543 家，三类维修企业 6131 家，摩托车维修企业 1990 家，见图 1。完成主要工作量 344.1 万辆（台）次，同比增长 3.1%。其中：整车修理 6.39 万辆次，总成修理 21.39 万台次，二级维护 105.91 万辆次，专项修理 205.29 万辆次，维修救援 3.97 辆次。汽车综合性能检测站 75 家，完成检测量 48.1 万辆次，同比增长 26.3%。

截至 2013 年年底，全省共有机动车维修持证上岗从业人员 74304 人，占总从业人数 50.73%，其中技术负责人 6858 人、质量检验员 4509 人、维修技术人员 50365 人。全省机动车综合性能检测机构从业人员约 1050 人，持证上岗率达到 83.62%，全年完成车辆综合性能检测量合计 48.12 万辆次。

快速增长的维修量，需要大量汽车后市场的从业人员。

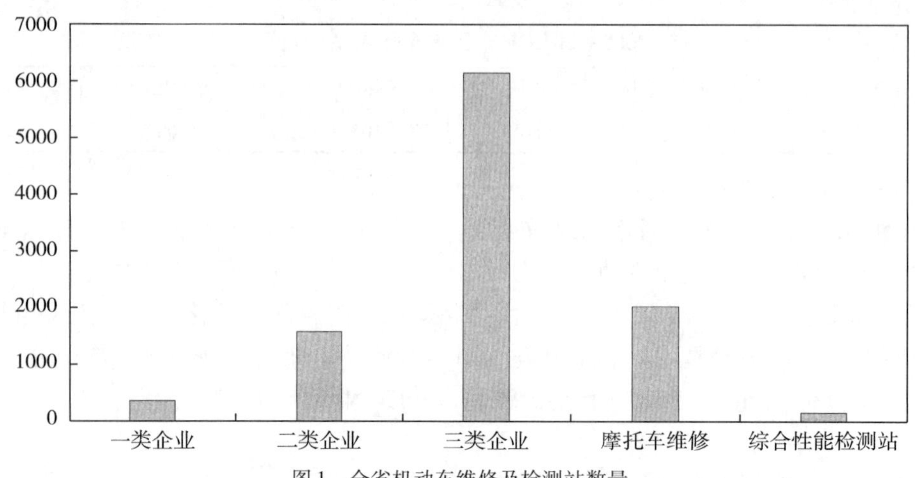

图1　全省机动车维修及检测站数量

2. 人才需求状况分析

汽车工业在国民经济建设和社会发展方面发挥着重要的作用。其中，汽车维修检测服务行业在汽车工业销售利润构成占比近60%，市场发展潜力巨大。目前，全国汽车维修行业有一、二类企业30多万家，从业人员近300万人，且每年都在以20%左右的速度快速增长。但随着高新技术产品和装置在汽车上的应用和普及，汽车产品及其维修技术高科技含量的不断提高，汽车维修企业正日益摆脱以往传统的手工作坊作业方式，越来越多地采用机械化、自动化、电子化检修仪器设备。汽车维修行业对人才的需求正从注重数量向注重高素质、高技能转变。具有一定的专业理论水平、能在汽车维修生产过程中独当一面，解决技术、质量、业务等问题的人才是当前最为紧缺的人才。汽车维修业高技能人才不足的现象近年来日益严重，极大地制约了汽车维修行业的正常发展，同时也严重影响了汽车维修质量和客户满意度。

因此，现代汽车维修呼唤新一代具有较高学历、受过系统专业教育、尤其是能够胜任汽车复杂电子控制系统等维修任务的维修人员。学校需要培养一代具有扎实的专业知识和技能、良好的职业道德和职业能力、较强的就业竞争力、良好的综合素质技能型专门人才，以满足当今社会人才的需求。

(1)行业从业人员基本情况分析

对汽车维修企业来说，人才是最重要的因素。在日本的汽车维修企业，其技术工人合格率占70%以上，20万工人经过资格认证，40%属于技术人员。在美国，故障诊断技术工人的比例占80%。而我国汽车维修厂，通晓现代汽车原理，会用仪器和设备诊断、排除汽车故障的技术工人不超过30%。

在被调查的技术工人总体中，持有各类等级技能证书的技术工人占77.6%；在持有技能证书的技术工人总数中，汽车维修初级工人数占30.4%、中级工占43.1%、高级工(含技师和高级技师)占26.5%。高等级技能人才比例偏低，且这类人才年龄偏大(年龄在55岁以上者占30%左右)；初、中、高技能等级结构比例为3：4.3：2.7。问题比较严重的是，还有22.4%的技术工人未取得任何证书。另外，通过调研也表明，无论是汽车维修技术管理人员队伍还是技术工人队伍，都存在着人员知识老化、高级技术与管理人才严重缺乏的共性问题。

（2）维修行业人员结构

针对江西区域及广州、上海、杭州等维修企业岗位人员结构进行分析，包括岗位人员学历结构、毕业生主要从事的岗位进行分析。

以进入企业的第一学历为调查对象，各用人单位不同学历层次的人员结构，如表3、图2所示。

行业人员学历结构（%） 表3

单位 学历	品牌4S店比例	综合修理厂比例	保险公司比例	机动车检测站比例
高中及以下	5	2	3	6
中职	31	30	15	36
高职	52	58	62	41
本科	12	10	20	17

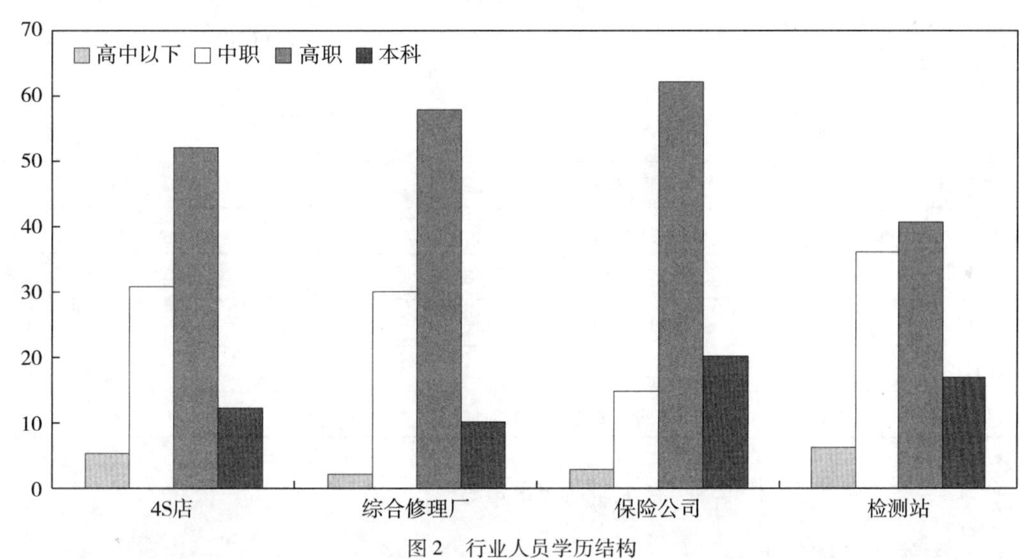

图2 行业人员学历结构

通过学历结构分析可以看出，无论是品牌4S店、综合修理厂，还是保险公司、机动车检测站，最受欢迎的是高职学历层次的毕业生。

根据岗位学历结构分析可知，高职毕业学生主要面向岗位是维修技术岗位见表4。

毕业生主要从事的岗位比例（%） 表4

学历 岗位	本科	高职	中职
维修技术人员	22	57	48
营销人员	13	20	27
保险与理赔人员	18	12	21
行政与其他人员	47	11	4

(3)江西区域汽车维修人才需求状况

通过调研,未来3年在江西省区域内汽车维修行业从业人员数量有大幅度的攀升,需求量大。尤其是对高素质人才、高技能人才,已经达到求贤若渴的地步,大专以上和高级工以上人才合计需求量超过8万人以上。而目前培养的毕业生数目远远小于需求,出现供不应求的局面。除了汽车维修行业(4S店)外,汽车运输业、汽车租赁、汽车评估、汽车保险与理赔、二手车交易、车损鉴定、企事业单位车辆管理等相关职业岗位同样急需大量的汽车运用技术技能型人才。

江西省目前开设汽车运用技术专业(或相近专业)的院校有12余所,见表5。主要分布在省会城市——南昌市,其余分布在赣州、新余、萍乡和景德镇,这些学校每年招收的学生数总计1.5万人左右,远远满足不了市场人才需求。

江西省开设汽车类专业高等院校一览表 表5

序号	学校名称	所在地区
1	江西应用工程职业学院	萍乡
2	南昌职业学院	南昌
3	江西工业职业技术学院	南昌
4	江西科技学院	南昌
5	九江职业技术学院	九江
6	景德镇学院	景德镇
7	江西机电职业技术学院	南昌
8	江西环境工程职业学院	赣州
9	江西现代职业技术学院	南昌
10	江西渝州科技职业学院	新余
11	南昌工学院	南昌
12	江西交通职业技术学院	南昌

(二)汽车运用技术专业学生职业面向分析

1.学生就业单位分析

通过对企业的走访与调研获知,我院汽车运用技术专业学生毕业后的职业面向单位有:品牌4S店、汽车维修企业、机动车保险公司、二手车交易公司、汽车技术鉴定和旧车评估公司、机动车检测站、汽车配件管理与销售业、自主创业。

根据近三年毕业生(1108人)的就业跟踪调查分析统计,在上述职业面向中,学生就业主要集中在品牌4S店、汽车维修企业,一部分在机动车保险业、二手车鉴定与交易、汽车配件管理与销售业、机动车检测站,一小部分是先就业,后创业。见表6、图3。

近三年毕业生就业单位人数统计表 表6

单位	品牌汽车4S店	汽车维修企业	机动车保险业	二手车鉴定与交易	机动车检测	配件管理	自主创业	合计
人数	413	317	124	87	96	43	28	1108

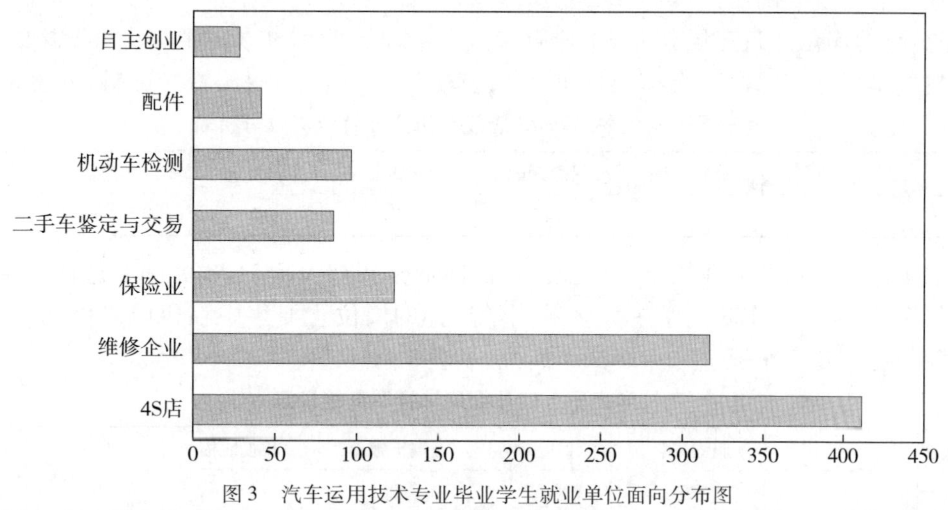

图 3 汽车运用技术专业毕业学生就业单位面向分布图

在对汽车运用技术专业 12 级、13 级在校学生(189 人)的未来就业意向抽样调查中,学生的未来意向职业单位比较符合已就业学生的职业单位面向规律,见表 7、图 4。

在校学生未来就业单位选择调查统计表 表 7

单位	品牌汽车4S 店	汽车维修企业	机动车保险业	二手车鉴定与交易	机动车检测	配件管理	自主创业	合计
人数	76	53	27	13	8	6	5	189

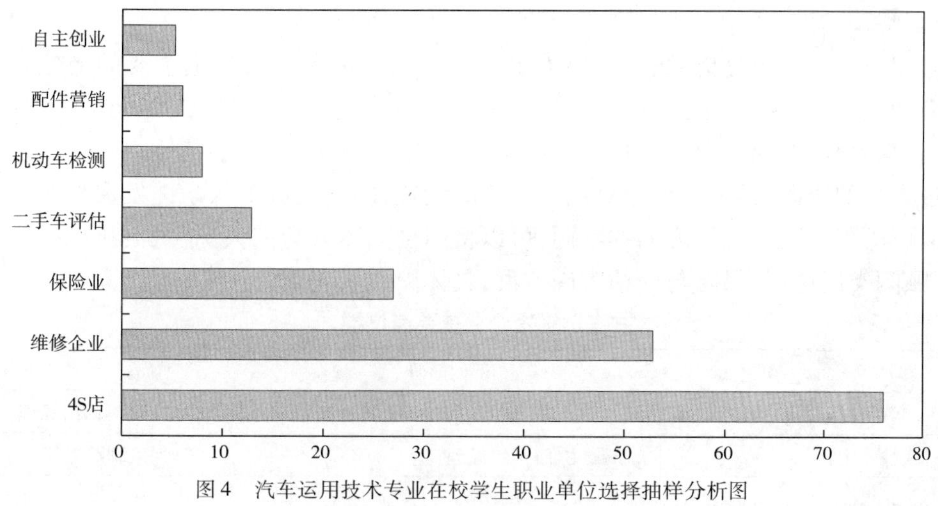

图 4 汽车运用技术专业在校学生职业单位选择抽样分析图

通过职业面向分析,我们可以得出汽车运用技术专业的学生主要的职业面向为汽车品牌 4S 店、汽车维修企业,同时兼顾有机动车保险、二手车评估和交易、配件管理和销售的结论。为人才培养目标的职业面向定位提供了一定的依据。

2. 汽车运用技术专业学生职业岗位分析

根据学生主要的就业单位面向分布,我们重点对品牌汽车 4S 店和汽车维修企业学生就业岗位进行了调研,通过对企业座谈、毕业生跟踪调查表和企业调查表分析,我院汽车运用技术专业毕业生就职岗位为:机电维修、服务顾问、保险理赔、汽车钣金与涂装、车辆事故估损、汽车金融等岗位。近三届就业于4S店和汽车维修企业(730名)的毕业生,主要从事的岗位有机电维修、服务顾问、汽车钣金与涂装,其次为车辆事故估损,汽车金融,见表8、图5。

近三届毕业生在品牌4S店及维修企业就业岗位分析表 表8

岗位	机电维修	服务顾问	保险理赔	汽车钣金	事故估损	汽车金融	合计
人数	234	157	147	83	42	67	730

在汽车运用技术专业在校学生职业岗位面向抽样调查中,有128名同学选择了4S店和汽车维修企业,而在这128同学中大多数同学选择的岗位主要集中在机电维修、服务顾问、汽车保险与理赔及汽车钣金与涂装四个岗位,见表9、图6。

在校学生职业岗位面向抽样调查统计表 表9

岗位	机电维修	服务顾问	保险理赔	汽车钣金	事故估损	汽车金融	合计
人数	38	26	27	20	7	10	128

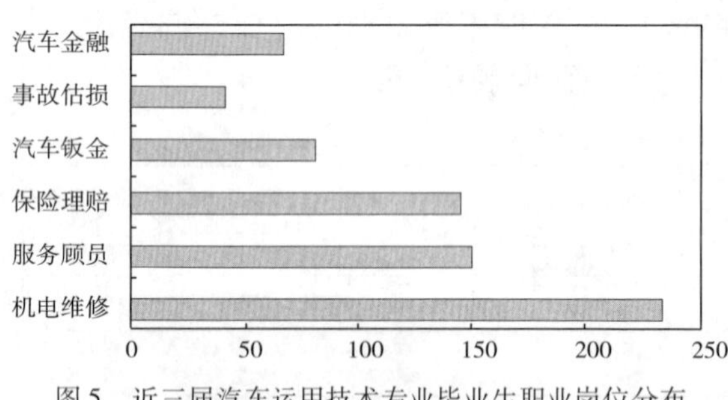

图5 近三届汽车运用技术专业毕业生职业岗位分布

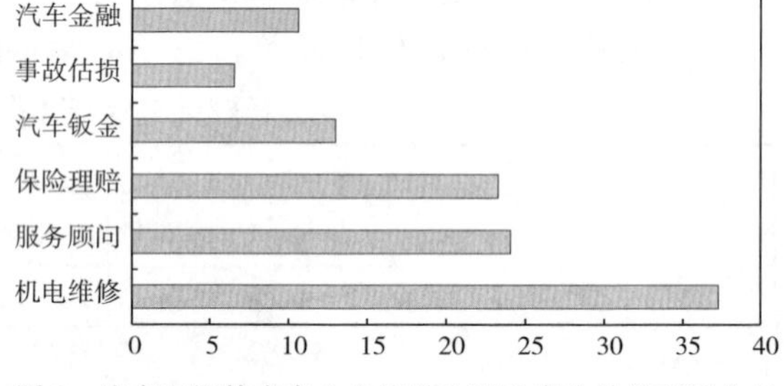

图6 汽车运用技术专业在校学生职业岗位抽样预测分布

通过职业岗位调研分析,我们可以得出汽车运用技术专业的学生主要的岗位是机电维修、服务顾问、汽车保险与理赔及汽车钣金与涂装,兼顾有汽车营销、汽车金融等岗位结论,为人才培养课程体系建设提供了一定的依据。

经过大量的调研,得出了企业对主要岗位的设置,即一名员工从学徒发展到企业高管所经历的岗位历程。根据岗位方向的不同,可以将岗位大体分为三大岗位群:机电维修类岗位群、服务顾问类岗位群、保险与公估类岗位群,具体岗位见表10。

汽车维修企业主要岗位群 表10

总工、部门高管		
售后服务经理	行政经理	部门经理
车间主任、技术主管	客服主任、销售经理	保险理赔主任
机修组长、电工组长、空调组长、钣金组长、喷漆组长	设备主管、配件主管、销售主管	保险理赔主管
机修中工、电工中工、空调中工、钣金中工、喷漆中工	设备管理中工、配件管理中工、精品销售中工、销售中工、前台中工	保险中工、理赔中工
机修学徒、电工学徒、空调学徒、钣金学徒、喷漆学徒	设备管理学徒、配件管理学徒、精品销售学徒、汽车销售学徒、前台学徒	保险学徒、理赔学徒
机电维修岗位	服务顾问岗位	保险与理赔岗位

岗位一共有48个,可分为三大岗位群,其中机电维修类岗位群有18个岗位、服务顾问类顾问群有16个岗位、保险与公估类有7个岗位。且可以根据人才职业生涯成才过程,将岗位等级划分为6级。

3. 行业企业对汽车运用专业毕业生岗位能力及素质要求

岗位能力要求:具有较扎实的本专业所需的文化、专业基础知识;具有汽车使用与维护方面的专业知识;具有汽车营销与售后服务管理、服务礼仪、交通运输管理方面的基本知识。具备正确选择和使用设备工具的技能;具备从事汽车机电维修、汽车性能检测、汽车故障诊断等工作能力;能提供优质服务、使客户满意,具有良好的语言表达能力;具备从事保险承保、核保、核赔、客户服务、保险代理、保险经纪、保险公估等工作能力;具备计算机使用与操作技能;具备一定的英语专业资料的阅读技能。

素质要求:热爱祖国,热爱集体,遵纪守法,敬业爱岗,具有良好的团结协作精神,具有为客户提供良好服务的能力,较强的再学习能力,具有实事求是、独立思考的创新精神。

根据企业调研,对汽车运用技术专业毕业学生就业岗位需求和岗位能力与素质要求进行了归纳总结,见表11。

岗位需求及岗位要求 表11

序号	主要职业岗位	岗位描述	职业能力与素质要求
1	机电维修	在汽车服务企业机电维修工岗位从事汽车后市场技术服务的工作。其岗位工作任务包括汽车定期维护、发动机检修、底盘检修、汽车电气检修、汽车维修质量检验等	1. 能够熟知汽车构造; 2. 能够熟练使用检测工具和设备; 3. 具备汽车诊断与维修技能; 4. 根据汽车故障现象制定维修作业方案; 5. 能完成汽车维修后的质量检测; 6. 吃苦耐劳、良好的团队协作精神
2	汽车售后服务顾问	在汽车服务企业服务顾问岗位从事汽车维修接待工作。其岗位工作任务包括汽车维修内容、汽车维修价格确定、汽车维修合同签订等	1. 客服沟通能力; 2. 具备服务顾问的服务与礼仪规范; 3. 具备汽车维修知识与初步的故障检测能力; 4. 汽车配件知识、三包索赔与机动车辆保险、财务知识、汽车维修接待软件的使用与维修服务核心流程
3	汽车保险与理赔	在保险公司或公估公司从事机动车的查勘估损服务工作,岗位工作包括碰撞分析,事故损失估计、维修方法确定,客户维护等	1. 客服沟通能力与服务与礼仪规范; 2. 具备保险合同责任划分能力与交通事故分析能力; 3. 具备汽车事故维修工作的流程与事故损失估损能力; 4. 汽车配件知识、熟悉事故车维修工艺流程
4	钣金喷漆	在汽车服务企业钣喷岗位从事汽车钣金与喷漆工作。能进行汽车车身的拆装与板件的修复,车身部件的校正与更换	1. 客服沟通能力; 2. 具备钢板焊接能力与板件修复能力;具备车身部件校正和更换能力; 3. 具备车身原子灰刮涂与打磨能力; 4. 具备底漆、面漆的喷涂能力,能完成单工序、双工序面漆施工与抛光

针对汽车运用技术专业毕业生职业能力,如专业知识和技能的运用能力、思维与应用分析能力、学习能力、营销能力、语言表达能力、创新能力、外语及计算机能力、沟通交流和管理能力;针对职业素养如敬业精神、团队精神、进取精神、个人思想修养、职业生涯规划与设计、个人心理素质、职业道德与忠诚度两大方面进行问卷调查,根据调查分析:

(1)企业对我院汽车运用技术专业毕业学生职业技能重点关注

专业成绩与技能;实践、实习成绩与能力;外语与计算机应用能力;语言表达能力;创新能力。

(2)企业对应聘毕业学生的素质重点关注

职业道德与忠诚度;组织协调能力;团队精神和进取精神。

(3)我院汽车运用技术专业毕业学生在企业表现突出点

综合素质;专业工作能力;学习能力;实践动手能力;合作协调能力、灵活应变能力;敬业精神。

(4)企业建议进一步加强培养方面

创新能力培养;实践动手能力培养;职业生涯规划与设计;心理素质教育。

(5)汽车运用技术专业学生相关职业证书方面

毕业证;计算机等级证;外语等级证;汽车维修等级证;汽车驾驶证;汽车销售职业资格证书;二手车鉴定评估职业资格证等。

据调查,多数企业认为,高职生吃苦耐劳精神欠缺,自我定位不准,眼高手低,缺乏稳定性,自制力差,个人主动意识不强,进取心不够,缺乏学习主动性和学习能力,自主学习意识差,责任感不强,缺乏自我批评意识,社会经验不足,环境适应能力需提高,心理承受力差。此外,专业基础知识不扎实,专业能力差,工作经验缺乏,动手能力有欠缺。

汽车维修企业规模正在不断转型发展,由粗放式向集约式发展、由数量型向质量型发展、从单店经营向连锁经营转型,摆脱长期以来主要依靠增加网点、扩大厂房场地、添加机具设备、增加劳动力与物质消耗的外延式增长方式,转向依靠科技进步、从业者素质提高、管理创新,提高员工操作水平和设备、备件与原材料的利用率的内涵式增长方式。通过调查得知,企业技术人才主要由中高职学历构成,中高职人才需求旺盛,且汽车维修类技术人才需求量最多。由于汽车维修企业的转型发展及各种汽车新款车型不断推出、配置越来越先进,加上汽车配件、汽车用品的更新换代周期越来越短,汽车行业对维修人员的维修水平和素质要求越来越高。而目前江西汽车维修企业的现状是从业人员总体技术水平较低,缺乏经过正规培训、具备高学历同时有丰富维修经验的专业人才。

六、课程体系设计

(一)学习领域转化

通过岗位群和岗位职业能力分析,按照“岗位工作分析→典型工作任务确定→行动领域归纳→学习领域转化”的思路,根据汽车机电维修和服务顾问岗位的工作内容,提炼归纳成33个典型工作任务,将各典型工作任务按照工作性质相同、行动范围一致性原则进行归纳整合,形成26个行动领域工作任务,然后将各行动领域工作任务转化为12个学习领域学习任务,见表12。

学习领域转化表　　表 12

工作岗位	➡	典型工作任务	➡	行动领域	➡	学习领域
汽车机电维修		汽车维护		汽车维护		汽车维护与保养
		发动机附件更换		发动机拆装与调整		汽车发动机机械系统检修
		发动机机械故障检修				
		发动机大修		发动机大修		
		传动轴检修		传动系统检修		汽车传动系统检修
		手动变速器检修				
		四轮定位		四轮定位与调整		汽车行驶转向制动系统检修
		悬架工作不良检修		悬架系统检修		
		转向沉重检修		转向系统检修		
		制动效果不良检修		制动系统检修		
		电源系统检修		电源系统检修		汽车电气系统检修
		起动系统检修		起动系统检修		
		仪表报警系统检修		仪表报警系统检修		
		照明信号系统检修		照明信号系统检修		
		空调的维护与检修		空调的维护与检修		汽车空调系统的检修
		燃油喷射系统检修		汽车发动机电控系统检修		汽车发动机电控系统检修
		辅助控制系统检修				
		电控系统部件的检测				
		自动变速器检修		自动变速器检修		汽车底盘电控系统检修
		ABS 系统检修		ABS 系统检修		
		中控锁故障检修		安全系统检修		汽车车身电控系统检修
		防盗系统检修				
		音响通信不良检修		舒适系统检修		
		车窗座椅调节故障检修				
		CAN 总线系统检修		CAN 总线系统检修		汽车车内局域网系统检修
		LIN 总线系统检修		LIN 总线系统检修		
		MOST 总线系统检修		MOST 总线系统检修		
		汽车故障诊断		汽车故障诊断		汽车检测与诊断技术
		汽车检测		汽车检测		
服务顾问		汽车维修保养接待		汽车维修保养接待		汽车维修业务接待
		汽车维修接待软件操作				
		三包索赔与机动车辆保险		三包索赔与机动车辆保险		
		客户服务跟踪		客户服务跟踪		

(二)课程体系框架

根据汽车运用技术专业岗位的任职要求,遵循学生职业能力的发展规律,以职业素养培养为基础,改革传统的岗位针对性不强、适应能力不够的课程体系,构建涵盖“素质课程、平台课程、职业方向课程和就业岗位拓展课程"的专业课程体系,学生在完成素质课程和平台课程学习任务后,根据自己的职业规划选择一个职业方向课程作为下一步的学习任务,然后进入就业岗位拓展课程三个模块(汽车整形模块、汽车营销模块、汽车保险与理赔模块)的学习,如图7所示。根据企业用人要求,将国家职业标准、行企技术与管理标准融入课程建设中。

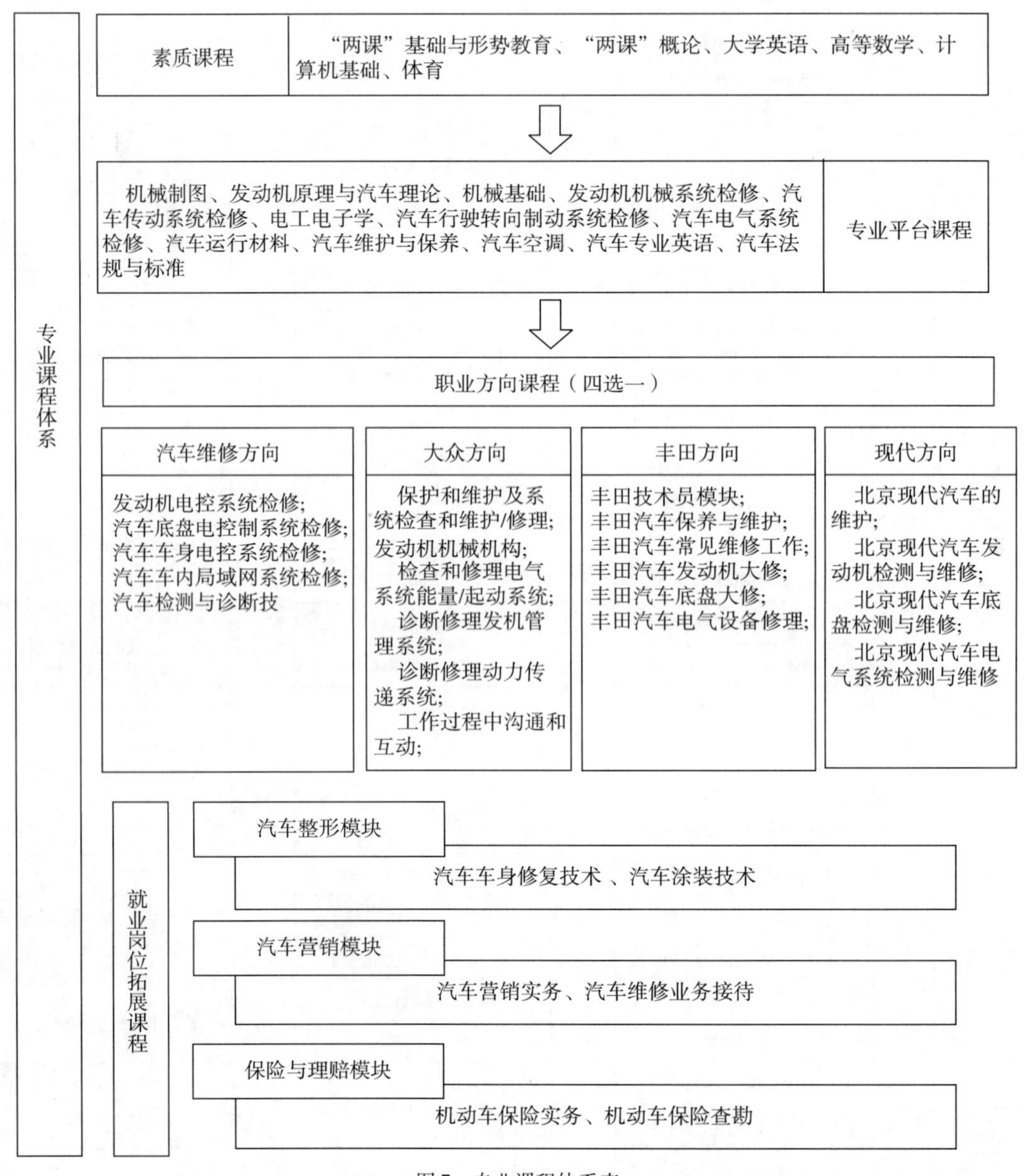

图7　专业课程体系表

七、调研结论

人才需求调研与分析,为汽车运用技术专业人才培养及专业建设和改革打下了基础,提供了依据。

(一)准确定位人才目标

根据人才需求调研报告,根据岗位方向的不同可以将岗位大体分为三大岗位群:机电维修类岗位群、服务顾问类岗位群、保险与理赔类岗位群。

根据汽车检测与维修专业人员从学徒成长为班组长、技术主管、技术经理、企业高管、行业专家的职业岗位、职业能力的成长规律,将职业能力及相应岗位划分为六级,见表13。

汽车机电维修、检测、定损评估职业岗位与职业能力对应表　　表13

<table>
<tr><th>职业能力</th><th>职业资格</th><th colspan="2">汽车机电维修、汽车检测与评估职业领域</th></tr>
<tr><td rowspan="2">一级</td><td rowspan="2">初级工</td><td>岗位</td><td>机修学徒、电工学徒、汽车查勘定损学徒等</td></tr>
<tr><td>职业能力</td><td>一般汽车维护能力、一般检测设备使用等</td></tr>
<tr><td rowspan="2">二级</td><td rowspan="2">中级工</td><td>岗位</td><td>机修中工、电工中工;汽车检测员、汽车定损评估员等</td></tr>
<tr><td>职业能力</td><td>较复杂汽车维护、一般汽车修理;一般汽车检测与定损评估等</td></tr>
<tr><td rowspan="2">三级</td><td rowspan="2">高级工</td><td>岗位</td><td>机修组长、机电大工、维修接待、质检员;检测组长、定损评估组长、设备负责人等</td></tr>
<tr><td>职业能力</td><td>一般故障诊断、较复杂修理;较复杂的汽车检测与定损评估等</td></tr>
<tr><td rowspan="2">四级</td><td rowspan="2">技师</td><td>岗位</td><td>车间主任、技术主管、质检主管;检测站技术负责人、报告授权签字人等</td></tr>
<tr><td>职业能力</td><td>复杂故障诊断、复杂修理;复杂的汽车性能检测与评估、管理能力等</td></tr>
<tr><td rowspan="2">五级</td><td rowspan="4">高级技师</td><td>岗位</td><td>企业(技术)经理、检测站站长、技术总监、总工等</td></tr>
<tr><td>职业能力</td><td>疑难故障诊断、全面检测评估、管理能力等</td></tr>
<tr><td rowspan="2">六级</td><td>岗位</td><td>行业专家等</td></tr>
<tr><td>职业能力</td><td>行业和企业技术项目筹划、技术开发、管理能力等</td></tr>
</table>

本专业人才培养目标岗位及能力定位是:面向机电维修大工、维修接待、质检员、维修组长、检测组长、技术主管等为主岗位群,具备相应的职业能力,取得汽车维修中级工以上职业资格证。

基于以上分析的基础上,进一步明确定位本专业的培养目标为:

本专业主要面向汽车后市场汽车机电维修、汽车维修售后服务顾问、汽车事故勘查定损与理赔岗位,培养具有良好的职业素养和职业道德,具备较扎实的汽车检测维修、维修服务、事故汽车查勘定损与理赔等专业理论知识,具有较强的实践动手能力和分析问题、解决问题能力的高素质技能型专门人才。

(二)创新校企合作运行机制,深化校企合作、人才培养改革

与一汽丰田、广汽丰田、北京现代、上海通用、德系五大品牌、东风日产、江铃汽车品牌企业和江西省汽车维修协会、南昌市汽车维修行业协会等建立了长期稳定的合作关系,成立“汽车工程系校企合作工作委员会”,扩建“校中厂”和建立企业专家工作站,建立“厂中校”和教师工作站,出台专业校企合作实施制度和细则,加大校企合作的广度和深度,保证校企合作、工学结合顺利实施行。

联手品牌汽车主机厂,实施“校厂店三方协同培养”的深层次校企合作。以校内丰田汽

车实训基地、北京现代汽车实训基地、上海通用汽车实训基地、江铃汽车实训基地等为纽带，依托品牌汽车主机厂的技术资源优势和品牌4S店职业岗位优势，实施“学院+品牌汽车主机厂+品牌汽车4S店”三方协同培养的紧密型校企合作模式，解决以往企业的校企合作积极性不高、合作深度不够、无法真正实现“互利双赢”的问题。

（三）突出能力、强化素质，制定人才培养方案

以市场需求为核心、以职业岗位为依据、以职业能力为本位、以服务为宗旨、以就业为导向，从职业教育的使命出发，注重学生职业能力和素质的培养。在充分调研的基础上，依托校企合作工作委员会，根据岗位对知识、能力、素质等基本要求，按照岗位标准制定特色鲜明的人才培养方案。

（四）重构专业课程体系

通过深入的企业调研与论证，依据从事的主要岗位应具备的职业能力，校企共同分析确定典型工作任务，进行行动领域转化，确定学习领域，设计教学情境。依据岗位的职业基本素质、职业能力和职业成长规律，基于汽车检测、维修等后市场服务工作过程，将国家职业标准、行企技术与管理标准融入课程建设中，重构专业课程体系。

（五）调整教学模式与教学组织模式

加大校企合作订单培养的工作力度，构建“立足主流车系、涵盖知名品牌”订单培养主框架，在丰田T-TEP、现代汽车订单培养的基础上，大力实施中德SGAVE、通用ASEP、东风日产、江铃汽车等校企合作项目，实现基本覆盖日、韩、德、美和本土企业主流车系各大知名品牌汽车的订单培养。

培养过程采用工学结合、任务驱动的教学模式，试行“旺入淡出”的教学组织模式，进行交叉分段式培养，将学生在校期间的一些实际操作的实训环节安排到企业进行，并聘请企业的能工巧匠对学生进行操作指导。提高学生的学习兴趣和企业参与教学的深度，缩小教学和生产的距离。

（六）加强师资队伍建设

专业师资配备：具有本专业大学本科及以上学历或中级及以上职称。

对教师的能力要求：具有良好的身体素质、职业道德、较强的语言文字表达能力、管理能力和继续学习能力的双师型教师，特别要求专业骨干教师能定期下厂实习。

加深学校和企业之间的联系，使企业对学校的了解更加深入，学校也对企业宣传了自己。在这过程中，逐步建立汽车运用技术专业的企业兼职师资库，使企业的一线在职人员能发挥自己的专长，加入到教学过程中。

（七）推广面向学习过程的教学质量三方考核评价体系

借鉴德国教育汽车维修框架教学计划及德国宝马、日本丰田、美国通用汽车汽车企业技术培训的经验，完善专业教学评估标准。以学生为中心，面向过程评估教学质量，与职业技能鉴定部门的考核标准、方法接轨，实现职业技能考核与专业课考核相结合。三方考核评价

包括:专业考核由学校在整个教学过程中实施;职业考核(职业资格证书)由国家相关部门实施;岗位考核及发证(专项技能、职业素养)由企业在订单教学环节或者顶岗实习实施,见表14。

三方考核评价体系 表14

订单班名称	订单课程教学场所	学校评价	行业评价	企业评价
丰田订单班	1. 丰田汽车实训室; 2. 丰田汽车4S店	毕业证	维修中级工以上证书	1. 订单班培训合格; 2. 丰田技术等级证
现代订单班	1. 现代汽车实训室; 2. 现代汽车4S店			1. 订单班培训合格; 2. 现代技术等级证
通用订单班	1. 通用汽车实训室; 2. 通用汽车4S店			1. 订单班培训合格; 2. 通用技术等级证
大众订单班	1. 大众汽车实训室; 2. 大众汽车4S店			1. 订单班培训合格; 2. 通用技术等级证

(八)强化实训基地建设

实训、实习场地及设备配置与生产实际相一致,并为学生提供汽车专业课程实训、生产(岗位)实习的各类实训室及实训基地,建立多个紧密型的生产实习基地。

八、问题与思考

根据人才需求的调研情况,在人才培养上重视职业能力的培养,增强学生的岗位适应能力,使学生毕业后能够尽快适应工作岗位。这对于学生和企业同样重要,才能更好地满足社会的需要。

为满足对学生职业能力的培养、强化实践技能、与专业的人才培养目标相适应,还需要进一步加强校内外实训基地的建设,尤其是校外实习基地的建立,对于专业的发展非常重要。

学生职业道德和职业素养的培养还需要加强,企业有时候更看重的是一个学生的综合素质,教学内容要兼顾学生的职业发展,同时强调学生的职业道德、职业素养,要求学生踏实肯干、善与协作、善于沟通以及自学能力等。

要求全体教师要不断地更新观念、不断学习,才能够使专业教学改革成为可能;同时,专业课程的教材建设也要与课程改革相适应,学校的教师要与社会、企业紧密联系,共同合作,掌握生产对本专业技能需求,才能够不断地提高专业的人才培养质量。

(执笔人:官海兵)

附件2:《发动机机械系统检修》课程标准

一、课程定位

本课程的课程定位,如表1所示。

课 程 定 位 表　　表1

课程名称及编号	发动机机械系统检修(223027)
课设学期及参考学时	第2学期(102学时)
课程类型	专业平台课程(学习领域)
先导课程	汽车机械基础、机械制图、电工电子技术
平行课程	汽车传动系统检修、汽车行驶转向制动系统检修、汽车电气系统检修
后续课程	发动机电控系统检修、发动机原理与汽车性能、汽车检测与诊断

二、课程性质

本课程是汽车运用技术专业职业岗位核心能力课程之一,主要培养学生对发动机机械系统检测与修复的职业能力,在专业人才培养方案中具有重要地位,是专业技能培养的重要环节。本课程的内容主要包括汽车发动机机械结构、检测维修的方法,使学生掌握发动机理论知识,培养学生汽车发动机各机构配件的检测与维修的能力,达到理论与实践相结合的目的。通过实践教学进一步巩固课堂教学的效果,提高学生实践能力,加强学生独立分析和解决问题的能力及创新能力。同时,也为学生考取中、高级职业资格证书做好准备。

该课程在专业课程设置中,纵向起到承上启下的链接与支撑作用,为以后学习汽车电气系统检修、发动机电控系统检修、汽车检测与诊断等其他专业课奠定坚实的基础。同时,该课程作为核心专业课程中开设较早的课程,对培养学生的专业兴趣和树立操作规范意识非常重要。

三、课程设计思路

按照职业岗位和职业能力培养的要求,本课程将学生职业能力培养的基本规律与课程系统化以及学生专业能力、方法能力和社会能力相结合,形成以企业真实生产项目为载体,以项目导向组织教学,以学生为中心、教师引导、教学做一体的工学结合教学模式,解决学生知识、技能、素质协调发展问题。

本课程在内容组织与安排上遵循学生职业能力培养的基本规律,学生在教师指导下或借助维修手册等资料,确定发动机维修步骤,实施修理,并实施和检查反馈。在修理操作过程中,能完成对所做维修工作的陈述、能对维修操作过程中出现的增项内容及时对服务顾问进行反馈、能对所完成的发动机机械部件修理数据的检查结果进行分析、能对检查不合格的项目进行调整或换件处理、能对专用检测仪器进行正确的操作、就作业进度与车间调度进行工作沟通,将完成维修的车辆及作业工单交由车间质检。遵守5S工作要求及安全规程要求。

四、课程目标

(一)知识目标

(1)能正确描述发动机基本结构、作用和基本工作原理;
(2)能根据发动机速度特性和负荷特性对发动机性能进行分析;
(3)能根据发动机万有特性曲线图对发动机燃油经济性进行正确分析;
(4)能描述发动机常用术语和性能指标含义、国产发动机编号规则。

（二）能力目标

（1）具备对曲柄连杆机构常见故障进行分析、判断并排除的能力；

（2）具备对配气机构进行装配、调整和对气门间隙进行调整的能力；

（3）具备对配气机构常见故障进行分析、判断并能排除故障的能力；

（4）具备对汽油机燃料供给系常见故障进行分析、判断并能排除故障的能力；

（5）具备对柴油机燃油供给系统进行正确维护和分析、排除常见故障的能力；

（6）具备对润滑系主要机件进行拆卸、检验、装配和调整，解决润滑系一般故障的能力；

（7）具备对水冷系主要机件进行拆卸、检验、装配和调整，对其一般故障进行诊断并予以排除的能力；

（8）具备对发动机的主要零部件进行检测、修理或更换的能力；

（9）具备对发动机进行正确拆卸、装配和调整的能力。

（三）素质目标

（1）具有可持续发展的能力；

（2）具有团队协作能力；

（3）具有收集和处理信息的能力；

（4）具有获取新知识的能力；

（5）具有综合运用所学知识分析和解决问题的能力；

（6）具有良好的职业道德和敬业精神。

五、课程内容与学习目标

（一）课程内容结构安排

本课程分9个学习情境，29个工作任务，具体见表2。

学习情境设计 表2

序号	学 习 情 境	工 作 任 务	参考学时
1	发动机总体结构认知	（1）发动机结构及工作过程认知	4
		（2）发动机技术性能指标认知	4
2	汽缸压力低故障检修	（1）汽缸磨损测量	6
		（2）活塞环更换	6
		（3）曲轴、轴承更换	6
3	配气机构异响故障检修	（1）正时链条更换	6
		（2）气门漏气故障检修	4
		（3）气门间隙调整	4
4	发动机冒黑烟故障检修	（1）发动机尾气检测	2
		（2）供油压力过低故障检修	6
5	柴油机起动困难故障检修	（1）柴油供油管路排空	4
		（2）柴油机喷油器不喷油故障检修	4

续上表

序号	学 习 情 境	工 作 任 务	参考学时
6	发动机水温过高故障检修	(1)节温器故障检修	4
7	机油压力过低故障检修	(1)机油泵堵塞故障检修	4
8	发动机怠速不稳故障检修	(1)节气门体的清洗	4
		(2)排气管异响故障检修	4
9	发动机拆装与竣工验收	(1)发动机拆装	20
		(2)发动机磨合	6
		(3)发动机竣工验收	4
合计			102

(二)课程内容要求

通过课程的学习,使学生能够正确选择、规范使用工具、仪器设备和技术资料;能按要求拆装、分解、检查、装配和调整汽车发动机系统零部件;能根据故障现象分析故障原因、确定故障区域、明确故障部位、制定维修方案、排除故障,并保证维修质量;能对汽车发动机大修装车后汽车进行性能检验;能遵守劳动纪律、遵守操作规程、注意生产安全,具有环境保护、成本节约的意识,能合理处理辅料和报废的零部件。

同时,通过本课程的学习,学生能胜任汽车机电维修岗位的发动机检修工作,并能通过汽车维修工职业资格证书中发动机部分内容的考核,见表3。

课程内容要求 表3

<table>
<tr><td>学习情境1:发动机总体结构认知</td><td>参考学时:10</td></tr>
<tr><td colspan="2">学习目标:
1.能准备发动机拆装的各种工具、设备;
2.能准确描述发动机总体的构造总成;
3.会使用维修手册查阅维修数据;
4.能设计编制发动机拆装检修作业工单</td></tr>
<tr><td colspan="2">学习内容:
1.掌握维修手册的使用方法;
2.掌握发动机总体构造组成;
3.掌握发动机各总成部件的作用</td></tr>
<tr><td>教学资源:
1.讲义、教案、多媒体课件、图片、模型、FLASH 动画等;
2.实训指导书、任务工单等;
3.维修案例、培训资料、维修手册等</td><td>对学生基础要求:
1.具备一定专业基础知识、实践技能和自学能力;
2.具有基本的动手操作能力;
3.具有良好的与他人沟通和协作的能力;
4.资料的收集能力</td></tr>
</table>

续上表

<table>
<tr><td colspan="2">学习情境2:汽缸压力低故障检修</td><td>参考学时:18</td></tr>
<tr><td colspan="3">学习目标:
1. 能正确描述曲柄连杆机构的组成、各主要零部件的构造和装配连接关系;
2. 能正确描述曲柄连杆机构的主要机件的受力情况和工作原理;
3. 能正确描述和实际操作曲柄连杆机构的装配与调整;
4 会进行易损零件检测、修理或更换;
5. 能对曲柄连杆机构常见故障进行分析判断及排除故障</td></tr>
<tr><td colspan="3">学习内容:
1. 曲柄连杆机构结构认识;
2. 曲柄连杆机构的拆卸与分解;
3. 活塞的检修;
4. 连杆的校正;
5. 曲轴的检修;
6. 缸体的检修;
7. 活塞组的装配</td></tr>
<tr><td>教学资源:
1. 讲义、教案、多媒体课件、图片、模型、FLASH 动画等;
2. 实训指导书、任务工单等;
3. 维修案例、培训资料、维修手册等</td><td colspan="2">对学生基础要求:
1. 具备一定专业基础知识、实践技能和自学能力;
2. 具有基本的动手操作能力;
3. 具有良好的与他人沟通和协作的能力;
4. 资料的收集能力;
5. 具备一定的机械制图知识来识别零部件结构的能力</td></tr>
<tr><td colspan="2">学习情境3:配气机构异响故障检修</td><td>参考学时:14</td></tr>
<tr><td colspan="3">学习目标:
1. 能简单叙述换气过程、配气相位定义和影响换气过程的因素;
2. 能正确描述配气机构的分类、工作过程;
3. 能正确描述配气机构的组成、主要零部件的构造和装配连接关系;
4. 能正确描述配气机构的装配要求和调整方法;
5. 能正确描述可变进气系统的工作原理及结构;
6. 会进行配气机构主要零部件的正确检修;
7. 会进行配气机构的装配与调整、气门间隙的调整;
8. 能对配气机构常见故障进行分析、判断和排除</td></tr>
<tr><td colspan="3">学习内容:
1. 配气机构的认识;
2. 配气机构的拆卸与分解;
3. 凸轮轴的检修;
4. 气门及气门座的检修;
5. 气门间隙的调整;
6. 正时皮带和链条的检修;
7. 配气机构的装配</td></tr>
</table>

续上表

学习情境3:配气机构异响故障检修	参考学时:14
教学资源: 1. 讲义、教案、多媒体课件、图片、模型、FLASH 动画等; 2. 实训指导书、任务工单等; 3. 维修案例、培训资料、维修手册等	对学生基础要求: 1. 具备液压传动和机械传动的知识; 2. 具有基本的动手操作能力; 3. 具有良好的与他人沟通和协作的能力; 4. 资料的收集能力; 5. 具备一定的机械制图知识来识别零部件结构的能力
学习情境4:发动机冒黑烟故障检修	参考学时:8
学习目标: 1. 能简单叙述汽油机的正常和不正常燃烧过程; 2. 能简单叙述汽油机可燃混合气的形成方法及发动机各种工况对混合气成分的要求; 3. 能正确描述汽油机、柴油机燃料供给系的分类和工作过程; 4. 能正确描述汽油机、柴油机燃料供给系组成、主要零部件构造和作用; 5. 能进行燃料供给系主要零部件的检修; 6. 会进行汽油泵的装配和调整; 7. 能对燃料供给系常见故障进行分析、判断和排除	
学习内容: 1. 燃油供给系统的认识; 2. 燃油供给系统的免拆维护; 3. 电动油泵的拆卸与检修; 4. 燃油滤清器的更换; 5. 柴油机燃油供给系统的检修; 6. 发动机冒黑烟故障的检修	
教学资源: 1. 讲义、教案、多媒体课件、图片、模型、FLASH 动画等; 2. 实训指导书、任务工单等; 3. 维修案例、培训资料、维修手册等	对学生基础要求: 1. 具备液压传动和机械传动的知识; 2. 具有基本的动手操作能力; 3. 具有良好的与他人沟通和协作的能力; 4. 资料的收集能力; 5. 具备一定的机械制图知识来识别零部件结构的能力
学习情境5:柴油机起动困难故障检修	参考学时:8
学习目标: 1. 掌握柴油机燃料供给系的功用、基本组成; 2. 了解柴油机的燃烧过程; 3. 了解柴油机燃烧室的类型、特点及应用; 4. 掌握柴油机管路排空方法; 5. 掌握柴油机喷油器的检测与针阀体的更换方法; 6. 会检测和调整柴油机供油提前角	

续上表

<table>
<tr><td>学习情境5:柴油机起动困难故障检修</td><td>参考学时:8</td></tr>
<tr><td colspan="2">学习内容:
1. 柴油机燃料供给系的功用、基本组成;
2. 柴油机燃烧室的类型、特点及应用;
3. 柴油机管路排空;
4. 柴油机喷油器的检测与针阀体的更换;
5. 柴油机供油提前角</td></tr>
<tr><td>教学资源:
1. 讲义、教案、多媒体课件、图片、模型、FLASH 动画等;
2. 实训指导书、任务工单等;
3. 维修案例、培训资料、维修手册等</td><td>对学生基础要求:
1. 具备液压传动和机械传动的知识;
2. 具有基本的动手操作能力;
3. 具有良好的与他人沟通和协作的能力;
4. 资料的收集能力;
5. 具备一定的机械制图知识来识别零部件结构的能力</td></tr>
<tr><td>学习情境6:发动机水温过高故障检修</td><td>参考学时:4</td></tr>
<tr><td colspan="2">学习目标:
1. 能正确描述冷却系的功用、结构及工作原理;
2. 能正确掌握冷却系的冷却强度调节方式;
3. 能正确掌握冷却系主要机件的检测及维修方法;
4. 能对冷却系主要机件进行熟练拆卸、检验、装配、调整;
5. 能对冷却系进行一、二级维护作业;
6. 能对冷却系的一般故障进行诊断与排除</td></tr>
<tr><td colspan="2">学习内容:
1. 冷却系的认识;
2. 冷却水泵的拆装更换;
3. 冷却水的更换;
4. 冷却系统的免拆维护</td></tr>
<tr><td>教学资源:
1. 讲义、教案、多媒体课件、图片、模型、FLASH 动画等;
2. 实训指导书、任务工单等;
3. 维修案例、培训资料、维修手册等</td><td>对学生基础要求:
1. 具备液压传动和机械传动的知识;
2. 具有基本的动手操作能力;
3. 具有良好的与他人沟通和协作的能力;
4. 资料的收集能力;
5. 具备一定的机械制图知识来识别零部件结构的能力</td></tr>
</table>

续上表

<table>
<tr><td colspan="2">学习情境7:机油压力过低故障检修</td><td>参考学时:4</td></tr>
<tr><td colspan="3">学习目标:
1. 简单叙述润滑系的功用、结构组成及其工作原理;
2. 正确描述润滑方式以及润滑路线;
3. 正确描述润滑系主要机件的检测方法和技术要求;
4. 会对润滑系主要机件进行熟练拆卸、检查、装配、调整;
5. 能解决润滑系一般故障;
6. 会对润滑系做一、二级维护</td></tr>
<tr><td colspan="3">学习内容:
1. 润滑系的认识;
2. 机油及机油滤清器的更换;
3. 润滑系统的免拆维护</td></tr>
<tr><td>教学资源:
1. 讲义、教案、多媒体课件、图片、模型、FLASH 动画等;
2. 实训指导书、任务工单等;
3. 维修案例、培训资料、维修手册等</td><td colspan="2">对学生基础要求:
1. 具备液压传动和机械传动的知识;
2. 具有基本的动手操作能力;
3. 具有良好的与他人沟通和协作的能力;
4. 资料的收集能力;
5. 具备一定的机械制图知识来识别零部件结构的能力</td></tr>
<tr><td colspan="2">学习情境8:发动机怠速不稳故障检修</td><td>参考学时:8</td></tr>
<tr><td colspan="3">学习目标:
1. 掌握发动机进排气系统的组成及各组成的结构;
2. 能完成进排气系统各组成部件维护;
3. 正确拆装检修进排气系统各组成部件</td></tr>
<tr><td colspan="3">学习内容:
1. 进气系统的基本组成与工作原理;
2. 进气系统的检测与维护方法;
3. 进气系统的各组成部件;
4. 分析进气系统的气流通路;
5. 进气系统基本维护修理作业;
6. 进气系统的拆装;
7. 排气系统基本结构组成;
8. 排气净化的基本方法及排气净化装置的基本工作原理;
9. 排气净化系统的各组成部件;
10. 排气净化系统的维护作业</td></tr>
</table>

续上表

<table>
<tr><td colspan="2">学习情境8:发动机怠速不稳故障检修</td><td>参考学时:8</td></tr>
<tr><td>教学资源:
1. 讲义、教案、多媒体课件、图片、模型、FLASH 动画等;
2. 实训指导书、任务工单等;
3. 维修案例、培训资料、维修手册等</td><td colspan="2">对学生基础要求:
1. 具备液压传动和机械传动的知识;
2. 具有基本的动手操作能力;
3. 具有良好的与他人沟通和协作的能力;
4. 资料的收集能力;
5. 具备一定的机械制图知识来识别零部件结构的能力</td></tr>
<tr><td colspan="2">学习情境9:发动机的拆装与竣工验收</td><td>参考学时:28</td></tr>
<tr><td colspan="3">学习目标:
1. 掌握发动机拆装的基本要求;
2. 掌握发动机拆装的基本步骤和工艺过程;
3. 掌握发动机的竣工验收维修技能;
4. 掌握常用工具的使用规范</td></tr>
<tr><td colspan="3">学习内容:
1. 发动机拆装的基本要求;
2. 发动机拆装的基本步骤和工艺过程;
3. 发动机各部分总成装配和总装发动机;
4. 发动机冷磨合、热磨合的规范;
5. 发动机磨合后的检验;
6. 发动机竣工验收的主要内容;
7. 发动机竣工验收的方法和步骤</td></tr>
<tr><td>教学资源:
1. 讲义、教案、多媒体课件、图片、模型、FLASH 动画等;
2. 实训指导书、任务工单等;
3. 维修案例、培训资料、维修手册等</td><td colspan="2">对学生基础要求:
1. 具备液压传动和机械传动的知识;
2. 具有基本的动手操作能力;
3. 具有良好的与他人沟通和协作的能力;
4. 资料的收集能力;
5. 具备一定的机械制图知识来识别零部件结构的能力</td></tr>
</table>

六、课程实施建议

(一)教材及参考资源建议

1. 教材

为突出本课程教学的职业性、实践性、开放性、区域性,本课程教学团队与江西运通汽车技术服务公司、江西国力汽车技术服务公司、江西广甸汽车技术服务公司、南昌同驰丰田汽车技术服务公司、南昌恒隆丰田汽车技术服务公司、南昌富源丰田汽车技术服务公司等企业合作,编写了《发动机机械系统检修》校本教材。该教材以学习情境为单元、以工作任务为引领、按照理实一体化的教学方式组织编写,具有工学结合的特色。

2. 参考书

[1] 林平. 汽车发动机机械系统检修[M]. 2 版. 人民交通出版社. 2011.

[2] 成伟华. 汽车发动机机械构造与检修[M]. 北京:人民交通出版社. 2011.

[3] 杨柏青. 汽车发动机机械系统检修[M]. 北京:北京大学出版社. 2009.

[4] 张贺隆. 汽车发动机机械系统检修[M]. 北京:北京理工大学出版社. 2009.

3. 课程网站

http://elearn. jxjtxy. com/eol/jpk/course/layout/page/index. jsp? courseId = 1362

(二)师资条件建议

1. 专任教师

具有高校教师资格证;具有较强的教学组织与管理能力;具备良好的师德和执教素质;具有汽车电气系统检修经验;具有汽车维修检测企业工作经历;精通汽车构造与电工电子相关的基本理论与专业知识;具有较强的教科研能力。

2. 兼职教师

具有 5 年以上汽车维修行业工作经历、汽车维修技师或工程师以上职业资格、有丰富的实际工作经验、具有较强的教学组织能力。

(三)实验实训条件建议

本课程对实验实训条件有一定要求,具体见表 4。

实验实训条件配置建议 表 4

实训室名称	主要设备名称	主要实训项目
汽车发动机实训室	发动机总成若干	发动机分解与组装
	润滑系免拆清洗系统	润滑系免拆清洗维护
	冷却系免拆清洗系统	冷却系免拆清洗维护
	发动机检修平台、专用 SST 等	活塞的检修、连杆的校正 曲轴的检修 缸体的检修 凸轮轴的检修 气门及气门座的检修 正时皮带和链条的检修 电动油泵的检修

（四）教学方法建议

针对具体的教学内容和教学过程，采用教学做一体化法。将教学场所设在实训车间，教、学、做相结合，实现理论与实践教学一体化。理论知识融于故障排除的过程中，理论讲解与实际操作有机融合。学生在做中学、教师在做中教，使学生学会独立学习、主动学习、积极学习，具有独立计划、实施和检查的能力。

同时在具体教学方法中，运用任务引导法、案例法、小组协作学习法等多种方法组织教学，以学生为中心"做中学、学中做"，让学生人人参与，培养学生团队协作能力和实践动手能力。

（五）教学评价建议

(1)改革考核手段和方法，加强实践教学环节的考核，可采用过程考核和结果考核相结合的考核方法。

(2)结合课堂提问、学生作业、平时测验、任务工作单、实验实训、技能竞赛及考试情况，综合评定学生的学业成绩。

(3)应注重对学生动手能力和在实践中分析问题、解决问题能力的考核，对在学习和应用上有创新的学生应特别给予鼓励，综合评价学生的能力。

(4)考核要重视对学生的学习态度、团队合作能力、沟通能力的评价。

按任务考评(过程考评)与课程考评(期末考评)相结合的方法对学生的学习情况进行整体考评，突出过程考评，其中过程考评占总成绩的70%，期末考评占30%，具体考核方式见表5。

课程考核表 表5

考评方式	过程考评(项目考评)70分			期末考评(卷面考评)30分
	素质考评	工单考评	实操考评	
	10分	20分	40分	
考评实施	由指导教师根据学生表现集中考评	由主讲教师根据学生完成的工单情况考评	由实训指导教师对学生进行操作考评	根据教考分离的原则，由学校教务处组织考评
考评标准	根据遵守设备安全、人身安全和生产纪律等情况进行评分	预习内容:10分 操作记录:10分	任务方案:10分 工具使用:5分 操作过程:15分 完成质量:10分	题目类型:填空、单项选择、多项选择、判断、名词解释、问答和论述题等
备注	由于操作不当造成设备损坏和人身伤害的，计0分			

（课程标准制订人：廖胜文、李发禾）

附件3:《发动机原理与汽车理论》课程标准

一、课程定位

本课程的课程定位,见表1。

课 程 定 位 表　　表1

课程名称及编号	发动机原理与汽车理论(211002)
课设学期及参考学时	第2学期(68学时)
课程类型	专业平台课程(学习领域)
先导课程	汽车机械基础、机械制图、电工电子技术
平行课程	发动机机械系统检修、汽车传动系统检修、汽车行驶转向制动系统检修、汽车电气系统检修
后续课程	发动机电控系统检修、汽车检测与诊断、底盘电控系统检修

二、课程性质

本课程是汽车运用技术专业职业岗位专业平台课程之一,主要培养学生对发动机和汽车工作过程的理论基础,在专业人才培养方案中具有重要地位,是专业基础培养的重要环节。本课程主要包括工程热力学基础、发动机的性能指标、换气过程、燃料与燃烧、燃烧过程、发动机的特性、汽车的动力性、制动性、燃油经济性、操纵稳定性、平顺性、通过性等方面的原理和特点等方面的内容。通过实践教学,进一步巩固课堂教学的效果,提高学生实践能力,加强学生独立分析和解决问题的能力及创新能力。同时,也为学生考取中、高级职业资格证书做好准备。

本课程不仅为相关专业后续课程的学习提供了理论依据,而且为这些专业的学生日后工作打下坚实基础;既要与前期课程知识相联系与贯通,又要使学生了解本课程与实际应用的联系和学科的前沿;既要掌握本课程内容,又要使知识层面得以巩固和提高,培养学生成为创新型的有用人才。

三、课程设计思路

按照职业岗位和职业能力培养的要求,本课程将学生职业能力培养的基本规律与课程系统化以及学生专业能力、方法能力和社会能力相结合,形成以企业真实生产项目为载体,以项目导向组织教学,以学生为中心、教师引导、教学做一体的工学结合教学模式,解决学生知识、技能、素质协调发展问题。

本课程在内容组织与安排上遵循学生理论基础培养的基本规律,学生在教师指导下或借助发动机性能指标图册、车辆使用手册、车辆维修手册等资料,确定发动机性能和汽车性能变化的原因及分析问题的能力,掌握发动机和汽车主要使用性能的各种影响因素的分析方法,同时借助设备完成汽车动力性、制动性、燃油经济性、通过性、平顺性的评价指标的检测过程。

四、课程目标

（一）知识目标

（1）熟悉发动机的过程参数、循环参数和整机性能指标的内在联系和变化规律；
（2）掌握发动机性能和汽车性能变化的原因及分析问题的能力；
（3）熟悉利用新结构、新技术改善汽车性能的原理；
（4）掌握电子控制等技术在汽车上的应用方法和基本结构；
（5）掌握发动机主要性能与其结构之间的内在联系；
（6）掌握提高发动机性能和合理使用的基本原理；
（7）正确分析发动机和汽车主要使用性能的各种影响因素；
（8）基于运动学基本规律分析汽车性能与结构之间的联系；
（9）掌握汽车性能与使用因素之间的内在联系，合理使用和充分发挥汽车性能；
（10）掌握汽车动力性、制动性、燃油经济性、通过性、平顺性的评价指标。

（二）能力目标

（1）具备根据指标评价汽车动力性能的能力；
（2）具备根据指标评价汽车制动性能的能力；
（3）具备根据指标评价汽车燃油经济性的能力；
（4）具备提出合理使用发动机和提高发动机性能的建议和措施的能力；
（5）具备查找发动机性能和汽车性能变化的原因及提出解决办法的能力。

（三）素质目标

（1）具有可持续发展的能力；
（2）具有团队协作能力；
（3）具有收集和处理信息的能力；
（4）具有获取新知识的能力；
（5）具有综合运用所学知识分析和解决问题的能力；
（6）具有良好的职业道德和敬业精神。

五、课程内容与学习目标

（一）课程内容结构安排

本课程分6个学习情境，22个工作任务，具体见表2。

学习情境设计 表2

序号	学习情境	工作任务	参考学时
1	发动机工作循环和性能指标	（1）分析影响发动机性能的主要因素	2
		（2）发动机实际循环的机械损失	2
		（3）减少发动机机械损失的基本途径	2
		（4）提高发动机热效率的途径	4

续上表

序号	学习情境	工作任务	参考学时
2	发动机功率的选择和传动系传动比的确定	(1)发动机功率的选择	2
		(2)传动系最小和最大传动比的选择	2
		(3)传动系挡位数与各挡传动比的选择	4
3	汽车动力性指标	(1)分析汽车的受力情况	2
		(2)驱动力—行驶阻力平衡图与动力特性图	4
		(3)汽车的功率平衡及其应用	4
		(4)汽车动力性影响因素和动力性试验	4
4	汽车燃油经济性指标	(1)燃油经济性的评价指标和计算	4
		(2)影响汽车燃油经济性的使用因素和结构因素	2
		(3)汽车燃油经济性试验	4
5	汽车制动性能指标	(1)制动性能评价指标	4
		(2)制动时汽车的受力情况以及地面制动力、制动器制动力与地面附着力之间的关系	4
		(3)制动跑偏和制动侧滑的受力分析和运动分析	4
		(4)汽车制动距离计算方法和试验	4
6	汽车操纵稳定性指标	(1)汽车行驶的纵向和横向稳定性条件	2
		(2)汽车侧偏特性的影响因素	4
		(3)轮胎侧向受力与侧偏特性之间的关系	2
		(4)汽车的稳态转向特性	2
合计			68

(二)课程内容要求(表3)

课程内容要求 表3

学习情境1:发动机工作循环和性能指标	参考学时:10
学习目标: 1. 掌握发动机的动力性能指标和经济性能指标的含义、相关指标之间的关系; 2. 掌握影响发动机性能的主要因素的分析方法; 3. 掌握发动机实际循环的机械损失及减少损失的基本途径; 4. 熟悉发动机实际工作循环以及提高发动机热效率的途径	
学习内容: 1. 发动机动力性指标的含义; 2. 发动机经济性能指标的含义; 3. 动力性能指标和经济性能指标的相互关系; 4. 减少机械损失的基本途径; 5. 提高发动机热效率的途径; 6. 分析影响发动机性能主要因素	

续上表

<table>
<tr><td>学习情境 1：发动机工作循环和性能指标</td><td>参考学时：10</td></tr>
<tr><td>教学资源：
1. 讲义、教案、多媒体课件、图片、模型、FLASH 动画等；
2. 实训指导书、任务工单等；
3. 维修案例、培训资料、维修手册等</td><td>对学生基础要求：
1. 具备一定专业基础知识、实践技能和自学能力；
2. 具有基本的动手操作能力；
3. 具有良好的与他人沟通和协作的能力；
4. 资料的收集能力</td></tr>
<tr><td>学习情境 2：发动机功率的选择和传动系传动比的确定</td><td>参考学时：8</td></tr>
<tr><td colspan="2">学习目标：
1. 掌握选择发动机功率的方法；
2. 掌握确定传动系挡位数和传动比的方法</td></tr>
<tr><td colspan="2">学习内容：
1. 发动机功率的选择；
2. 传动系最小传动比的选择；
3. 传动系最大传动比的选择；
4. 传动系挡位数与各挡传动比的选择</td></tr>
<tr><td>教学资源：
1. 讲义、教案、多媒体课件、图片、模型、FLASH 动画等；
2. 实训指导书、任务工单等；
3. 维修案例、培训资料、维修手册等</td><td>对学生基础要求：
1. 具备一定专业基础知识、实践技能和自学能力；
2. 具有基本的动手操作能力；
3. 具有良好的与他人沟通和协作的能力；
4. 资料的收集能力</td></tr>
<tr><td>学习情境 3：汽车动力性指标</td><td>参考学时：14</td></tr>
<tr><td colspan="2">学习目标：
1. 掌握汽车的动力性指标；
2. 熟练分析汽车的受力情况；
3. 理解汽车的行驶方程式；
4. 熟练运用汽车的力平衡图和功率平衡图分析汽车的动力性指标</td></tr>
<tr><td colspan="2">学习内容：
1. 汽车动力性评价指标；
2. 汽车驱动力计算公式和影响因素；
3. 汽车行驶阻力的类型和计算公式；
4. 汽车受力分析和行驶方程式；
5. 汽车的行驶条件；
6. 汽车驱动力—行驶阻力平衡图与动力特性图及其应用；
7. 汽车的功率平衡及其应用；
8. 汽车动力性主要影响因素和动力性试验</td></tr>
<tr><td>教学资源：
1. 讲义、教案、多媒体课件、图片、模型、FLASH 动画等；
2. 实训指导书、任务工单等；
3. 维修案例、培训资料、维修手册等</td><td>对学生基础要求：
1. 具备基础计算和力学分析能力；
2. 具有基本的动手操作能力；
3. 具备液压传动和机械传动的知识；
4. 资料的收集能力；
5. 具有良好的与他人沟通和协作的能力</td></tr>
</table>

续上表

<table>
<tr><td colspan="2">学习情境4:汽车燃油经济性指标</td><td>参考学时:10</td></tr>
<tr><td colspan="3">学习目标:
1. 掌握汽车燃油经济性的评价指标;
2. 掌握汽车燃油经济性的计算方法;
3. 理解影响燃油经济性的汽车结构因素和使用因素</td></tr>
<tr><td colspan="3">学习内容:
1. 汽车燃油经济性的评价指标;
2. 汽车燃油经济性的计算(等速百千米耗油量);
3. 影响汽车燃油经济性的使用因素和结构因素;
4. 汽车燃油经济性试验</td></tr>
<tr><td>教学资源:
1. 讲义、教案、多媒体课件、图片、模型、FLASH 动画等;
2. 实训指导书、任务工单等;
3. 维修案例、培训资料、维修手册等</td><td colspan="2">对学生基础要求:
1. 具备基础计算和力学分析能力;
2. 具有基本的动手操作能力;
3. 具备液压传动和机械传动的知识;
4. 资料的收集能力;
5. 具有良好的与他人沟通和协作的能力</td></tr>
<tr><td colspan="2">学习情境5:汽车制动性能指标</td><td>参考学时:16</td></tr>
<tr><td colspan="3">学习目标:
1. 掌握制动性评价指标;
2. 掌握制动时汽车的受力情况以及地面制动力、制动器制动力与地面附着力之间的关系;
3. 掌握汽车制动距离的概念和计算方法;
4. 能对制动跑偏和制动侧滑进行正确的受力分析和运动分析;
5. 熟练分析前、后制动器制动力具有固定比值的汽车在各种路面上的制动过程;
6. 掌握自动防抱死系统的原理</td></tr>
<tr><td colspan="3">学习内容:
1. 制动性的评价指标;
2. 制动时车轮的受力情况;
3. 制动器制动力、地面制动力、附着力之间关系;
4. 滑移率与附着系数的关系;
5. 制动过程分析和制动距离;
6. 制动效能的恒定性;
7. 制动时汽车的方向稳定性;
8. 理想的前、后轮制动器制动力分配曲线;
9. 具有固定比值的前、后制动器制动力及同步附着系数;
10. 汽车在各种路面上制动过程分析;
11. 同步附着系数的选择</td></tr>
<tr><td>教学资源:
1. 讲义、教案、多媒体课件、图片、模型、FLASH 动画等;
2. 实训指导书、任务工单等;
3. 维修案例、培训资料、维修手册等</td><td colspan="2">对学生基础要求:
1. 具备基础计算和力学分析能力;
2. 具有基本的动手操作能力;
3. 具备液压传动和机械传动的知识;
4. 资料的收集能力;
5. 具有良好的与他人沟通和协作的能力</td></tr>
</table>

续上表

<table>
<tr><td colspan="2">学习情境 6:汽车操纵稳定性指标</td><td>参考学时:10</td></tr>
<tr><td colspan="3">学习目标:
1. 掌握汽车行驶的纵向和横向稳定性条件;
2. 掌握车辆坐标系的有关术语;
3. 了解影响侧偏特性的因素;
4. 掌握轮胎侧向受力与侧偏特性之间的关系;
5. 掌握汽车的稳态转向特性</td></tr>
<tr><td colspan="3">学习内容:
1. 汽车的纵向稳定性;
2. 汽车的横向稳定性;
3. 轮胎的坐标系和术语;
4. 轮胎的侧偏特性与回正力矩;
5. 汽车的转向特性(稳态和瞬态)</td></tr>
<tr><td>教学资源:
1. 讲义、教案、多媒体课件、图片、模型、FLASH 动画等;
2. 实训指导书、任务工单等;
3. 维修案例、培训资料、维修手册等</td><td colspan="2">对学生基础要求:
1. 具备基础计算和力学分析能力;
2. 具有基本的动手操作能力;
3. 具备液压传动和机械传动的知识;
4. 资料的收集能力;
5. 具有良好的与他人沟通和协作的能力</td></tr>
</table>

六、课程实施建议

(一)教材及参考资源建议

1. 教材

冯健章. 发动机原理与汽车理论[M]. 北京:机械工业出版社,2009.

2. 参考书

[1] 郭彬. 发动机原理与汽车理论[M]. 北京:北京大学出版社,2009.

[2] 陈燕. 发动机原理与汽车理论[M]. 北京:人民交通出版社,2010.

(二)师资条件建议

1. 专任教师

具有高校教师资格证;具有较强的教学组织与管理能力;具备良好的师德和执教素质;具有汽车电气系统检修经验。具有汽车维修检测企业工作经历;精通汽车构造与电工电子相关的基本理论与专业知识;具有较强的教科研能力。

2. 兼职教师

具有 5 年以上汽车维修行业工作经历,汽车维修技师或工程师以上职业资格,有丰富的实际工作经验;具有较强的教学组织能力。

（三）实验实训条件建议

本课程对实验实训条件有一定要求，具体见表4。

实验实训条件配置建议 表4

实训室名称	主要设备名称	主要实训项目
汽车检测实训室	汽车、卷尺、秒表	汽车制动效能测量
	汽车、秒表、测速仪、专用车道	汽车动力指标测量
	汽车、油耗仪	汽车等速百公里耗油量测量

（四）教学方法建议

针对具体的教学内容和教学过程，采用教学做一体化的教学方法。将教学场所设在实训车间，教、学、做相结合，实现理论与实践教学一体化。理论知识融于故障排除的过程中，理论讲解与实际操作有机融合。学生在做中学，教师在做中教，使学生学会独立学习、主动学习、积极学习，具有独立计划、实施和检查的能力。

同时在具体教学方法中，运用任务引导法、案例法、小组协作学习法等多种方法组织教学，以学生为中心"做中学、学中做"，让学生人人参与，培养学生团队协作能力和实践动手能力。

（五）教学评价建议

本课程采用过程考核、综合考核等多元性评价，其中过程考核包括学习态度、课程作业等，占课程总成绩的40%；综合考核包括期末考试等，占课程总成绩的60%，全面综合评价学生能力。本课程考核办法，见表5。

课 程 考 核 表 表5

考核项目		考核方式	比例	
			分项	总体
过程考核	学习态度	根据课堂教学参与情况、课堂回答问题、出勤情况，由教师综合评定学生的学习态度得分	50%	40%
	课程作业	根据学生完成课后作业、任务工单的情况由教师来评定成绩	50%	
综合考核		结合期末考试、实践考核等综合评定成绩	100%	60%
合计				100%

（课程标准制订人：游小青、王清娟）

附件4：《汽车传动系统检修》课程标准

一、课程定位

本课程的课程定位，见表1。

课 程 定 位 表 表 1

课程名称及编号	汽车传动系统检修(223028)
课设学期及参考学时	第 3 学期(30 学时)
课程类型	专业平台课程(学习领域)
先导课程	机械基础、汽车发动机机械系统检修、汽车电气系统检修
平行课程	汽车行驶转向制动系统检修、汽车维护与保养
后续课程	汽车底盘电控系统检修、发动机电控系统检修、汽车检测与诊断技术

二、课程性质

本课程是汽车运用技术专业职业岗位核心能力课程,主要培养学生对汽车底盘传动系统进行检修的职业能力,在专业人才培养方案中具有重要的地位,是专业技能培养的重要环节。本课程主要内容包括离合器、变速器、万向传动装置、主减速器等总成与系统的结构、原理、拆装、调整、检测及常见故障的检修。

三、课程设计的思路

本课程是基于工作过程系统化、以行动导向的课程开发方法进行开发的。在开发过程中,我们重点突出技术、社会与环境三者相互结合。在传授专业知识的同时,重点培养学生的实践技能,加强学生价值观的养成教育。在对职业岗位能力、工作过程进行充分调研的基础上,重点分析汽车运用技术职业岗位的能力目标,确定了一系列真实的工作任务及完成该任务所需的职业能力,结合本课程的培养目标,将教学内容划分成若干个学习情境。再将每一个学习情境分解为几个真实的工作任务来开展教学。

在创设学习情境和工作任务时,我们以汽车常见故障现象为载体,采用项目教学法、引导文教学法等行动导向教学法组织教学,充分发挥学生的主体作用。将专业能力、社会能力、方法能力培养融合于教学过程中,让学生获得未来工作所必须的综合职业能力。

四、课程目标

(一)知识目标

(1)汽车传动系的功用、类型和组成;
(2)离合器的类型、组成、工作原理;
(3)离合器故障及检修方法;
(4)变速器的类型、组成、工作原理;
(5)变速器的动力传递路线及变速原理;
(6)变速器故障及检修方法;
(7)万向传动装置的组成与工作原理;
(8)万向传动装置的常见故障的诊断与维修;
(9)主减速器的功用、组成、类型及工作原理,常见故障的检修方法。

(二)能力目标

(1)具备与客户交流和协商的能力,能够向客户咨询车况、查询车辆技术档案、初步判断车辆的技术故障;

(2)能遵守相关法律、遵循车辆检修工作安全和技术规范,制订检修工作计划,能正确选择和使用检测设备和工具;

(3)能正确完成汽车离合器检修的相关操作;

(4)能正确完成汽车变速器检修的相关操作;

(5)能正确完成汽车主减速器检修的相关操作;

(6)能检查汽车传动系的检修质量,并在交车过程中向客户介绍已完成的工作;

(7)能根据环境保护要求,正确处理使用过的辅料、废气液体及报废的零部件。

(三)素质目标

(1)能自主学习新知识、新技术;

(2)能通过各种媒体资源查找所需信息;

(3)能独立制订检修工作计划并正确进行实施;

(4)能不断积累汽车检修经验,从个案中寻找共性;

(5)具有较强的口头表达与书面表达能力、人际沟通能力;

(6)具有团队精神、协作精神和服务意识;

(7)具有良好的心理素质和克服困难的能力;

(8)能与客户建立良好、持久的关系。

五、课程内容与学习目标

(一)课程内容结构安排

根据职业岗位要求,为便于教学,将本课程的教学内容划分成4个学习情境,4个学习情境共包含13个典型的工作任务单元,见表2。以工作任务为教学单元,按照“资讯→决策→计划→实施→检查→评估”的六步法组织教学。

学习情境设计 表2

序号	情境名称	工作任务	参考学时
1	离合器分离不彻底故障检修	(1)离合器踏板及自由行程的调整	2
		(2)离合器分解、检查和维护	2
		(3)离合器片、飞轮的检查和调整	2
		(4)离合器分离不彻底等常见故障的检修	2
2	手动变速器跳挡故障检修	(1)手动变速器的换油维护操作	2
		(2)手动变速器的分解、检查和维护	4
		(3)手动变速器零部件的检修	2
		(4)手动变速器跳挡等常见故障的检修	2

续上表

序号	情 境 名 称	工 作 任 务	参考学时
3	万向传动装置抖动故障检修	(1)万向节的检查与维护	2
		(2)传动轴与中间支撑的检查维护	2
		(3)万向传动装置高速传动发抖故障的检修	2
4	驱动桥过热故障检修	(1)驱动桥的分解、检查与维护	4
		(2)驱动桥过热等故障的检修	2
合计			30

(二)课程内容要求(表3)

按照从简单到复杂,由局部到整体、由单一技能到综合技能的思路,本课程教学团队通过企业调研、校企合作,对汽车运用技术专业汽车传动系统检修课程的教学内容进行了重组和序化,将该学习领域以4个典型的故障现象为载体构建了4个学习情境、13个行动导向的任务单元,计划32课时完成。

每一个学习情境都是真实的工作任务,是一个完整的工作过程,都来自于企业生产实际。4个学习情境涵盖了传统课程体系的知识点和技能,以完成典型工作任务全过程为日标,部分学习情境教学过程在企业内实施,使学生掌握相关知识和技能,培养学生综合职业能力。

课程内容要求 表3

<table>
<tr><td>学习情境1:离合器分离不彻底故障检修</td><td>学时:8</td></tr>
<tr><td colspan="2">学习目标:
1. 根据客户反映的故障现象,确认故障部位、确定检修项目、打印报修单;
2. 能利用资讯手段获取离合器等相关检修参数;
3. 会做离合器踏板、自由行程、自由间隙的检查、校正工作;
4. 会做离合器的拆装、检查与维护工作;
5. 会做离合器片和飞轮等的检查与调整工作;
6. 会对离合器分离不彻底等常见故障进行检修;
7. 确认检修质量,向客户移交车辆</td></tr>
<tr><td colspan="2">学习内容:
1. 离合器的基本组成和工作原理;
2. 操纵机构的类型、构造与工作原理;
3. 离合器踏板高度、自由行程的调整;
4. 离合器的拆装检查与维护;
5. 离合器打滑、分离不彻底等常见故障的检修</td></tr>
<tr><td>教学资源:
1. 实训设备:各类离合器、常用工量具、离合器拆装专用工具等;
2. 多媒体课件;
3 虚拟仿真训练软件,
4. 专用拆装工具;
5. 学习工作单;
6. 学习效果评价表</td><td>对学生基础要求:
1. 具备汽车机械零件的认识和对零件工作原理的分析能力;
2. 学习过汽车传动系检修等课程;
3. 能较为熟练地使用各种常用工具;
4. 有过实践操作经历</td></tr>
</table>

续上表

<table>
<tr><td>学习情境 2:手动变速器跳挡故障检修</td><td>学时:10</td></tr>
<tr><td colspan="2">学习目标:
1. 根据客户反映的故障现象,确认故障部位、确定检修项目、打印报修单;
2. 能利用资讯手段获取手动变速器的相关检修参数;
3. 会做手动变速器的换油维护工作;
4. 会做手动变速器零部件的拆装、检查工作;
5. 能正确完成手动变速器跳挡等常见故障的检修工作;
6. 能正确检查检修质量,向客户移交车辆</td></tr>
<tr><td colspan="2">学习内容:
1. 手动变速器的功用、分类、构造与规格;
2. 手动变速器的换油维护;
3. 手动变速器的拆装;
4. 手动变速器零件的检测;
5. 手动变速器操纵机构的检测维修与调整;
6. 手动变速器跳挡等常见故障的检修</td></tr>
<tr><td>教学资源:
1. 实训设备:二轴式、三轴式变速器若干,变速器油等耗材等;
2. 多媒体课件;
3. 虚拟仿真训练软件;
4. 专用拆装工具;
5. 学习工作单;
6. 学习效果评价表</td><td>对学生基础要求:
1. 具备汽车机械零件的认识和对零件工作原理的分析能力;
2. 学习过汽车传动系检修等课程;
3. 能较为熟练地使用各种常用工具;
4. 有过实践操作经历</td></tr>
<tr><td>学习情境 3:万向传动装置抖动故障检修</td><td>学时:6</td></tr>
<tr><td colspan="2">学习目标:
1. 根据客户反映的故障现象,确认故障部位、确定检修项目、打印报修单;
2. 能利用资讯手段获取万向传动装置的相关检修参数;
3. 会做万向传动装置主要零部件的检修、装配与调整工作;
4. 确认检修质量,向客户移交车辆</td></tr>
<tr><td colspan="2">学习内容:
1. 万向传动装置的功用、类型、组成及工作过程;
2. 万向节的类型、组成、功用;
3. 万向节的等速传动原理;
4. 传动轴与中间支撑的构造;
5. 万向传动装置高速抖动、传动噪声等常见故障的检修</td></tr>
<tr><td>教学资源:
1. 实训设备:各类万向节、各类传动轴等;
2. 多媒体课件;
3. 虚拟仿真训练软件;
4. 专用拆装工具;
5. 学习工作单;
6. 学习效果评价表</td><td>对学生基础要求:
1. 具备汽车机械零件的认识和对零件工作原理的分析能力;
2. 学习过汽车发动机检修等课程内容;
3. 能较为熟练地使用各种常用工具;
4. 有过实践操作经历</td></tr>
</table>

续上表

<table>
<tr><td colspan="2">学习情境4:驱动桥过热故障检修</td><td>学时:6</td></tr>
<tr><td colspan="3">学习目标:
1. 根据客户反映的故障现象,确认故障部位、确定检修项目、打印报修单;
2. 能利用资讯手段获取驱动桥的相关检修参数;
3. 会做驱动桥主要零部件的检修、装配与调整工作;
4. 会做驱动桥的一、二级维护作业;
5. 会对驱动桥常见故障进行检修</td></tr>
<tr><td colspan="3">学习内容:
1. 驱动桥的功用、组成、类型;
2. 主减速器的类型和工作原理;
3. 差速器的类型、工作原理和工作特性;
4. 驱动桥桥壳的结构;
5. 驱动桥过热等常见故障的检修方法</td></tr>
<tr><td>教学资源:
1. 实训设备:驱动桥、主减速器若干等;
2. 多媒体课件;
3. 虚拟仿真训练软件;
4. 专用拆装工具;
5. 学习工作单;
6. 学习效果评价表</td><td colspan="2">对学生基础要求:
1. 具备汽车机械零件的认识和对零件工作原理的分析能力;
2. 学习过发动机机械系统检修等课程;
3. 能较为熟练地使用各种常用工具;
4. 有过实践操作经历</td></tr>
</table>

六、课程实施建议

(一)教材及参考资源建议

1. 教材

为突出本课程教学的职业性、实践性、开放性、区域性,本课程教学团队与江西运通汽车技术服务公司、江西国力汽车技术服务公司、江西广甸汽车技术服务公司、南昌同驰丰田汽车技术服务公司、南昌恒隆丰田汽车技术服务公司、南昌富源丰田汽车技术服务公司等企业合作,编写了《汽车传动系统检修》校本教材。该教材以学习情境为单元、以工作任务为引领、按照理实一体化的教学方式组织编写,具有工学结合的特色。

2. 参考书

为了更好地配合教学,本课程同时为学生推荐了几本教学参考书。

[1] 韩东. 汽车传动系统检修[M]. 北京:北京理工大学出版社,2010.

[2] 胡勇. 汽车传动系统检测与修复[M]. 北京:机械工业出版社,2011.

[3] 刘海雄. 汽车传动系统检修[M]. 北京:机械工业出版社,2013.

(二)师资条件建议

1. 专任教师

具有高校教师资格证;具有汽车维修企业或销售企业的工作经历;精通汽车维修的基本

理论与专业知识;具有较强的教科研能力。

2. 兼职教师

具有5年以上汽车维修企业或销售企业管理及相关技术岗位的工作经历,有丰富的实际工作经验;具有中级以上专业技术职务或在职业技能竞赛中获得奖励;具有较强的教学组织能力。

(三)实验实训条件建议

为保证本课程教学与实践环节的顺利开展,需要配备专门的实训室和理实一体化教学室。一般应有专门的理实一体化教学室,完成汽车的理实一体化教学,见表4;汽车底盘实训室,完成相关零部件的拆装、检测;汽车整车实训室,完成实车的诊断与检测功能,见表5、表6。

汽车传动系统理实一体化实训室 表4

实训室名称	主要设备名称	主要实训项目
理实一体化实训室	整车(前置后驱型)	1. 传动系认知 2. 认识离合器 3. 认识变速器 4. 认识万向传动装置 5. 认识驱动桥
	离合器总成	
	变速器总成	
	万向传动装置总成	
	驱动桥总成	

汽车底盘实训室 表5

实训室名称	主要设备名称	主要实训项目
汽车底盘实训室	实训整车 离合器总成	1. 离合器操纵机构的调整 2. 离合器的拆装、调整与性能检测
	实训整车 手动变速器总成	1. 手动变速器操纵机构的调整 2. 手动变速器的拆装、调整与性能检测
	万向传动装置总成 检测平台 V形铁	1. 万向传动装置的拆卸与装配 2. 传动轴变形的检测
	驱动桥总成	驱动桥的拆装、调整与性能检测

汽车整车实训室 表6

实训室名称	主要设备名称	主要实训项目
整车实训室	大众汽车(车型任选)	1. 传动系统的维护 2. 常见故障检测与排除 3. 变速器常见故障检测与排除
	丰田汽车(车型任选)	
	现代汽车(车型任选)	
	通用汽车(车型任选)	

(四)教学方法建议

本课程针对具体的工作任务,综合采用工作过程引导、任务实施等教学法。在具体教学方法中,运用任务引导法、案例法、小组协作学习法等多种方法组织教学,以学生为中心“做中学、学中做”，让学生人人参与，培养学生团队协作能力和实践动手能力。

（五）教学评价建议

（1）改革考核手段和方法，加强实践教学环节的考核，可采用过程考核和结果考核相结合的考核方法。

（2）结合课堂提问、学生作业、平时测验、任务工作单、实验实训、技能竞赛及考试情况，综合评定学生的学业成绩。

（3）应注重对学生动手能力和在实践中分析问题、解决问题能力的考核，对在学习和应用上有创新的学生应特别给予鼓励，综合评价学生的能力。

（4）考核要重视学生的学习态度、团队合作能力、沟通能力的评价。

按任务考评（过程考评）与课程考评（期末考评）相结合的方法对学生的学习情况进行整体考评，突出过程考评，其中过程考评占总成绩的70%，期末考评占30%，具体考核方式见表7。

课程考核表　　表7

考评方式	过程考评（项目考评）70分			期末考评 （卷面考评） 30分
	素质考评	工单考评	实操考评	
	10分	20分	40分	
考评实施	由指导教师根据学生表现集中考评	由主讲教师根据学生完成的工单情况考评	由实训指导教师对学生进行操作考评	根据教考分离的原则，由学校教务处组织考评
考评标准	根据遵守设备安全、人身安全和生产纪律等情况进行评分	预习内容：10分 操作记录：10分	任务方案：10分 工具使用：5分 操作过程：15分 完成质量：10分	题目类型：填空、单项选择、多项选择、判断、名词解释、问答和论述题等
备注	由于操作不当造成设备损坏和人身伤害的，计0分			

（课程标准制订人：胡雄杰、唐梦柔）

附件5：《汽车行驶转向制动系统检修》课程标准

一、课程定位

本课程的课程定位，如表1所示。

课程定位表　　表1

课程名称及编号	汽车行驶转向制动系统检修（223029）
课设学期及参考学时	第3学期（60学时）
课程类型	专业平台课程（学习领域）
先导课程	汽车发动机机械系统检修、汽车电气系统检修
平行课程	汽车传动系统检修
后续课程	汽车底盘电控系统检修、汽车维护、汽车检测与诊断技术

二、课程性质

本课程是汽车运用技术专业平台核心能力课程，主要培养学生汽车行驶、转向与制动系统检修的职业能力，在专业人才培养方案中具有重要的地位，是专业技能培养的重要环节。本课程主要内容包括车架、车桥、悬架、转向器、转向传动机构、动力转向装置、制动器、制动控制与传动装置、制动力分配调节装置等总成与系统的结构、原理、拆装、调整、检测及常见故障的检修。

三、课程设计的思路

本课程是基于工作过程系统化、以行动导向的课程开发方法进行开发的。在开发过程中，我们重点突出技术、社会与环境三者相互结合。在传授专业知识的同时，重点培养学生的实践技能，加强学生价值观的养成教育。在对职业岗位能力、工作过程进行充分调研的基础上，重点分析汽车运用技术职业岗位的能力目标，确定了一系列真实的工作任务及完成该任务所需的职业能力，结合本课程的培养目标，将教学内容划分成若干个学习情境，再将每一个学习情境分解为几个真实的工作任务来开展教学。

在创设学习情境和工作任务时，我们以汽车常见故障现象为载体，采用项目教学法、引导文教学法等行动导向教学法组织教学，充分发挥学生的主体作用。将专业能力、社会能力、方法能力培养融合于教学过程中，让学生获得未来工作所必须的综合职业能力。

四、课程目标

（一）知识目标

（1）汽车行驶的基本原理，行驶系的功用、类型和组成；

（2）车架、车桥的功用、构造、维护与检查；

（3）转向轮定位及其检查方法；

（4）车轮与轮胎的功用、分类、构造与规格，车轮平衡度的检测；

（5）悬架弹性元件、减振器、导向装置的类型、构造及工作原理，常见故障的诊断与维修；

（6）转向系统的功用、类型、组成及工作过程；

（7）转向操纵机构的构造及工作原理，转向传动机构的组成、构造和工作原理；

（8）转向系统常见故障的诊断与维修；

（9）动力转向装置的功用、组成、类型及液压式动力转向装置的工作原理，常见故障的检修方法；

（10）汽车制动系的功用、组成、结构和工作原理；

（11）制动器、制动传动装置的类型、结构特点、工作原理；

（12）制动系的维护、故障诊断与检修。

（二）能力目标

（1）具备与客户交流与协商的能力，能够向客户咨询车况、查询车辆技术档案、初步判断车辆的技术故障；

(2)能遵守相关法律、遵循车辆检修工作安全和技术规范,制订检修工作计划,能正确选择和使用检测设备和工具;

(3)能正确完成汽车行驶系检修的相关操作;

(4)能正确完成汽车转向系检修的相关操作;

(5)能正确完成汽车制动系检修的相关操作;

(6)能检查汽车行驶、转向、制动系的检修质量,并在交车过程中向客户介绍已完成的工作;

(7)能根据环境保护要求,正确处理使用过的辅料、废气液体及报废的零部件。

(三)素质目标

(1)能自主学习新知识、新技术;

(2)能通过各种媒体资源查找所需信息;

(3)能独立制订检修工作计划并正确进行实施;

(4)能不断积累汽车检修经验,从个案中寻找共性;

(5)具有较强的口头表达与书面表达能力、人际沟通能力;

(6)具有团队精神、协作精神和服务意识;

(7)具有良好的心理素质和克服困难的能力;

(8)能与客户建立良好、持久的关系。

五、课程内容与学习目标

(一)课程内容结构安排

根据职业岗位要求,为便于教学,将汽车行驶转向制动系统检修课程的教学内容划分成5个学习情境,5个学习情境共包含17个典型的工作任务单元。以工作任务为教学单元,按照“资讯→决策→计划→实施→检查→评估”的六步法组织教学。

学习情境设计 表2

序号	情境名称	工作任务	参考学时
1	汽车行驶跑偏故障检修	(1)车架的检查与校正	2
		(2)车桥的拆装与检查	2
		(3)车轮定位检查	4
		(4)汽车行驶跑偏、前轮摆振故障检修	2
2	轮胎磨损异常故障检修	(1)车轮与轮胎装配、平衡、换位与维护	4
		(2)车桥的拆装与检查	4
		(3)轮胎磨损异常故障检修	2
3	汽车转向不灵故障检修	(1)转向器的拆装、检查与调整	6
		(2)车桥的拆装与检查	6
		(3)汽车机械转向系故障检修	4
4	汽车转向沉重故障检修	(1)动力转向系的拆装、检查	4
		(2)车桥的拆装与检查	4

续上表

序号	情 境 名 称	工 作 任 务	参考学时
5	汽车制动失效故障检修	(1)车轮制动器的拆装、检查与调整	6
		(2)车桥的拆装与检查	2
		(3)气压制动系的拆装、检查与调整	2
		(4)驻车制动系的拆装、检查与调整	2
		(5)汽车常规制动系故障检修	4
合计			60

(二)课程内容要求(表3)

按照从简单到复杂、由局部到整体、由单一技能到综合技能的思路,本课程教学团队通过企业调研、校企合作,对汽车运用技术专业汽车行驶转向制动系统检修课程的教学内容进行了重组和序化,将该学习领域以5个典型的故障现象为载体构建了5个学习情境、17个行动导向的任务单元,计划60课时完成。

每一个学习情境都是真实的工作任务,是一个完整的工作过程,都来自于企业生产实际。5个学习情境涵盖了传统课程体系的知识点和技能,以完成典型工作任务全过程为目标,部分学习情境教学过程在企业内实施,使学生掌握相关知识和技能,培养学生综合职业能力。

课程内容要求 表3

学习情境1:汽车行驶跑偏故障检修	学时:10
学习目标: 1. 根据客户反映的故障现象,确认故障部位、确定检修项目、打印报修单; 2. 能利用资讯手段获取车架、车桥等相关检修参数; 3. 会做车架的检查、校正工作; 4. 会做车桥的拆装、检查与维护工作; 5. 会做车轮定位的检查与调整工作; 6. 会对汽车行驶跑偏等常见故障进行检修; 7. 确认检修质量,向客户移交车辆	
学习内容: 1. 行驶系的功用、类型和组成;汽车行驶的基本原理; 2. 车架、车桥的功用、构造、维护与检查; 3. 转向轮定位及其检查方法; 4. 汽车行驶跑偏、前轮摆振等常见故障的检修方法。 5. 车架的检查与校正; 6. 车桥的拆装、检查与维护; 7. 车轮定位的检查与调整; 8. 汽车行驶跑偏、前轮摆振等常见故障的检修	

续上表

<table>
<tr><td>学习情境1:汽车行驶跑偏故障检修</td><td>学时:10</td></tr>
<tr><td>教学资源:
1. 实训设备:各类车架、车桥,整车,车轮定位仪,行驶跑偏、前轮摆振故障车等;
2. 多媒体课件;
3. 虚拟仿真训练软件;
4. 专用拆装工具;
5. 学习工作单;
6. 学习效果评价表</td><td>对学生基础要求:
1. 具备汽车机械零件的认识和对零件工作原理的分析能力;
2. 学习过汽车传动系检修等课程;
3. 能较为熟练地使用各种常用工具;
4. 有过实践操作经历</td></tr>
<tr><td>学习情境2:轮胎磨损异常故障检修</td><td>学时:10</td></tr>
<tr><td colspan="2">学习目标:
1. 根据客户反映的故障现象,确认故障部位、确定检修项目、打印报修单;
2. 能利用资讯手段获取车轮、轮胎与悬架等相关检修参数;
3. 会做车轮与轮胎装配、平衡与换位工作;
4. 会做悬架的拆装、检查与维护工作;
5. 能正确完成轮胎磨损异常等常见故障的检修工作;
6. 能正确检查检修质量,向客户移交车辆</td></tr>
<tr><td colspan="2">学习内容:
1. 车轮与轮胎的功用、分类、构造与规格;
2. 车轮平衡度的检测;
3. 悬架弹性元件、减振器、导向装置的类型、构造及工作原理;
4. 非独立悬架、独立悬架的类型、特点、工作过程及其维护、检查;
5. 轮胎磨损异常故障检修方法;
6. 车轮换位的方法;
7. 汽车悬架常见故障的检修</td></tr>
<tr><td>教学资源:
1. 实训设备:车架、车桥、车轮与轮胎、轮胎异常磨损故障车等;
2. 多媒体课件;
3. 虚拟仿真训练软件;
4. 专用拆装工具;
5. 学习工作单;
6. 学习效果评价表</td><td>对学生基础要求:
1. 具备汽车机械零件的认识和对零件工作原理的分析能力。
2. 学习过汽车传动系检修等课程。
3. 能较为熟练地使用各种常用工具。
4. 有过实践操作经历</td></tr>
<tr><td>学习情境3:汽车转向不灵故障检修</td><td>学时:16</td></tr>
<tr><td colspan="2">学习目标:
1. 根据客户反映的故障现象,确认故障部位、确定检修项目、打印报修单;
2. 能利用资讯手段获取机械式转向系的相关检修参数;
3. 会做机械式转向系主要零部件的检修、装配与调整工作;
4. 会对机械式转向系常见故障进行检修;
5. 确认检修质量,向客户移交车辆</td></tr>
</table>

续上表

<table>
<tr><td colspan="2">学习情境3:汽车转向不灵故障检修</td><td>学时:16</td></tr>
<tr><td colspan="3">学习内容:
1. 转向系统的功用、类型、组成及工作过程;
2. 转向系角传动比、转向时车轮的运动规律;
3. 转向器的功用、类型、构造和工作原理;
4. 转向操纵机构的构造及工作原理;
5. 转向传动机构的组成及构造;转向系的维护、检修;
6. 转向不灵、操纵不稳、高速摆振、转向噪声等常见故障的检修方法;
7. 机械式转向系主要零部件的检修、装配与调整;
8. 转向不灵、操纵不稳、高速摆振、转向噪声等常见故障的检修</td></tr>
<tr><td>教学资源:
1. 实训设备:各类转向器、转向操纵机构、转向传动机构、转向不灵、操纵不稳故障车等;
2. 多媒体课件;
3. 虚拟仿真训练软件;
4. 专用拆装工具;
5. 学习工作单;
6. 学习效果评价表</td><td colspan="2">对学生基础要求:
1. 具备汽车机械零件的认识和对零件工作原理的分析能力;
2. 学习过汽车传动系、行驶系检修等课程内容;
3. 能较为熟练地使用各种常用工具;
4. 有过实践操作经历</td></tr>
<tr><td colspan="2">学习情境4:汽车转向沉重故障检修</td><td>学时:8</td></tr>
<tr><td colspan="3">学习目标:
1. 根据客户反映的故障现象,确认故障部位、确定检修项目、打印报修单;
2. 能利用资讯手段获取动力式转向系的相关检修参数;
3. 会做动力式转向系主要零部件的检修、装配与调整工作;
4. 会对动力式转向系常见故障进行检修;
5. 会做转向系的一、二级维护作业;
6. 会对制动力转向系常见故障进行检修</td></tr>
<tr><td colspan="3">学习内容:
1. 动力转向装置的功用、组成、类型及液压式动力转向装置的工作原理;
2. 动力转向器的构造及工作原理、转向油泵的构造和工作原理;
3. 电子控制动力转向系统的组成和工作原理;
4. 动力转向装置主要总成和零部件的构造及工作原理;
5. 动力转向装置的维护、检修;
6. 助力不足、转向沉重、转向发卡等常见故障的检修方法</td></tr>
<tr><td>教学资源:
1. 实训设备:动力转向器、转向油泵、电子控制动力转向系统、转向助力不足故障车等;
2. 多媒体课件;
3. 虚拟仿真训练软件;
4. 专用拆装工具;
5. 学习工作单;
6. 学习效果评价表</td><td colspan="2">对学生基础要求:
1. 具备汽车机械零件的认识和对零件工作原理的分析能力;
2. 学习过汽车传动系、行驶系检修等课程;
3. 能较为熟练地使用各种常用工具;
4. 有过实践操作经历</td></tr>
</table>

续上表

<table>
<tr><td>学习情境5:汽车制动失效灵故障检修</td><td>学时:16</td></tr>
<tr><td colspan="2">学习目标:
1. 根据客户反映的故障现象,确认故障部位、确定检修项目、打印报修单,并征得客户认可;
2. 能利用资讯手段获取汽车制动系的相关检修参数;
3. 会做制动系的二级维护作业;
4. 会对制动系常见故障进行检修;
5. 确认检修质量,向客户移交车辆</td></tr>
<tr><td colspan="2">学习内容:
1. 汽车制动系的功用、组成、结构和工作原理;
2. 制动器、制动传动装置的类型、结构特点、工作原理;
3. 制动装置与制动力分配调节装置的类型、结构特点和工作原理;
4. 制动系的维护、检修;
5. 制动失效、制动不灵、制动跑偏、制动拖滞等常见故障的检修方法</td></tr>
<tr><td>教学资源:
1. 实训设备:鼓式制动器、盘式制动器、驻车制动装置、制动轮缸、真空增压器、真空助力器、制动控制阀、制动不灵故障车等;
2. 多媒体课件;
3. 虚拟仿真训练软件;
4. 专用拆装工具;
5. 学习工作单;
6. 学习效果评价表</td><td>对学生基础要求:
1. 具备汽车机械零件的认识和对零件工作原理的分析能力;
2. 学习过传动系、行驶系、转向系检修等课程;
3. 能较为熟练地使用各种常用工具;
4. 有过实践操作经历</td></tr>
</table>

六、课程实施建议

(一)教材及参考资源建议

1. 教材

为突出本课程教学的职业性、实践性、开放性、区域性,本课程教学团队与江西运通汽车技术服务公司、江西国力汽车技术服务公司、江西广甸汽车技术服务公司、南昌同驰丰田汽车技术服务公司、南昌恒隆丰田汽车技术服务公司、南昌富源丰田汽车技术服务公司等企业合作,编写了《汽车行驶转向制动系统检修》校本教材。该教材以学习情境为单元、以工作任务为引领、按照理实一体化的教学方式组织编写,具有工学结合的特色。

2. 参考书

为了更好地配合教学,本课程同时为学生推荐了几本教学参考书。

[1] 宋保林. 汽车行驶、转向和制动系统检测、诊断与修复[M]. 北京:人民交通出版社,2012.

[2] 王秀贞. 汽车转向、行驶与制动系统的检测与修复(理实一体化教程)[M]. 上海:上海交通大学出版社,2012.

[3] 谭克诚. 汽车转向、行驶与制动系统的检测与维修[M]. 北京:机械工业出版社,2013.

[4] 陈文均. 汽车行驶、转向与制动系统检测维修[M]. 北京:人民交通出版社,2013.

3. 课程网站

http://jpkc.jxjtxy.com/2010/zdjx/

(二)师资条件建议

1. 专任教师

具有高校教师资格证;具有汽车维修企业或销售企业的工作经历;精通汽车维修的基本理论与专业知识;具有较强的教科研能力。

2. 兼职教师

具有5年以上汽车维修企业或销售企业管理及相关技术岗位的工作经历,有丰富的实际工作经验;具有中级以上专业技术职务或在职业技能竞赛中获得奖励;具有较强的教学组织能力。

(三)实验实训条件建议

为保证本课程教学与实践环节的顺利开展,需要配备专门的实训室和理实一体化教学。一般应有专门的理实一体化教室,完成汽车的理实一体化教学,见表4;汽车底盘实训室,完成相关零部件的拆装、检测;汽车整车实训室,完成实车的诊断与检测功能,见表5、表6。

汽车行驶转向制动系统理实一体化实训室 表4

实训室名称	主要设备名称	主要实训项目
理实一体化实训室	行驶系统台架	1. 认识行驶系; 2. 认识车架与车桥; 3. 认识车轮; 4. 认识悬架; 5. 认识转向轮定位
	车架、车桥总成	
	各类车轮总成	
	各种悬架总成	
	转向桥总成	1. 认识转向系; 2. 认识转向器; 3. 认识转向操纵机构; 4. 认识转向传动机构; 5. 认识动力转向系统
	转向系台架	
	各类转向器	
	转向操纵机构总成	
	转向传动机构总成	
	动力转向装置总成	1. 认识制动系统; 2. 认识鼓式制动器; 3. 认识盘式制动器; 4. 认识液压制动系统; 5. 认识气压制动系统; 6. 认识驻车制动系统
	制动系统台架	
	各类鼓式制动器	
	各类盘式制动器	
	液压制动系统总成	
	气压制动系统总成	
	驻车制动系统总成	

汽车底盘实训室 表5

实训室名称	主要设备名称	主要实训项目
底盘实训室	行驶系统台架	1. 车桥的拆装、调整与性能检测； 2. 各种车轮的拆装、调整与性能检测； 3. 各种悬架的拆装、调整与性能检测； 4. 转向轮定位
	车架、车桥总成	
	各类车轮总成	
	各种悬架总成	
	转向桥总成	1. 各种转向器的拆装、调整与性能检测； 2. 转向传动装置拆装、调整与性能检测； 3. 转向操纵机构的拆装、调整与性能检测； 4. 动力转向装置拆装、调整与性能检测
	转向系台架	
	各类转向器	
	转向操纵机构总成	
	转向传动机构总成	
	动力转向装置总成	
	制动系统台架	1. 鼓式制动器的拆装、调整与性能检测； 2. 盘式制动器的拆装、调整与性能检测； 3. 液压制动系统的拆装、调整与性能检测； 4. 气压制动系统的拆装、调整与性能检测； 5. 驻车制动系统的拆装、调整与性能检测
	各类鼓式制动器	
	各类盘式制动器	
	液压制动系统总成	
	气压制动系统总成	
	驻车制动系统总成	

汽车整车实训室 表6

实训室名称	主要设备名称	主要实训项目
整车实训室	大众汽车(车型任选)	1. 行驶系常见故障检测与排除； 2. 转向系常见故障检测与排除； 3. 制动系常见故障检测与排除
	丰田汽车(车型任选)	
	现代汽车(车型任选)	
	通用汽车(车型任选)	

(四)教学方法建议

本课程针对具体的工作任务，综合采用工作过程引导、任务实施等教学法。在具体教学方法中，运用任务引导法、案例法、小组协作学习法等多种方法组织教学，以学生为中心“做中学、学中做”，让学生人人参与，培养学生团队协作能力和实践动手能力。

(五)教学评价建议

(1)改革考核手段和方法，加强实践教学环节的考核，可采用过程考核和结果考核相结合的考核方法。

(2)结合课堂提问、学生作业、平时测验、任务工作单、实验实训、技能竞赛及考试情况，综合评定学生的学业成绩。

(3)应注重对学生动手能力和在实践中分析问题、解决问题能力的考核，对在学习和应用上有创新的学生应特别给予鼓励，综合评价学生的能力。

(4)考核要重视学生的学习态度、团队合作能力、沟通能力的评价。

按任务考评(过程考评)与课程考评(期末考评)相结合的方法对学生的学习情况进行整体考评,突出过程考评,其中过程考评占总成绩的70%,期末考评占30%,具体考核方式见表7。

课 程 考 核 表 表7

考评方式	过程考评(项目考评)70分			期末考评(卷面考评)30分
	素质考评	工单考评	实操考评	
	10分	20分	40分	
考评实施	由指导教师根据学生表现集中考评	由主讲教师根据学生完成的工单情况考评	由实训指导教师对学生进行操作考评	根据教考分离的原则,由学校教务处组织考评
考评标准	根据遵守设备安全、人身安全和生产纪律等情况进行评分	预习内容:10分 操作记录:10分	任务方案:10分 工具使用:5分 操作过程:15分 完成质量:10分	题目类型:填空、单项选择、多项选择、判断、名词解释、问答和论述题等
备注	由于操作不当造成设备损坏和人身伤害的,计0分			

(课程标准制订人:黄晓敏、彭志勇)

附件6:《汽车电气系统检修》课程标准

一、课程定位

本课程的课程定位,如表1所示。

课 程 定 位 表 表1

课程名称及编号	汽车电气系统检修(210005)
课设学期及参考学时	第3学期(90学时)
课程类型	专业平台课程(学习领域)
先导课程	电工电子技术、汽车机械基础、发动机机械系统检修
平行课程	汽车传动系统检修、汽车行驶转向制动系统检修、汽车维护与保养
后续课程	发动机电控系统检修、汽车底盘电控系统检修、汽车车身电控系统检修

二、课程性质

本课程是汽车运用技术专业的专业平台课程之一,主要培养该专业学生对汽车各电气系统的结构、原理、使用与维修知识的掌握,对汽车电路的分析,对汽车各主要电气系统的常见故障诊断与排除等专业能力,以及培养学生的团队协作、沟通表达、工作责任心、职业规范和职业道德等综合素质和能力。本课程主要内容包括汽车充电系统、汽车起动系统、点火系统、照明系统、信号系统、报警系统等总成与系统的结构、原理、拆装、调整、检测及常见故障的检修。

三、课程设计思路

本课程设计的理念与思路是突出高职教育特色，以就业为导向，培养学生迅速掌握现代汽车电气系统的各部件原理和结构，以及常见电路故障诊断与维修的必须知识和技能，具有吸收汽车电器领域新技术的能力。

本课程实践教学设计的主导思想是针对理论知识体系和实际工作需要安排实践教学。采用理论教学（课堂教学）—实践动手（各个系统的掌握）—综合实训（完成规定任务）三步走的实践进程。

按照工作过程导向设计教学内容，确定典型的学习情境，每个学习情境按工作过程安排了相应的实践教学内容。

针对汽车电气系统零部件结构及原理枯燥抽象、学生感性认识少、不熟悉汽车电路的特点，理论课采用现场教学法，由指导教师讲解具体的电路元件，并在车上实际观察电路的连接。

理论实践一体化教学法模糊理论课和课内实践课的界限，理论课进行实物教学；课内实践课老师演示、讲解为主，学生观察、实习为辅。

在进行汽车电器单项技能实训时，采用了项目训练法。学生每组 3 ~ 5 人，教师根据实车设置故障，并引导和指导，学生进行实际诊断检测。

四、课程目标

（一）知识目标

（1）掌握汽车电源系统的构造、工作原理及检修方法；
（2）掌握汽车起动系统的构造、工作原理及检修方法；
（3）掌握汽车照明及信号系统的构造、工作原理及检修方法；
（4）掌握汽车仪表显示系统的构造、工作原理及检修方法；
（5）掌握汽车电路图的阅读与分析方法；
（6）掌握汽车电气设备系统常见故障的诊断方法。

（二）能力目标

（1）掌握汽车电气系统和各典型部件的组成、电路、原理和特点；
（2）能正确说出汽车电气系统各零部件的作用、结构及工作原理；
（3）能将实物转画成简图并分析工作过程；
（4）通过简图能在实物上找出相应的零部件并分析它的工作原理和工作过程；
（5）能正确拆装汽车电气的各总成件以及各部件；
（6）能正确运用各种仪器、仪表对汽车电气系统进行检测，并进行相关数据的分析；
（7）能对电气设备的性能进行检测，并能分析测得的参数。

（三）素质目标

（1）具有可持续发展的能力；

(2)具有团队协作能力;

(3)具有收集和处理信息的能力;

(4)具有获取新知识的能力;

(5)具有综合运用所学知识分析和解决问题的能力;

(6)具有良好的职业道德和敬业精神。

五、课程内容与学习目标

(一)课程内容结构安排

本课程以典型故障为载体,分为发动机起动无力故障检修等7个学习情境,蓄电池的认识等14个工作任务,具体见表2。

学习情境设计 表2

序号	学习情境	工作任务	参考学时
1	发动机起动无力故障检修	(1)蓄电池的认识	5
		(2)蓄电池的检测与维护	5
2	充电指示灯常亮故障检修	(1)交流发电机拆装与维护	8
		(2)交流发电机与电压调节器的使用	6
3	起动机不转故障检修	(1)起动机的正确使用及维护	4
		(2)起动系统的故障诊断与排除	8
4	发动机无高压火故障检修	(1)点火系统的组成与结构认识	4
		(2)点火系统的使用维护与检测	6
		(3)点火系统常见故障诊断	8
5	汽车前照灯不亮故障检修	(1)汽车照明系统检修	6
		(2)汽车信号系统检修	8
6	车速表指示异常故障检修	(1)汽车仪表系统的结构认识	4
		(2)汽车报警系统的故障诊断与检修	8
7	线束更换	(1)汽车电路图分析	10
合计			90

(二)课程内容要求

课程内容要求 表3

学习情境1:发动机起动无力故障检修	参考学时:10
学习目标: 1. 了解蓄电池的结构、工作原理及工作特性; 2. 掌握蓄电池型号的含义及选择蓄电池型号的原则; 3. 掌握蓄电池的充电方法; 4. 掌握蓄电池的常见故障及排除方法; 5. 掌握蓄电池的维护与使用	

续上表

<table>
<tr><td colspan="2">学习情境 1:发动机起动无力故障检修</td><td>参考学时:10</td></tr>
<tr><td colspan="3">学习内容:
1. 熟悉蓄电池的结构及型号;
2. 熟悉蓄电池的工作原理及工作特性;
3. 熟悉蓄电池的充电方法;
4. 蓄电池的常见故障的诊断排除;
5. 熟悉蓄电池的维护与使用</td></tr>
<tr><td>教学资源:
1. 讲义、教案、多媒体课件、图片、模型、FLASH 动画等;
2. 实训指导书、任务工单等;
3. 维修案例、培训资料、维修手册等</td><td colspan="2">对学生基础要求:
1. 了解蓄电池在汽车中的作用及在车身的位置;
2. 一定的电化学、物理知识;基本动手操作能力;
3. 会使用万用表、密度计等基本的工具设备;
4. 资料的收集能力;
5. 具有良好的与他人沟通和协作的能力</td></tr>
<tr><td colspan="2">学习情境 2:充电指示灯常亮故障检修</td><td>参考学时:14</td></tr>
<tr><td colspan="3">学习目标:
1. 掌握交流发电机的构造、主要部件的作用及工作原理;
2. 掌握交流发电机的拆装方法;
3. 掌握交流发电机的整车检测及解体后主要部件的检测方法;
4. 掌握交流发电机各主要部件检查、调整与更换的方法步骤;
5. 了解充电指示灯的作用及控制电路;
6. 了解调节器的类型、作用和原理;
7. 掌握发电机常见故障的诊断及排除方法;
8. 了解充电系的作用;
9. 能正确分析充电系的系统电路图</td></tr>
<tr><td colspan="3">学习内容:
1. 熟悉交流发电机的构造、各主要部件作用及工作原理;
2. 熟悉交流发电机的拆检与主要部件的更换(整体检测与解体检查);
3. 熟悉充电指示灯控制电路;
4. 熟悉电压调节器的原理及检修;
5. 交流发电机及调节器的常见故障及诊断排除;
6. 能看懂并连接充电系系统电路</td></tr>
<tr><td>教学资源:
1. 讲义、教案、多媒体课件、图片、模型、FLASH 动画等;
2. 实训指导书、任务工单等;
3. 维修案例、培训资料、维修手册等</td><td colspan="2">对学生基础要求:
1. 了解交流发电机的作用及在汽车上的位置;
2. 具有基本的电工电子学的知识;
3. 会使用万用表等常见仪器;
4. 具备一定的实际动手能力;具有良好的与他人沟通和协作的能力;
5. 资料的收集能力</td></tr>
</table>

续上表

<table>
<tr><td colspan="2">学习情境3:起动机不转故障检修</td><td>参考学时:12</td></tr>
<tr><td colspan="3">学习目标:
1. 掌握起动机的构造、主要部件的作用及工作原理;
2. 掌握起动机的拆装方法;
3. 掌握起动机的整机检测及解体后主要部件的检测方法;
4. 掌握起动机各主要部件的检查与更换方法;
5. 了解起动机的控制过程和工作过程;
6. 能正确分析起动系的系统电路图,说明起动机的控制电路、起动主电路,会连接起动电路;
7. 了解单向滚柱式离合器的结构及工作过程;
8. 知道起动机常见故障部位;
9. 掌握起动系统常见故障及诊断排除步骤方法</td></tr>
<tr><td colspan="3">学习内容:
1. 熟悉起动机构造、各主要部件作用及原理;
2. 正确进行起动机的拆装;
3. 正确进行起动机整机及解体后的检测;
4. 正确进行起动机各主要部件的检查与更换;
5. 熟悉进行起动机控制电路及电路连接;
6. 熟悉起动机的使用、维修与试验;
7. 起动机常见故障的诊断排除</td></tr>
<tr><td>教学资源:
1. 讲义、教案、多媒体课件、图片、模型、FLASH 动画等;
2. 实训指导书、任务工单等;
3. 维修案例、培训资料、维修手册等</td><td colspan="2">对学生基础要求:
1. 熟悉起动机的作用及对起动机的要求;
2. 具有基本的电工电子学知识;
3. 具备起码的动手能力,会使用常用拆装工具;
4. 会使用万用表、游标卡尺等常见检测工具;
5. 具有良好的与他人沟通和协作的能力;
6. 资料的收集能力</td></tr>
<tr><td colspan="2">学习情境4:发动机无高压火故障检修</td><td>参考学时:18</td></tr>
<tr><td colspan="3">学习目标:
1. 掌握点火系统的组成、作用及工作原理;
2. 掌握点火系统各部件的拆装方法;
3. 了解三种信号发生器的结构、原理;
4. 能够正确分析点火系的系统电路图,说明初级电路和次级电路,并能正确分析其工作过程;
5. 掌握点火正时的确定及检测方法;
6. 掌握点火系统常见故障的诊断及排除方法;
7. 了解点火线圈、火花塞、点火器及高压线组的常见故障及原因;
8. 能够正确使用示波器、数字万用表及电脑检测仪对点火系统进行电路检测</td></tr>
</table>

续上表

<table>
<tr><td colspan="2">学习情境4:发动机无高压火故障检修</td><td>参考学时:18</td></tr>
<tr><td colspan="3">学习内容:
1.熟悉点火系统的组成、作用及工作原理;
2.正确进行点火系统各部件的拆装;
3.熟悉三种信号发生器的结构、原理;
4.会分析点火系的系统电路图、初级电路和次级电路及其工作过程;
5.熟悉点火正时的确定及检测方法;
6.点火系统常见故障的诊断及排除;
7.点火线圈、火花塞、点火器及高压线组的常见故障及原因;
8.会正确使用示波器、数字万用表及电脑检测仪对点火系统进行电路检测</td></tr>
<tr><td>教学资源:
1.讲义、教案、多媒体课件、图片、模型、FLASH 动画等;
2.实训指导书、任务工单等;
3.维修案例、培训资料、维修手册等</td><td colspan="2">对学生基础要求:
1.熟悉点火系统的作用,了解最新的点火系统;
2.具备基本的电工电子学知识;
3.具备起码的动手能力,会使用常见的拆装工具;
4.会使用示波器、数字万用表、电脑检测仪等常见检测仪器设备;
5.具有良好的与他人沟通和协作的能力;
6.资料的收集能力</td></tr>
<tr><td colspan="2">学习情境5:汽车前照灯不亮故障检修</td><td>参考学时:14</td></tr>
<tr><td colspan="3">学习目标:
1.掌握照明与信号系统的组成、各主要部件的作用及工作原理;
2.了解照明与信号系统各主要部件在车上的位置及拆装方法;
3.了解照明与信号系统的控制电路及工作过程;
4.能够正确分析照明与信号系统的系统电路图;
5.了解照明与信号系统的操作方法;
6.掌握前照灯的调整方法;
7.能正确分析照明与信号系统的故障原因并排除故障</td></tr>
<tr><td colspan="3">学习内容:
1.熟悉汽车照明系统的作用、组成和工作原理;
2.熟悉汽车前照灯的构造、分类、工作原理及防炫目措施;
3.熟悉汽车照明与信号系统的电路及工作过程;
4.熟悉照明与信号系统的常见故障及排除方法;
5.熟悉前照灯的检测;
6.正确连接喇叭电路</td></tr>
<tr><td>教学资源:
1.讲义、教案、多媒体课件、图片、模型、FLASH 动画等;
2.实训指导书、任务工单等;
3.维修案例、培训资料、维修手册等</td><td colspan="2">对学生基础要求:
1.具备基本的物理光学知识;
2.具备基本的电工电子学的知识;
3.具备基本的动手能力,能使用常用的拆装工具;
4.会使用万用表、试灯等基本工具;
5.具有良好的与他人沟通和协作的能力;
6.资料的收集能力</td></tr>
</table>

续上表

<table>
<tr><td colspan="2">学习情境6:车速表指示异常故障检修</td><td>参考学时:12</td></tr>
<tr><td colspan="3">学习目标:
1. 掌握仪表与报警系统的组成及主要部件的作用及工作原理;
2. 了解仪表与报警系统各主要部件在汽车上的安装位置及拆装方法;
3. 能够正确分析仪表系统的系统电路图;
4. 了解仪表与报警系统通用符号的含义,并能在实际中运用;
5. 掌握组合仪表在车上的拆装方法,并能正确分解组合仪表;
6. 能正确分析仪表与报警系统常见故障原因并排除故障</td></tr>
<tr><td colspan="3">学习内容:
1. 熟悉汽车各仪表系统的组成、结构与工作原理;
2. 熟悉仪表系统电路图;
3. 正确拆装组合仪表,并能正确分解;
4. 熟悉汽车组合仪表的检修;
5. 熟悉汽车报警装置的结构与工作原理</td></tr>
<tr><td>教学资源:
1. 讲义、教案、多媒体课件、图片、模型、FLASH 动画等;
2. 实训指导书、任务工单等;
3. 维修案例、培训资料、维修手册等</td><td colspan="2">对学生基础要求:
1. 具备基本的物理知识;
2. 具备基本的电工电子学的知识;
3. 具备基本的动手能力,能使用常用的拆装工具;
4. 会使用试灯、万用表等常用工具;
5. 具有良好的与他人沟通和协作的能力;
6. 资料的收集能力</td></tr>
<tr><td colspan="2">学习情境7:线束更换</td><td>参考学时:10</td></tr>
<tr><td colspan="3">学习目标:
1. 了解电路的基本概念与特点;
2. 掌握线束、熔断器、继电器、各种开关及连接器的结构特点与图示方法;
3. 掌握汽车电路的组成;
4. 掌握全车电路图的基本知识及种类;
5. 掌握读全车电路的一般方法;
6. 了解继电器、插接器、各种开关的操作方法;
7. 能够正确分析全车电路图;
8. 了解拆装全车线束的要点</td></tr>
<tr><td colspan="3">学习内容:
1. 熟悉电路的基本概念与特点;
2. 熟悉线束、熔断器、继电器、各种开关及连接器的结构特点与图示方法;
3. 熟悉汽车电路的组成;
4. 熟悉全车电路图的基本知识及种类;
5. 了解读全车电路的一般方法;
6. 了解继电器、插接器、各种开关的操作方法;
7. 正确分析全车电路图;
8. 了解拆装全车线束的要点</td></tr>
</table>

续上表

<table>
<tr><td colspan="2">学习情境7:线束更换</td><td>参考学时:10</td></tr>
<tr><td>教学资源:
1. 讲义、教案、多媒体课件、图片、模型、FLASH 动画等;
2. 实训指导书、任务工单等;
3. 维修案例、培训资料、维修手册等</td><td colspan="2">对学生基础要求:
1. 具备基本的物理知识;
2. 具备基本的电工电子学的知识;
3. 具备基本的动手能力,能使用常用的拆装工具;
4. 会使用试灯、万用表等常用工具;
5. 具有良好的与他人沟通和协作的能力;
6. 资料的收集能力</td></tr>
</table>

六、课程实施建议

(一)教材及参考资源建议

1. 教材

为突出本课程教学的职业性、实践性、开放性、区域性,本课程教学团队与江西运通汽车技术服务公司、江西国力汽车技术服务公司、江西广甸汽车技术服务公司、南昌同驰丰田汽车技术服务公司、南昌恒隆丰田汽车技术服务公司、南昌富源丰田汽车技术服务公司等企业合作,编写了《汽车电气系统检修》校本教材。该教材以学习情境为单元、以工作任务为引领、按照理实一体化的教学方式组织编写,具有工学结合的特色。

2. 参考书

[1] 毛峰. 汽车电气设备与维修[M]. 北京:机械工业出版社,2009.
[2] 徐昭. 汽车电气设备构造与维修[M]. 哈尔滨:哈尔滨工业大学出版社,2013.
[3] 安宗权. 汽车电气系统检修[M]. 北京:人民邮电出版社,2009.

3. 课程网站

http://elearn. jxjtxy. com/eol/jpk/course/layout/page/index. jsp? courseId = 1361

(二)师资条件建议

1. 专任教师

具有高校教师资格证;具有汽车维修企业或销售企业的工作经历;精通汽车维修的基本理论与专业知识;具有较强的教科研能力。

2. 兼职教师

具有5年以上汽车维修企业或销售企业管理及相关技术岗位的工作经历,有丰富的实际工作经验;具有中级以上专业技术职务或在职业技能竞赛中获得奖励;具有较强的教学组织能力。

(三)实验实训条件建议

本课程对实训条件有一定要求,具体见表4。

汽车电气实训室 表4

实训室名称	主要设备名称	主要实训项目
汽车电气实训室	整车、蓄电池示教台(板)和实物	蓄电池检测、维护和蓄电池充电实训
	整车、发电机示教台(板)和实物	发电机检修、电源系电路连接和电源系故障判断实训
	整车、起动机示教台(板)和实物	起动机检修、起动系电路连接和起动系故障判断实训
	整车、点火系统示教台(板)和实物	点火系统检修、点火系统电路检查和故障诊断实训
	整车、灯光、信号电路示教台(板)和实物	灯光、信号电路连接和故障判断实训
	整车、汽车仪表示教台(板)和实物	汽车仪表故障判断实训
	整车、全车电路示教台(板)和实物	蓄电池检测、维护和蓄电池充电实训

(四)教学方法建议

本课程针对具体的工作任务,综合采用工作过程引导、任务实施等教学法。在具体教学方法中,运用任务引导法、案例法、小组协作学习法等多种方法组织教学,以学生为中心"做中学、学中做",让学生人人参与,培养学生团队协作能力和实践动手能力。

(五)教学评价建议

(1)改革考核手段和方法,加强实践教学环节的考核,可采用过程考核和结果考核相结合的考核方法。

(2)结合课堂提问、学生作业、平时测验、任务工作单、实验实训、技能竞赛及考试情况,综合评定学生的学业成绩。

(3)应注重对学生动手能力和在实践中分析问题、解决问题能力的考核,对在学习和应用上有创新的学生应特别给予鼓励,综合评价学生的能力。

(4)考核要重视学生的学习态度、团队合作能力、沟通能力的评价。

按任务考评(过程考评)与课程考评(期末考评)相结合的方法对学生的学习情况进行整体考评,突出过程考评,其中过程考评占总成绩的70%,期末考评占30%,具体考核方式见表5。

课 程 考 核 表 表5

考评方式	过程考评(项目考评)70分			期末考评(卷面考评)30分
	素质考评	工单考评	实操考评	
	10分	20分	40分	
考评实施	由指导教师根据学生表现集中考评	由主讲教师根据学生完成的工单情况考评	由实训指导教师对学生进行操作考评	根据教考分离的原则,由学校教务处组织考评
考评标准	根据遵守设备安全、人身安全和生产纪律等情况进行评分。	预习内容:10分 操作记录:10分	任务方案:10分 工具使用:5分 操作过程:15分 完成质量:10分	题目类型:填空、单项选择、多项选择、判断、名词解释、问答和论述题等
备注	由于操作不当造成设备损坏和人身伤害的,计0分			

(课程标准制订人:吴纪生、邹军新)

附件7:《汽车维护与保养》课程标准

一、课程定位

本课程的课程定位,如表1所示。

课 程 定 位 表　　表1

课程名称及编号	汽车维护与保养(226011)
课设学期及参考学时	第3学期(30学时)
课程类型	专业平台课程(学习领域)
先导课程	汽车机械基础、机械制图、电工电子技术、发动机机械系统检修、发动机原理与汽车理论
平行课程	汽车传动系统检修、汽车行驶转向制动系统检修、汽车电气系统检修
后续课程	发动机电控系统检修、汽车检测与诊断

二、课程性质

本课程是汽车运用技术专业职业岗位核心能力课程,主要培养学生对汽车各系统部件进行一级、二级维护的的职业能力,在专业人才培养方案中具有重要地位,是专业技能培养的重要环节。本课程的内容主要包括新车交车检验、查找车辆安全配置、客户接待—车辆外观检查、蓄电池维护、润滑系统维护、车轮维护、整车维护,培养学生进行汽车维护的能力,达到理论与实践相结合的目的。通过实践教学进一步巩固课堂教学的效果,提高学生实践能力,加强学生独立分析和解决问题的能力及创新能力。同时,也为学生考取中、高级职业资格证书做好准备。

该课程在专业的课程设置中纵向起到承上启下的链接与支撑作用,学生必须首先学好这门课,才能为以后更进一步学习汽车检测与维修、汽车电器、汽车故障诊断等其他专业课奠定坚实的基础。同时,该课程作为核心专业课程中开设较早的课程,对培养学生的专业兴趣和树立操作规范意识非常重要。

三、课程设计思路

根据汽车运用技术专业核心职业岗位对知识和技能的需求,对该学习领域课程的内容选择作了模块化的改革,打破以知识传授为主要特征的传统学科课程模式,转变为以工作任务为中心组织课程内容,并让学生在完成具体项目的实施过程中学会完成相应工作任务,并构建相关理论知识,选用新车交车检验、查找车辆安全配置、客户接待—车辆外观检查、蓄电池维护、润滑系统维护、车轮维护、整车维护为载体设计学习情境,且每一载体均是一个相对完整的工作过程。

在学习子情境选择中,考虑从以下几个方面来重构知识和技能:

(1)以体现综合职业素养为先导来规范汽车维护作业的步骤和方法。

(2)以满足维修企业对维护岗位的实际需求为核心来凸显学习领域的重要性。

(3)融合生产企业和岗位对相关知识、技能和态度的要求。

(4)充分考虑岗位技能要求的不断更新和发展对高技能型人才可持续发展的要求。

教学过程中,通过教师实地讲解、学生理实结合、课外自主学习等多种途径,采取讲、练、评相结合的培养模式,以解决实际故障为核心,让学生在学、练、应用的过程中,掌握汽车维护计划制订、维护工具的选用等方法,具备进行汽车整车维护的能力,提升个人的综合职业能力。

四、课程目标

(一)知识目标

(1)掌握汽车维护的分类和级别的方法;
(2)掌握汽车维护的操作规范;
(3)掌握汽车维护部件和总成的工作原理和结构;
(4)掌握各种维护设备和工具的使用方法;
(5)掌握制订汽车维护保养计划的方法;
(6)掌握汽车整车维护的方法、过程和要求;
(7)掌握汽车整车维护质量的检验方法。

(二)能力目标

(1)掌握查询车辆技术档案,初步评定车辆技术状况的能力;
(2)具备制订维护工作计划的能力;
(3)具备正确选择检测设备和工具的能力;
(4)具备正确使用维护工具和设备的能力
(5)具备规范完成车辆维护任务的能力;
(6)具备检查整车维护质量的能力;
(7)具备工具设备维护和检查的能力。

(三)素质目标

(1)具有良好的职业道德及行为规范;
(2)具有较强的组织协调能力和团结协作的能力;
(3)具有较强的语言表达能力;
(4)具有较强的质量意识和客户意识;
(5)具有良好的心理素质和克服困难的能力;
(6)具有自主学习新知识、新技术的能力。

五、课程内容与学习目标

(一)课程内容结构安排

根据汽车维修工职业成长的初期和中期阶段的技能需求,本课程确定新车交车检查、汽车日常维护、汽车5000km维护、汽车20000km维护、汽车40000km维护为基础学习内容,汽车零部件的修复、汽车机械系统的检查、汽车电气系统的检查为拓展学习内容,5S素养、工量具的使用为职业素质课程。本课程由易到难共安排7个学习情境,15个工作任务。

学习情境设计　表2

序号	学 习 情 境	工 作 任 务	参考学时
1	新车交车检验	(1)新车交车前检验(PDS)	1
		(2)正确填写交车检验单	1
2	查找车辆安全配置	(1)获取车辆安全配置信息	1
		(2)复位车辆安全配置和设置系统匹配	1
3	客户接待—车辆外观检查	(1)客户沟通和了解客户需求	1
		(2)车辆基本检查及信息填写	1
4	蓄电池维护	(1)蓄电池的检测与维护	1
		(2)蓄电池补充充电及更换	1
5	车辆系统润滑维护	(1)发动机润滑系统维护	4
		(2)传动系统部件润滑	2
		(3)变速器润滑油的更换	2
6	车轮轮胎维护	(1)胎压检测和动平衡机的使用	2
		(2)车轮轮胎的更换和扒胎机的使用	4
7	整车维护	(1)定期维护的基本知识	2
		(2)定期维护项目操作	6
合计			30

(二)课程内容要求(表3)

按照从简单到复杂,由局部到整体、由单一技能到综合技能的思路,本课程教学团队通过企业调研、校企合作,对汽车运用技术专业汽车维护与保养课程的教学内容进行了重组和优化,将该学习领域以企业真实工作过程为载体构建了7个学习情境、15个行动导向的任务单元,计划30课时完成。

每一个学习情境都是真实的工作任务,是一个完整的工作过程,都来自于企业生产实际。7个学习情境适应了企业岗位需求的相关知识和技能,有效地提高了学生的职业能力。

课程内容要求　表3

学习情境1:新车交车检验	参考学时:2
学习目标: 1. 能通过《维修手册》《驾驶员手册》《新车说明书》等资料获取车辆的主要基本信息; 2. 能帮助客户正确识别车辆铭牌、车辆识别码,帮助客户了解车辆主要尺寸参数和性能参数; 3. 能对即将交付客户的新车正确验证其状态、恢复车辆的正常状态、检验车辆的功能,确保车辆处于最佳状态; 4. 能正确填写交车检验单; 5. 能与客户主动交流沟通,具有较强的语言交流与沟通能力	
学习内容: 1. 车辆铭牌的识别; 2. 车辆主要尺寸和性能参数; 3. 到达经销商处的新车车辆状态的验证; 4. 交付用户前新车正常工作状态的恢复; 5. 交付用户前车辆功能的检验	

续上表

<table>
<tr><td>学习情境1:新车交车检验</td><td>参考学时:2</td></tr>
<tr><td>教学资源:
1. 实训车辆(选择三大车系典型车辆)、专用工具、生产厂商提供的与恢复新车辆工作状态相配套的元器件;
2. 新车交车检验单、维修资料、车辆说明书、驾驶员手册;
3. 多媒体教学设备、教学课件、软件、视频教学资料、网络教学资源、任务工单</td><td>对学生基础要求:
1. 电工电子技术基础知识;
2. 汽车结构基础;
3. 汽车使用和基本驾驶操作经验;
4. 安全操作知识</td></tr>
<tr><td>学习情境2:查找安全配置</td><td>参考学时:2</td></tr>
<tr><td colspan="2">学习目标:
1. 能通过查阅相关维修技术资料等方式获取车辆安全配置信息;
2. 在汽车维护前,能正确选择检测和诊断设备对车辆安全配置项目进行确认,认识汽车各特有危险装置的工作特性;
3. 能使用万用表、故障诊断仪完成对车辆安全配置进行复位和系统匹配设定;
4. 正确记录、分析各种检测结果,检查和评估车辆安全配置恢复情况;
5. 准确解释车辆安全装置的警示内容,告知客户车辆使用中安全装置的注意事项</td></tr>
<tr><td colspan="2">学习内容:
1. 安全气囊注意事项;
2. 制动等装置工作特点;
3. 车身稳定控制装置工作特点;
4. 拆装蓄电池后,音响、中控门锁等功能的恢复方法;
5. 汽车空调控制单元的匹配方法;
6. 催化转换器性能识别;
7. 轮胎监测系统工作特性</td></tr>
<tr><td>教学资源:
1. 实训车辆(选择三大车系典型车辆)、专用工具、检测、诊断设备;
2. 多媒体教学设备、教学课件、软件视频教学资料、网络教学资源;
3. 维修资料、任务工单、维护工单</td><td>对学生基础要求:
1. 电工电子学基础;
2. 汽车结构基础;
3. 汽车使用和驾驶操作经验;
4. 电子控制基础;
5. 安全操作知识、安全注意事项</td></tr>
<tr><td>学习情境3:客户接待—车辆基本检查</td><td>参考学时:2</td></tr>
<tr><td colspan="2">学习目标:
1. 能通过与客户沟通了解客户的需求;
2. 能根据客户的描述明确工作思路(安顿客户、需要做哪些检查、检查重点在哪里);
3. 能正确执行对车辆外观(表面破损、内外饰件缺损、“四漏现象”等)的检查任务;
4. 能正确使用解码器读取故障代码;
5. 能按工作流程要求准确记录检测信息;
6. 能制订初步的维护方案,并与客户沟通,取得客户认可,最终确定维护方案</td></tr>
</table>

续上表

<table>
<tr><td>学习情境3:客户接待—车辆基本检查</td><td>参考学时:2</td></tr>
<tr><td colspan="2">学习内容:
1. 礼貌礼仪、与客户沟通技巧;
2. 车辆基本检查信息记录文书;
3. 客户接待工作流程;
4. 客户接待管理软件</td></tr>
<tr><td>教学资源:
1. 实训车辆(选择三大车系典型车辆)、专用工具、检测、诊断设备;
2. 多媒体教学设备、教学课件、软件视频教学资料、网络教学资源;
3. 维修资料、任务工单、维护工单;
4. 电脑及接待管理软件;模拟接待室</td><td>对学生基础要求:
1. 电工电子学基础;汽车构造基础;
2. 汽车拆装经验;汽车使用基础;
3. 礼貌礼仪与沟通基础;
4. 环保常识;
5. 安全操作知识</td></tr>
<tr><td>学习情境4:蓄电池维护</td><td>参考学时:2</td></tr>
<tr><td colspan="2">学习目标:
1. 能通过与客户交流、查阅相关维修技术资料等方式获取车辆信息;
2. 能根据故障现象制订正确的维护计划;
3. 能使用万用表、高率放电计、密度计等检测设备对蓄电池进行检测;
4. 能正确记录、分析各种检测结果并作出故障判断;
5. 能正确利用充电机对蓄电池进行充电;
6. 能按照正确操作规范进行蓄电池的更换;
7. 能根据环保要求,正确更换损坏的蓄电池</td></tr>
<tr><td colspan="2">学习内容:
1. 蓄电池检查;
2. 蓄电池的充电模式;
3. 充电机的使用方法和注意事项;
4. 更换蓄电池注意事项</td></tr>
<tr><td>教学资源:
1. 实训车辆(选择三大车系典型车辆)、专用工具、检测、诊断设备;
2. 多媒体教学设备、教学课件、软件视频教学资料、网络教学资源;
3. 维修资料、任务工单、维护工单</td><td>对学生基础要求:
1. 汽车使用和操作经验;
2. 安全操作知识;
3. 蓄电池的工作原理</td></tr>
<tr><td>学习情境5:车辆系统部件润滑维护</td><td>参考学时:8</td></tr>
<tr><td colspan="2">学习目标:
1. 能通过与客户交流、查阅相关维修技术资料等方式获取车辆信息;
2. 能根据维护内容安排工作计划;
3. 能根据维护计划,选择正确的维护工具、设备对汽车车发动机、底盘及车身进行润滑维护;
4. 能根据环保要求,正确处理对环境和人体有害的废油及有害物质</td></tr>
</table>

续上表

<table>
<tr><td>学习情境5:车辆系统部件润滑维护</td><td>参考学时:8</td></tr>
<tr><td colspan="2">学习内容:
1. 机油和润滑脂品牌、性能及分类等相关知识;
2. 发动机润滑油的更换;
3. 变速器润滑油的更换;
4. 润滑汽车底盘零部件接触和相连部位;
5. 润滑车身部件连接部位</td></tr>
<tr><td>教学资源:
1. 实训车辆(选择三大车系典型车辆)、专用工具、检测、诊断设备、相关润滑油料;
2. 多媒体教学设备、教学课件、软件视频教学资料、网络教学资源;
3. 维修资料、任务工单、维护工单</td><td>对学生基础要求:
1. 电工电子学基础、汽车构造基础;
2. 汽车拆装经验、汽车使用基础;
3. 礼貌礼仪与沟通基础;
4. 环保常识;
5. 安全操作知识</td></tr>
<tr><td>学习情境6:车轮的维护</td><td>参考学时:6</td></tr>
<tr><td colspan="2">学习目标:
1. 能通过与客户交流,了解客户对车轮维护的需求;
2. 能针对客户维护需求,通过维修企业或专业文献获得关于车轮和轮胎维护的信息;
3. 能根据企业维修手册或国家汽车维护技术规范制订正确的车轮维护计划,确定工作范围、步骤、安全防护措施和注意事项;
4. 能根据车轮维护计划,正确选择工作中所需的工量具类型、数量、材料及其设备;
5. 能按计划实施轮胎磨损、胎压及车轮轴承润滑的检查与维护,并视需要按照汽车传动系布置形式选择正确的轮胎换位方式实施车轮换位;
6. 能正确使用车轮动平衡机,对车轮进行动平衡检测和校正;
7. 能根据汽车维护竣工技术标准实施过程检查,对作业完毕的车辆进行维护质量检查;
8. 能根据环保要求,正确处理对环境和人体有害的辅料、废气液体和损坏零部件</td></tr>
<tr><td colspan="2">学习内容:
1. 车轮维护相关知识;
2. 轮胎动平衡机的使用方法;
3. 轮胎胎压检测方法</td></tr>
<tr><td>教学资源:
1. 实训车辆(选择三大车系典型车辆)、专用工具、检测、诊断设备、常用工量具、车轮动平衡机;
2. 多媒体教学设备、教学课件、软件视频教学资料、网络教学资源;
3. 维修资料、任务工单、维护工单</td><td>对学生基础要求:
1. 汽车构造基础;
2. 汽车拆装经验;
3. 常用工量具使用经验;
4. 安全操作知识</td></tr>
</table>

续上表

<table>
<tr><td>学习情境7:整车的维护</td><td>参考学时:8</td></tr>
<tr><td colspan="2">学习目标:
1. 能通过与客户交流、查阅相关维修技术资料等方式获取车辆信息;
2. 能根据汽车维护内容制订正确的整车维护实施计划;
3. 能根据维护计划,选择正确的维护工量具、设备对整车进行维护作业;
4. 能正确记录、分析各种检查结果并实施正确的整车维护及更换零部件;
5. 能按照正确操作规范进行零部件的更换;
6. 能对整车进行维护竣工检验,检查和评估维护质量;
7. 能根据环保要求,正确处理对环境和人体有害的辅料、废气、液体和损坏零部件</td></tr>
<tr><td colspan="2">学习内容:
1. 基本维护操作知识;
2. 工作安全知识;
3. 定期维护的目的;
4. 定期维护的基本知识;
5. 定期维护项目:换油维护、定期维护检查(车身/电气系统、发动机舱、底盘范围、最终检查等)</td></tr>
<tr><td>教学资源:
1. 实训车辆(选择三大车系典型车辆)、专用工具、检测、诊断设备、常用工量具、整车维护耗材;
2. 多媒体教学设备、教学课件、软件视频教学资料、网络教学资源;
3. 维修资料、任务工单、维护工单</td><td>对学生基础要求:
1. 汽车构造基础;
2. 汽车拆装经验;
3. 常用工量具使用经验;
4. 安全操作知识;
5. 汽车使用和操作经验</td></tr>
</table>

六、课程实施建议

(一)教材及参考资源建议

1. 教材

校本教材《汽车维护与保养》。

2. 参考书

[1] 丰田公司. 丰田售后服务培训汽车维修教程(第一级)(下) 汽车维护操作[M]. 北京:高等教育出版社,2007.

[2] 项金林. 汽车维护[M]. 北京:中国劳动社会保障出版社,2006.

[3] 蒋红枫. 汽车维护理实一体化教材[M]. 北京:人民交通出版社,2011.

[4] 中华人民共和国国家标准 GB/T 18344—2001 汽车维护、检测、诊断技术规范[S]. 北京:中国标准出版社,2001.

3. 其他

(1)积极利用现代信息技术开发录像、光盘等多媒体课件,搭建多维、动态、活跃、自主的课程训练平台,充分调动学生的主动性、积极性和创造性。

(2)充分利用学院精品课程网站教学资源库中的教学资源,让学生置身于网络学习平台中,形成自主学习的能力。

(二)师资条件建议

1. 专任教师

具有高校教师资格证;具有汽车维修企业或销售企业的工作经历;精通汽车维修的基本理论与专业知识;具有较强的教科研能力。

2. 兼职教师

具有5年以上汽车维修企业或销售企业管理及相关技术岗位的工作经历,有丰富的实际工作经验;具有中级以上专业技术职务或在职业技能竞赛中获得奖励;具有较强的教学组织能力。

(三)实验实训条件建议

本课程对实训条件有一定要求,具体见表4。

实验实训条件配置建议 表4

实训室名称	主要设备名称	主要实训项目
丰田T-TEP实训室 通用ASEP实训室 北京现代实训室 中德汽车职业教育培训实训室(大众方向)	实训整车 万用表 专用工具	新车交车检验 查找车辆安全配置 车辆基本检查
丰田T-TEP实训室 通用ASEP实训室 北京现代实训室 中德汽车职业教育培训实训室(大众方向)	实训整车 万用表 高率放电计 密度计 充电机	蓄电池维护 蓄电池补充充电
丰田T-TEP实训室 通用ASEP实训室 北京现代实训室 中德汽车职业教育培训实训室(大众方向)	实训整车 润滑系统免拆清洗机 燃油系统免拆清洗机	润滑系统免拆清洗 燃油系统免拆清洗
丰田T-TEP实训室 通用ASEP实训室 北京现代实训室 中德汽车职业教育培训实训室(大众方向)	实训整车 车轮动平衡机 扒胎机	车轮动平衡校正 轮胎更换 车轮换位
丰田T-TEP实训室 通用ASEP实训室 北京现代实训室 中德汽车职业教育培训实训室(大众方向)	实训整车 常用工具 专用工具 耗材	整车维护

(四)教学方法建议

针对具体的教学内容和教学过程,总体采用教学做一体化法。将教学场所设在实训车间，教、学、做相结合，实现理论与实践教学一体化。理论知识融于故障排除的过程中，理论讲解与实际操作有机融合。学生在做中学，教师在做中教，使学生学会独立学习、主动学习、积极学习，具有独立计划、实施和检查的能力。

同时在具体教学方法中，运用任务引导法、案例法、小组协作学习法等多种方法组织教学，以学生为中心"做中学、学中做"，让学生人人参与，培养学生团队协作能力和实践动手能力。

（五）教学评价建议

（1）改革考核手段和方法，加强实践教学环节的考核，可采用过程考核和结果考核相结合的考核方法。

（2）结合课堂提问、学生作业、平时测验、任务工作单、实验实训、技能竞赛及考试情况，综合评定学生的学业成绩。

（3）应注重对学生动手能力和在实践中分析问题、解决问题能力的考核，对在学习和应用上有创新的学生应特别给予鼓励，综合评价学生的能力。

（4）考核要重视学生的学习态度、团队合作能力、沟通能力的评价。

按任务考评（过程考评）与课程考评（期末考评）相结合的方法对学生的学习情况进行整体考评，突出过程考评，其中过程考评占总成绩的70%，期末考评占30%，具体考核方式见表5。

课程考核表　　表5

考评方式	过程考评（项目考评）70分			期末考评（卷面考评）30分
	素质考评	工单考评	实操考评	
	10分	20分	40分	
考评实施	由指导教师根据学生表现集中考评	由主讲教师根据学生完成的工单情况考评	由实训指导教师对学生进行操作考评	根据教考分离的原则，由学校教务处组织考评
考评标准	根据遵守设备安全、人身安全和生产纪律等情况进行评分	预习内容:10分 操作记录:10分	任务方案:10分 工具使用:5分 操作过程:15分 完成质量:10分	题目类型：填空、单项选择、多项选择、判断、名词解释、问答和论述题等
备注	由于操作不当造成设备损坏和人身伤害的，计0分			

（课程标准制订人：胡雄杰、周羽皓）

附件8：《汽车运行材料》课程标准

一、课程定位

本课程的课程定位，如表1所示。

课程定位表 表1

课程名称及编号	汽车运行材料(211007)
课设学期及参考学时	第3学期(30学时)
课程类型	专业平台课程(学习领域)
先导课程	汽车发动机机械系统检修、发动机原理与汽车理论
平行课程	汽车电气系统维修、汽车传动系统检修、汽车行驶转向制动系统检修、汽车专业英语
后续课程	汽车检测与诊断技术、汽车底盘电控系统检修

二、课程性质

本课程是汽车运用技术专业的专业平台课程之一,主要培养学生掌握合理选用燃油、润滑油、轮胎等耗材的基础理论知识,在专业人才培养方案中具有重要的地位,是专业技能培养的重要辅助课程。本课程主要内容包括掌握汽车燃料、润滑材料、轮胎的种类和性能;汽车燃料、润滑材料、轮胎的合理选用及使用。

三、课程设计的思路

本课程是按照案例引导化、以案说法的课程开发方法进行开发的。在开发过程中,我们重点突出案例、材料和应用三者的相互结合。在传授专业知识的同时,重点培养学生的应用的能力,加强学生价值观的养成教育。

在创设学习情境和工作任务时,我们以常见的车主使用燃料、润滑油料、轮胎过程中存在的疑问为载体,采用项目教学法、引导文教学法等行动导向教学法组织教学,充分发挥学生的主体作用,将专业能力、社会能力、方法能力培养融合于教学过程中,让学生获得未来工作所必需的综合职业能力。

四、课程目标

(一)知识目标

(1)能够对汽车运行材料质量进行检查;
(2)能够具有对汽车运行材料进行选择、使用和管理的能力;
(3)掌握汽车燃料、润滑材料、轮胎的种类和性能;
(4)掌握汽车燃料、润滑材料、轮胎的合理选用及使用。

(二)能力目标

(1)掌握正确选用并且使用汽车运行材料的能力;
(2)掌握正确存储汽车运行材料的能力。

(三)素质目标

(1)能自主学习新知识、新技术;
(2)能通过各种媒体资源查找所需信息;
(3)具有较强的口头表达与书面表达能力、人际沟通能力;

(4)具有团队精神、协作精神和服务意识;

(5)具有良好的心理素质和克服困难的能力;

(6)能与客户建立良好、持久的关系。

五、课程内容与学习目标

(一)课程内容结构安排

根据职业岗位要求,为便于教学,将汽车运行材料课程的教学内容划分成3个教学案例情境,3个案例情境共包含12个典型的学习任务单元,见表2。

学习情境设计 表2

序号	情 境 名 称	工 作 任 务	参考学时
1	汽车燃料的选用	(1)石油产品基础知识	2
		(2)汽油的选用	2
		(3)轻柴油的选用	2
		(4)油料的技术管理	4
2	汽车润滑油及特种油液的选用	(1)发动机润滑油的选用	4
		(2)齿轮油的选用	2
		(3)液力传动油的选用	2
		(4)润滑脂的选用	2
		(5)制动液的选用	2
		(6)冷却液的选用	2
3	汽车轮胎的选用	(1)轮胎的规格与分类	2
		(2)轮胎的选用与维护	4
合计			30

(二)课程内容要求(表3)

课程内容要求 表3

学习情境1:汽车燃料的选用	参考学时:10
学习目标: 1. 掌握石油与石油产品的基础知识; 2. 掌握油料技术管理的措施; 3. 掌握汽油机燃料的使用性能、种类及正确选用; 4. 掌握柴油的使用性能、种类、牌号及使用	
学习内容: 1. 石油的基本组成; 2. 石油产品的炼制方法; 3. 汽油的使用性能及评价指标; 4. 车用无铅汽油; 5. 柴油的使用性能及评价指标; 6. 柴油的种类、牌号及使用;	

续上表

<table>
<tr><td>学习情境1:汽车燃料的选用</td><td>参考学时:10</td></tr>
<tr><td colspan="2">7. 油料变质的原因及预防;
8. 油品质量管理措施;
9. 油品安全管理措施</td></tr>
<tr><td>教学资源:
1. 多媒体课件;
2. 教学案例;
3. 学习工作单;
4. 学习效果评价表</td><td>对学生基础要求:
1. 具备标准资料的收集能力;
2. 具有文献检索的能力;
3. 具有团队合作能力</td></tr>
<tr><td>学习情境2:汽车润滑油及特种油液的选用</td><td>参考学时:14</td></tr>
<tr><td colspan="2">学习目标:
1. 掌握发动机润滑油的作用、分类及选用;
2. 掌握齿轮油的工作条件、分类、规格及选用;
3. 掌握液力传动油的使用性能、规格及选用;
4. 掌握润滑脂的品种、规格及使用范围;
5. 掌握汽车制动液、冷却液、减振器油及制冷剂</td></tr>
<tr><td colspan="2">学习内容:
1. 发动机润滑油的作用;
2. 发动机润滑油的主要性能指标;
3. 发动机润滑油的分类;
4. 发动机润滑油的规格;
5. 发动机润滑油的选用;
6. 汽车齿轮油的工作条件及要求;
7. 汽车齿轮油的性能要求;
8. 汽车齿轮油的分类;
9. 汽车齿轮油的规格;
10. 汽车齿轮油的选用;
11. 液力传动油的使用性能;
12. 液力传动油的规格;
13. 液力传动油的选用;
14. 汽车润滑脂;
15. 汽车制动液;
16. 汽车冷却液;
17. 汽车制冷剂</td></tr>
<tr><td>教学资源:
1. 多媒体课件;
2. 教学案例;
3. 学习工作单;
4. 学习效果评价表</td><td>对学生基础要求:
1. 具备标准资料的收集能力;
2. 具有文献检索的能力;
3. 具有团队合作能力</td></tr>
</table>

续上表

<table>
<tr><td colspan="2">学习情境3:汽车轮胎的选用</td><td>参考学时:6</td></tr>
<tr><td colspan="3">学习目标:
1.掌握轮胎的作用、类型及结构特点;
2.掌握轮胎的规格及选用;
3.掌握轮胎的使用与维护</td></tr>
<tr><td colspan="3">学习内容:
1.轮胎的作用;
2.轮胎的类型及结构特点;
3.轮胎的规格;
4.轮胎的选择;
5.轮胎的使用与维护</td></tr>
<tr><td>教学资源:
1.多媒体课件;
2.教学案例;
3.学习工作单;
4.学习效果评价表</td><td colspan="2">对学生基础要求:
1.具备标准资料的收集能力;
2.具有文献检索的能力;
3.具有团队合作能力</td></tr>
</table>

六、课程实施建议

(一)教材及参考资源建议

1.教材

戴汝泉.汽车运行材料[M].北京:机械工业出版社,2011.

2.参考书

[1] 郎全栋.汽车运行材料[M].2版.北京:人民交通出版社,2009.

[2] 范海燕.汽车运行材料[M].北京:机械工业出版社,2009.

[3] 嵇伟.汽车运行材料[M].北京:人民交通出版社,2007.

[4] 孙凤英.汽车运行材料[M].北京:人民交通出版社,2008.

[5] 胡海玲.汽车运行材料[M].北京:中国铁道出版社,2011.

(二)师资条件建议

1.专任教师

具有高校教师资格证;具有汽车维修企业或销售企业的工作经历;精通汽车维修的基本理论与专业知识;具有较强的教科研能力。

2.兼职教师

具有5年以上汽车维修企业或销售企业零配件管理及相关技术岗位的工作经历,有丰富的实际工作经验;具有中级以上专业技术职务或在职业技能竞赛中获得奖励;具有较强的教学组织能力。

(三)实验实训条件建议

本课程对实训条件有一定要求,具体见表4。

实验实训条件配置建议　　表4

实训室名称	主要设备名称	主要实训项目
检测实训室	蒸馏瓶	汽油蒸馏
	各类润滑油	润滑油的选用
	各类齿轮油	齿轮油的选用
	各类制动液	制动液的选用
	各类冷却液	冷却液的选用

(四)教学方法建议

本课程针对具体的学习任务,综合采用案例引导、任务实施等教学法。在具体教学方法中,运用引导法、案例法、小组协作学习法等多种方法组织教学,以学生为中心"做中学、学中做",让学生人人参与,培养学生团队协作能力和实践动手能力。

(五)教学评价建议

本课程采用过程考核、综合考核等多元性评价,其中过程考核包括学习态度、课程作业等,占课程总成绩的40%;综合考核包括期末考试等,占课程总成绩的60%,全面综合评价学生能力,见表5。

课 程 考 核 表　　表5

考核项目		考 核 方 式	比例	
			分项	总体
过程考核	学习态度	根据课堂教学参与情况、课堂回答问题、出勤情况,由教师综合评定学生的学习态度得分	50%	40%
	课程作业	根据学生完成课后作业、任务工单的情况由教师来评定成绩	50%	
综合考核		结合期末考试、实践考核等综合评定成绩	100%	60%
合计				100%

(课程标准制订人:郑莉、王海利)

附件9:《汽车空调系统检修》课程标准

一、课程定位

本课程的课程定位,如表1所示:

课 程 定 位 表 表1

课程名称及编号	汽车空调系统检修(222009)
课设学期及参考学时	第3学期(45学时)
课程类型	专业平台课程(学习领域)
先导课程	发动机机械系统检修、汽车传动系统检修、汽车行驶转向制动系统检修
平行课程	汽车维护与保养、汽车运行材料、汽车电气系统检修
后续课程	汽车检测与诊断技术、发动机电控系统检修

二、课程性质

本课程是汽车运用技术专业的专业基础核心课程之一。本课程以汽车空调系统的检修为教学目的,对教学内容进行重组和序化。贯彻汽车维修行业标准,基于工作过程进行情境化教学。使学生掌握汽车空调的使用、维护、维修的专业操作技能,熟练使用专门的空调维护维修工具设备,熟练掌握操作流程。同时,使学生掌握手动空调和自动空调的各主要系统的结构、工作过程和常见故障。会对典型故障进行分析、诊断和排除。使学生毕业后能维修汽车空调相关故障,会进行空调维护相关操作,同时具备独立思考、协同操作的能力和素质。

本课程的学习情境是依据工作过程为导向,以典型工作任务为基点,综合理论知识、操作技能和职业素养为一体的思路设计。通过完成学习情境的学习,学生不但能够掌握汽车空调系统结构与维修的理论知识和实际操作的专业知识和专业技能,还能够全面培养其团队协作、沟通表达、工作责任心、职业规范和职业道德等综合素质,使学生通过学习的过程掌握工作岗位所需的各项技能和相关专业知识。

三、课程设计思路

(1)分析职业岗位。通过问卷调查,到企业调研,与企业技术人员座谈,对汽车运用技术专业的毕业生所从事的职业岗位和职业能力进行分析。

(2)分析行动领域。结合专业规划,以企业调研为基础,分析整合汽车空调维修的典型工作任务。根据分析结果,确定一系列真实的工作任务及完成该任务所需的职业能力,即行动领域。

(3)确定学习领域。对汽车维修企业真实工作任务的工作内容、工作流程、工作环境和工作评价进行分析、归纳、序化和整合,并按照基于工作过程系统化的课程开发方法进行处理,同时参照了汽车维修工职业资格技术标准,使其符合学生的认识水平和知识技能系统建构过程的要求,从而获得了学习性的工作任务,即学习领域,实现了知识的重构。其中《汽车空调系统检修》就是专业学习领域之一。

(4)创设学习情境。以汽车空调系统常见故障现象为载体来设计学习情境,采用示范教学法、引导教学法等行动导向教学法组织教学,并充分发挥学生的主体作用。将专业能力、社会能力、方法能力培养集成于教学过程中,并通过学习领域中学习情境的教学,让学生获得未来工作所必需的综合职业能力。

(5)进行教学考核和教学评价,检验教学效果。采用过程化考核方案,组织校内外教学评价工作,校内评价主要指在校生评价,教学督导评价等。校外评价则为企业评价、行业专家评价、毕业生评价等。根据教学评价对教学进行反馈修正。

通过企业调研、校企合作，我们按照基于工作过程整合、序化教学内容的思路，将汽车空调系统检修课程规划了4个子学习领域，设计了以故障现象为载体的4个学习情境。

四、课程目标

（一）知识目标

（1）掌握汽车空调系统的基本结构及工作原理；
（2）熟悉各种车型空调系统组成与控制的特点；
（3）理解汽车空调系统的控制原理，特别是汽车自动空调的控制原理；
（4）掌握汽车空调系统的故障诊断、维修与调试理论；
（5）理解汽车空调与环境的关系及影响。

（二）能力目标

（1）掌握汽车空调的基本维护技能与使用技巧；
（2）具备汽车空调各部件及控制系统的基本检修能力；
（3）熟悉汽车空调检修工量具及仪器仪表的使用；
（4）具备理论联系实践基本能力，有较强的故障分析推理能力；
（5）具备对汽车新知识、新技术的自学能力，为可持续发展打下基础；
（6）具备较强语言表达能力、沟通能力和人际交往能力和初步的企业管理力；
（7）结合所学知识初步具备在汽车空调领域的创新能力。

（三）素质目标

（1）具有可持续发展的能力；
（2）具有团队协作能力；
（3）具有收集和处理信息的能力；
（4）具有获取新知识的能力；
（5）具有综合运用所学知识分析和解决问题的能力；
（6）具有良好的职业道德和敬业精神。

五、课程内容与学习目标

（一）课程内容结构安排

本课程以典型故障为载体分为汽车空调不制冷故障检修等4个学习情境，空调系统振动或异响等9个工作任务，具体见表2。

学习情境设计 表2

序号	情境名称	任务	参考学时
1	汽车空调不制冷故障检修	（1）空调系统振动或异响	6
		（2）空调间歇性制冷	5
		（3）空调不制冷或制冷不足	6

续上表

序号	情境名称	任务	参考学时
2	汽车空调无暖风故障检修	(1)空调暖风系统暖风不足	4
		(2)空调系统出风量小	4
3	汽车空调不出风故障检修	(1)冷凝风扇不工作	4
		(2)鼓风机不工作	4
4	自动空调按键无反应故障检修	(1)汽车空调故障警告灯报警	6
		(2)自动空调控制面板无反应	6
合计			45

(二)课程内容要求(表3)

课程内容要求　　表3

学习情境1:汽车空调不制冷故障检修	参考学时:17
学习目标: 1. 能正确使用汽车空调维修工具; 2. 掌握汽车空调系统及制冷系统的功能、组成及分类; 3. 熟悉汽车空调在汽车上的位置及操作使用方法; 4. 掌握常用汽车空调压缩机的安装位置、结构特点及工作原理; 5. 会进行空调压缩机的调整、维护及拆检; 6. 掌握汽车空调节流装置的安装位置、结构与工作原理; 7. 掌握汽车空调节流装置的维护与拆检; 8. 掌握冷凝器与蒸发器的安装位置、结构、工作原理及拆检; 9. 掌握制冷系统总成、部件或管路拆卸操作; 10. 制冷剂与冷冻油的特点与正确使用; 11. 制冷系统的检漏与抽真空; 12. 会对空调压缩机、节流装置、蒸发器与冷凝器进行拆检; 13. 会对空调进行检漏、抽真空及制冷剂与冷冻油的加注; 14. 会对汽车空调制冷系统常见故障故障进行检修	
学习内容: 1. 汽车空调系统及制冷系统的功能、组成及分类; 2. 汽车空调在汽车上的位置及操作使用方法; 3. 常用汽车空调压缩机的安装位置、结构特点及工作原理; 4. 空调压缩机的调整、维护及拆检; 5. 空调压缩机电磁离合器的机构、工作原理及拆检; 6. 汽车空调节流装置的安装位置、结构与工作原理; 7. 汽车空调节流装置的维护与拆检; 8. 冷凝器与蒸发器的安装位置、结构与工作原理; 9. 冷凝器与蒸发器的维护与拆检; 10. 制冷系统总成、部件或管路拆卸操作; 11. 制冷剂与冷冻油的特点与正确使用; 12. 制冷系统的检漏与抽真空;	

续上表

<table>
<tr><td>学习情境 1:汽车空调不制冷故障检修</td><td>参考学时:17</td></tr>
<tr><td colspan="2">13. 制冷剂与冷冻油的加注;
14. 空调制冷系统振动或异响的诊断与排除
15. 空调制冷系统间歇性制冷的诊断与排除;
16. 空调制冷系统不制冷或制冷不足的诊断与排除</td></tr>
<tr><td>教学资源:
1. 讲义、教案、多媒体课件、图片、模型、FLASH 动画等;
2. 实训指导书、任务工作单等;
3. 维修案例、培训资料、维修手册等</td><td>对学生基础要求:
1. 会使用基本的拆装与检测工具;
2. 会使用空调维护与检修的专用工具设备;
3. 掌握正确的拆装方法;
4. 具备基本的汽车维修分析能力;
5. 资料的收集能力;
6. 具有良好的与他人沟通和协作的能力</td></tr>
<tr><td>学习情境 2:汽车空调无暖风故障检修</td><td>参考学时:8</td></tr>
<tr><td colspan="2">学习目标:
1. 掌握汽车空调暖风系统的功用与分类;
2. 掌握余热水暖式暖风系统的组成与工作原理;
3. 掌握汽车空调通风与空气净化系统的功用、组成与工作原理;
4. 能正确使用汽车空调维修工具;
5. 会对空调加热器、热水阀、空调滤芯进行拆检;
6. 会对空调管道进行清洁;
7. 会对汽车空调暖风、通风与空气净化系统常见故障进行检修;
8. 掌握余热水暖式暖风系统暖风不足故障的诊断与排除;
9. 汽车空调系统通风量小故障的诊断与排除</td></tr>
<tr><td colspan="2">学习内容:
1. 汽车空调暖风系统的功用与分类;
2. 余热水暖式暖风系统的组成与工作原理;
3. 加热器与热水阀的安装位置、结构及拆检;
4. 汽车空调通风与空气净化系统的功用、组成与工作原理;
5. 空调滤芯的更换及风道的清洁;
6. 余热水暖式暖风系统暖风不足故障的诊断与排除;
7. 汽车空调系统通风量小故障的诊断与排除</td></tr>
<tr><td>教学资源:
1. 讲义、教案、多媒体课件、图片、模型、FLASH 动画等;
2. 实训指导书、任务工作单等;
3. 维修案例、培训资料、维修手册等</td><td>对学生基础要求:
1. 会使用基本的拆装与检测工具;
2. 会使用空调维护与检修的专用工具设备;
3. 掌握正确的拆装方法;
4. 具备基本的汽车维修分析能力;
5. 具有良好的与他人沟通和协作的能力;
6. 资料的收集能力</td></tr>
</table>

续上表

<table>
<tr><td colspan="2">学习情境3:汽车空调不出风故障检修</td><td>参考学时:8</td></tr>
<tr><td colspan="3">学习目标:
1. 掌握汽车手动空调基本控制部件的结构与工作原理;
2. 能正确使用汽车空调维修工具;
3. 会使用企业信息资源制订工作的计划;
4. 注重工作安全和事故防护及环保规定;
5. 会对手动空调基本控制部件进行拆检;
6. 会对冷凝风扇及鼓风机进行拆检;
7. 会对典型汽车手动空调电路进行识读与分析;
8. 会对手动空调控制系统故障进行检修;
9. 掌握起动系统常见故障及诊断排除步骤方法</td></tr>
<tr><td colspan="3">学习内容:
1. 汽车手动空调基本控制部件的结构与工作原理;
2. 典型手动空调控制部件的检修;
3. 冷凝风扇电路的特点与分析;
4. 鼓风机的安装位置、结构、工作原理及拆检;
5. 鼓风机电路的特点与分析;
6. 典型汽车手动空调电路的识读与分析</td></tr>
<tr><td>教学资源:
1. 讲义、教案、多媒体课件、图片、模型、FLASH 动画等;
2. 实训指导书、任务工作单等;
3. 维修案例、培训资料、维修手册等</td><td colspan="2">对学生基础要求:
1. 会使用基本的拆装与检测工具;
2. 会使用空调维护与检修的专用工具设备;
3. 掌握正确的拆装方法;
4. 具备基本的汽车维修分析能力;
5. 会识读与分析基本的电路;
6. 具有良好的与他人沟通和协作的能力;
7. 资料的收集能力</td></tr>
<tr><td colspan="2">学习情境4:自动空调按键无反应故障检修</td><td>参考学时:12</td></tr>
<tr><td colspan="3">学习目标:
1. 掌握汽车自动空调电控系统的功能与组成;
2. 熟悉汽车自动空调面板按键的操作与认识;
3. 掌握自动空调所用传感器的类型、作用、安装位置、结构及工作原理;
4. 能正确使用汽车空调维修工具;
5. 掌握传感器故障码的读取与清除、动态数据流的读取与分析、传感器故障的诊断与排除;
6. 掌握自动空调所用伺服电机的种类、作用、安装位置、结构及工作原理;
7. 掌握伺服电机故障码的读取与清除、动态数据流的读取与分析、伺服电机故障的诊断与排除;
8. 掌握典型汽车自动空调系统电路的识读与分析;
9. 掌握自动空调故障警告灯点亮故障的诊断与排除;
10. 掌握自动空调控制面板无反应故障的诊断与排除</td></tr>
</table>

续上表

学习情境4:自动空调按键无反应故障检修	参考学时:12
学习内容: 1. 汽车自动空调电控系统的功能与组成; 2. 汽车自动空调面板的操作与按键认识; 3. 自动空调所用传感器的类型、作用、安装位置、结构及工作原理; 4. 传感器故障码的读取与清除、动态数据流的读取与分析、传感器故障的诊断与排除; 5. 自动空调所用伺服电机的种类、作用、安装位置、结构及工作原理; 6. 伺服电机故障码的读取与清除、动态数据流的读取与分析、伺服电机故障的诊断与排除; 7. 典型汽车自动空调系统电路的识读与分析; 8. 自动空调故障警告灯点亮故障的诊断与排除; 9. 自动空调控制面板无反应故障的诊断与排除	
教学资源: 1. 讲义、教案、多媒体课件、图片、模型、FLASH 动画等; 2. 实训指导书、任务工作单等; 3. 维修案例、培训资料、维修手册等	对学生基础要求: 1. 会使用基本的拆装与检测工具; 2. 会使用空调维护与检修的专用工具设备; 3. 掌握正确的拆装方法; 4. 具备基本的汽车维修分析能力; 5. 会识读与分析基本的电路; 6. 会使用故障诊断仪; 7. 具有良好的与他人沟通和协作的能力; 8. 资料的收集能力

六、课程实施建议

(一)教材及参考资源建议

1. 教材

闵思鹏. 汽车空调构造与维修[M]. 北京:清华大学出版社,2013.

2. 参考书

[1] 贺剑. 汽车空调构造与维修[M]. 北京:北京理工大学出版社,2010.

[2] 杨柳青. 汽车空调构造与维修[M]. 北京:人民交通出版社,2010.

[3] 岳江. 汽车空调系统检修[M]. 北京:人民交通出版社,2009.

3. 课程网站

http://jpkc. jxjtxy. com/2011/qckt/index. asp

(二)师资条件建议

1. 专任教师

具有高校教师资格证;具有较强的教学组织与管理能力;具备良好的师德和执教素质;具有汽车电气系统检修经验。具有汽车维修检测企业工作经历;精通汽车构造与电工电子相关的基本理论与专业知识;具有较强的教科研能力。

2. 兼职教师

具有5年以上汽车维修行业工作经历，有丰富的实际工作经验；具有较强的教学组织能力。

(三)实验实训条件建议

本课程对实训条件有一定要求，具体见表4。

实验实训条件配置建议 表4

实训室名称	主要设备名称	主要实训项目
汽车电气实训室	歧管压力计、制冷剂回收机、制冷剂	制冷剂加注
	真空泵	抽真空
	检漏仪	检漏
	空调压缩机	压缩机拆检
	手动空调实验台	手动空调构造与检修
	自动空调实验台	自动空调构造与检修

(四)教学方法建议

针对具体的教学内容和教学过程，总体采用项目教学法。在具体教学方法中，运用任务引导法、案例法、小组协作学习法等多种方法组织教学，以学生为中心“做中学、学中做”，让学生人人参与，培养学生团队协作能力和实践动手能力。

(五)教学评价建议

(1)改革考核手段和方法，加强实践教学环节的考核，可采用过程考核和结果考核相结合的考核方法。

(2)结合课堂提问、学生作业、平时测验、任务工作单、实验实训、技能竞赛及考试情况，综合评定学生的学业成绩。

(3)应注重对学生动手能力和在实践中分析问题、解决问题能力的考核，对在学习和应用上有创新的学生应特别给予鼓励，综合评价学生的能力。

(4)考核要重视学生的学习态度、团队合作能力、沟通能力的评价。

按任务考评(过程考评)与课程考评(期末考评)相结合的方法对学生的学习情况进行整体考评，突出过程考评，其中过程考评占总成绩的70%，期末考评占30%，具体考核方式见表5。

课 程 考 核 表 表5

考评方式	过程考评(项目考评)70分			期末考评(卷面考评)30分
	素质考评	工单考评	实操考评	
	10分	20分	40分	
考评实施	由指导教师根据学生表现集中考评	由主讲教师根据学生完成的工单情况考评	由实训指导教师对学生进行操作考评	根据教考分离的原则，由学校教务处组织考评

续上表

考评方式	过程考评(项目考评)70分			期末考评(卷面考评)30分
	素质考评	工单考评	实操考评	
	10分	20分	40分	
考评标准	根据遵守设备安全、人身安全和生产纪律等情况进行评分	预习内容:10分 操作记录:10分	任务方案:10分 工具使用:5分 操作过程:15分 完成质量:10分	题目类型:填空、单项选择、多项选择、判断、名词解释、问答和论述题等
备注	由于操作不当造成设备损坏和人身伤害的,计0分			

(课程标准制订人:刘堂胜、邓丽丽)

附件10:《汽车专业英语》课程标准

一、课程定位

本课程的课程定位,如表1所示。

课程定位表 表1

课程名称及编号	汽车专业英语(210013)
课设学期及参考学时	第3学期(30学时)
课程类型	专业平台课程(学习领域)
先导课程	大学英语、发动机机械系统检修、汽车传动系统检修、汽车行驶转向制动系统检修
平行课程	汽车法规与标准、汽车运行材料、汽车电气系统检修
后续课程	发动机电控系统检修、汽车底盘电控系统检修

二、课程性质

本课程是汽车运用技术专业职业岗位专业平台课程,主要培养学生英文阅读理解、翻译、外文资料查询的基础理论能力,在专业人才培养方案中具有重要的地位,是专业技能培养的重要辅助课程。本课程主要内容包括掌握汽车专业英语工具书的使用、汽车专业英语缩略词汇的学习、课文与词汇教学的英汉对照学习。

三、课程设计的思路

本课程是按照案例引导化、寓教于乐的课程开发方法进行开发的。在开发过程中,我们重点突出案例、材料和应用三者的相互结合。在传授专业知识的同时,重点培养学生的应用的能力,加强学生价值观的养成教育。

在创设学习情境和工作任务时,我们以常见的外文维修资料的翻译为载体,采用项目教学法、引导文教学法等行动导向教学法组织教学,充分发挥学生的主体作用,将专业能力、社会能力、方法能力培养融合于教学过程中,让学生获得未来工作所必需的综合职业能力。

四、课程目标

(一)知识目标

(1)熟练掌握汽车常见结构的英文词汇;
(2)掌握汽车专业英语的翻译技巧;
(3)能熟练完成教与学的外文资料的英汉对照;
(4)熟悉并掌握汽车常用缩略词及不同车型常见故障码的英文说明;
(5)借助汽车英汉字典能较熟练地阅读英文汽车说明书、维修手册、光盘等最新的汽车外文资料。

(二)能力目标

(1)掌握基本的音标拼读能力;
(2)掌握翻阅汽车专业英语词典的能力;
(3)掌握英汉对照翻译外文资料的能力。

(三)素质目标

(1)培养学生的可持续发展的能力;
(2)培养学生与人合作的能力;
(3)利用英文版软件培养学生的外语应用能力;
(4)注重遵章守纪、积极思考、耐心、细致、勇于实践、竞争意识等职业素质的养成。

五、课程内容与学习目标

(一)课程内容结构安排

根据职业岗位要求,为便于教学,将汽车专业英语课程的教学内容划分成3个教学案例情境,3个案例情境共包含12个典型的学习任务单元。

学习情境设计 表2

序号	情境名称	工作任务	参考学时
1	英语基础技能	(1)英语基础巩固	2
		(2)汽车专业英语工具书的使用	2
		(3)汽车专业英语缩略词	2
2	课文与词汇教学的英汉对照	(1)汽车各总成、系统的结构的专业术语、词汇	6
		(2)教材文章的阅读理解	8
3	外文资料的自主翻译	(1)查找英文资料说明书	2
		(2)英中互译	8
合计			30

(二)课程内容要求(表3)

课程内容要求 表3

<table>
<tr><td colspan="2">学习情境1:英语基础技能</td><td>参考学时:6</td></tr>
<tr><td colspan="3">学习目标:
1. 英语基础巩固;
2. 音标拼读训练;
3. 汽车专业英语缩略词汇学习;
4. 汽车专业英语工具书的使用</td></tr>
<tr><td colspan="3">学习内容:
1. 听、说、读、写的综合语言技能;
2. 语言综合运用能力;
3. 音标的巩固加强;
4. 音标的实际练习;
5. 汽车专业英语缩略词汇学习;
6. 工具书的使用</td></tr>
<tr><td>教学资源:
1. 多媒体课件;
2. 诊断仪器使用说明书(英文)、汽车专业英语工具书、汽车英语图册、汽车维修手册(英文版);
3. 教学案例;
4. 学习工作单;
5. 学习效果评价表</td><td colspan="2">对学生基础要求:
1. 具备标准资料的收集能力;
2. 具有文献检索的能力;
3. 具有团队合作能力</td></tr>
<tr><td colspan="2">学习情境2:课文与词汇教学的英汉对照</td><td>参考学时:14</td></tr>
<tr><td colspan="3">学习目标:
1. 学习教材各单元生词、短语及其词组;
2. 加强对教材文章的阅读理解和翻译;
3. 掌握汽车各总成、系统的结构,使用相关的专业术语、词汇;
4. 掌握汽车各总成、系统及故障诊断设备常见术语的表达方法</td></tr>
<tr><td colspan="3">学习内容:
1. 教材各单元生词、短语及其词组;
2. 对教材文章的阅读理解和翻译;
3. 汽车各总成、系统的结构,相关的专业术语、词汇;
4. 汽车各总成、系统及故障诊断设备常见术语的表达方法</td></tr>
<tr><td>教学资源:
1. 多媒体课件;
2. 诊断仪器使用说明书(英文)、汽车专业英语工具书、汽车英语图册、汽车维修手册(英文版);
3. 教学案例;
4. 学习工作单;
5. 学习效果评价表</td><td colspan="2">对学生基础要求:
1. 具备标准资料的收集能力;
2. 具有文献检索的能力;
3. 具有团队合作能力</td></tr>
</table>

续上表

<table>
<tr><td colspan="2">学习情境3:英文资料的自主翻译</td><td>参考学时:10</td></tr>
<tr><td colspan="3">学习目标:
1. 将英文资料翻译成中文;
2. 培养查阅工具书的能力;
3. 锻炼并养成自我学习、自我提高的能力</td></tr>
<tr><td colspan="3">学习内容:
1. 分组布置英文资料;
2. 查阅专用辞典,熟悉单词、词组和专业词汇;
3. 将英文资料翻译成中文</td></tr>
<tr><td>教学资源:
1. 多媒体课件;
2. 诊断仪器使用说明书(英文)、汽车专业英语工具书、汽车英语图册、汽车维修手册(英文版);
3. 教学案例;
4. 学习工作单;
5. 学习效果评价表</td><td colspan="2">对学生基础要求:
1. 具备标准资料的收集能力;
2. 具有文献检索的能力;
3. 具有团队合作能力</td></tr>
</table>

六、课程实施建议

(一)教材及参考资源建议

1. 教材

马林才. 汽车实用英语(下册)[M]. 北京:人民交通出版社,2012.

2. 参考书

[1] 宋进桂. 汽车专业英语读译教程[M]. 北京:机械工业出版社,2007.

[2] 边浩毅. 汽车实用英语[M]. 北京:人民交通出版社,2005.

(二)师资条件建议

1. 专任教师

具有高校教师资格证;具有汽车维修企业或销售企业的工作经历;精通汽车维修的基本理论与专业知识;具有较强的教科研能力。

2. 兼职教师

具有5年以上汽车维修企业或销售企业管理及相关技术岗位的工作经历,有丰富的实际工作经验;具有中级以上专业技术职务或在职业技能竞赛中获得奖励;具有较强的教学组织能力。

(三)教学方法建议

本课程针对具体的学习任务,综合采用案例引导、任务实施等教学法。在具体教学方法中,运用引导法、案例法、小组协作学习法等多种方法组织教学,以学生为中心"做中学、学中做”,让学生人人参与,培养学生团队协作能力和实践动手能力。

(四)教学评价建议

本课程采用过程考核、综合考核等多元性评价,其中过程考核包括学习态度、课程作业等,占课程总成绩的40%;综合考核包括期末考试等,占课程总成绩的60%,全面综合评价学生能力,见表4。

课 程 考 核 表 表4

考核项目		考 核 方 式	比例	
			分项	总体
过程考核	学习态度	根据课堂教学参与情况、课堂回答问题、出勤情况,由教师综合评定学生的学习态度得分	50%	40%
	课程作业	根据学生完成课后作业、任务工单的情况,由教师来评定成绩	50%	
综合考核		结合期末考试、实践考核等综合评定成绩	100%	60%
合计				100%

(课程标准制订人:王昕、周琼)

附件11:《汽车法规与标准》课程标准

一、课程定位

本课程的课程定位,如表1所示。

课 程 定 位 表 表1

课程名称及编号	汽车法规与标准(210007)
课设学期及参考学时	第3学期(30学时)
课程类型	专业平台课程(学习领域)
先导课程	发动机机械系统检修、汽车电气系统维修、汽车行驶转向制动系统检修、汽车传动系统检修
平行课程	汽车运行材料、汽车专业英语
后续课程	汽车检测诊断技术

二、课程性质

本课程是汽车运用技术专业职业岗位专业平台课程,主要培养学生汽车掌握检测标准、法律法规体系的基础理论知识,在专业人才培养方案中具有重要的地位,是专业技能培养的重要辅助课程。本课程主要内容包括掌握汽车法规、标准、认证等基本概念,掌握法规、标准与市场经济及汽车安全体系的关系,熟悉我国和发达国家的汽车法律法规体系、标准。

三、课程设计的思路

本课程是通过案例引导化、以案说法的课程开发方法进行开发的。在开发过程中,我们重点突出案例、法规和应用三者的相互结合。在传授专业知识的同时，重点培养学生的应用能力，加强学生价值观的养成教育。

在创设学习情境和工作任务时，我们以常见汽车法规案例为载体，采用项目教学法、引导文教学法等行动导向教学法组织教学，充分发挥学生的主体作用。将专业能力、社会能力、方法能力培养融合于教学过程中，让学生获得未来工作所必需的综合职业能力。

四、课程目标

通过课程的学习，使学生能够正确掌握汽车使用、检测、诊断的相关法律法规，同时根据最新的标准规范和质量检验标准。

同时，通过本课程的学习，学生能胜任汽车机电维修岗位的车辆质检、安全员和汽车检测站中的检测员等工作，并能通过汽车维修工职业资格证书中汽车法规部分内容的考核。

（一）知识目标

（1）准确解释汽车法规的相关术语及其含义的能力；
（2）掌握我国汽车法律法规的主要内容；
（3）熟悉国际和发达国家汽车法律法规，能够借鉴国外先进的汽车法律法规体系；
（4）掌握标准和标准化的概念、分类，标准的结构、制定、编写和实施。

（二）能力目标

（1）掌握并且运用道路交通法规的能力；
（2）具备其他法规相关的知识；
（3）准确对汽车分类的能力；
（4）具备试验和检验方法的选择的能力；
（5）具备汽车排放测试方法的能力。

（三）素质目标

（1）能自主学习新知识、新技术；
（2）能通过各种媒体资源查找所需信息；
（3）具有较强的口头表达与书面表达能力、人际沟通能力；
（4）具有团队精神、协作精神和服务意识；
（5）具有良好的心理素质和克服困难的能力；
（6）能与客户建立良好、持久的关系。

五、课程内容与学习目标

（一）课程内容结构安排

根据职业岗位要求，为便于教学，将汽车法规与标准课程的教学内容划分成5个教学案例情境，5个案例情境共包含12个典型的学习任务单元。

学习情境设计 表2

序号	情境名称	工作任务	参考学时
1	认识汽车法规	(1)国际标准化组织	2
		(2)标准和标准化法	2
2	认知汽车产品三包政策	(1)缺陷汽车产品召回管理制度	2
		(2)汽车产品三包政策	2
		(3)道路交通法规	2
3	汽车车辆标准	(1)车辆识别代号	4
		(2)乘用车燃料消耗量限值	2
		(3)汽车常用的试验和测量方法	2
4	汽车维修及维修企业标准	(1)汽车维护、检测、诊断的技术规范	3
		(2)汽车维修企业开业条件	3
5	汽车排放标准	(1)汽车排放标准的限值	3
		(2)汽车排气污染物的测试方法	3
合计			30

(二)课程内容要求(表3)

课程内容要求 表3

<table>
<tr><td>学习情境1:认识汽车法规</td><td>参考学时:4</td></tr>
<tr><td colspan="2">学习目标:
1. 掌握标准的分类和分级;
2. 掌握标准化的基本原理和主要作用;
3 了解标准和《中华人民共和国标准化法》;
4. 了解国际标准和国际标准组织</td></tr>
<tr><td colspan="2">学习内容:
1. 标准和《中华人民共和国标准化法》;
2. 标准化的基本原理和主要作用;
3. 标准的分类和分级;
4. 标准的编写和代号;
5. 国际标准</td></tr>
<tr><td>教学资源:
1. 实训设备:各种汽车类标准、国际标准化组织介绍等;
2. 多媒体课件;
3. 教学案例;
4. 学习工作单;
5. 学习效果评价表</td><td>对学生基础要求:
1. 具备标准资料的收集能力;
2. 具有文献检索的能力;
3. 具有团队合作能力</td></tr>
</table>

续上表

<table>
<tr><td>学习情境2:认知汽车产品三包政策</td><td>参考学时:6</td></tr>
<tr><td colspan="2">学习目标:
1. 掌握缺陷汽车产品召回管理制度;
2. 掌握汽车产品三包政策;
3. 熟悉我国道路交通法规;
4. 了解汽车发展政策;
5. 了解其他法规</td></tr>
<tr><td colspan="2">学习内容:
1. 缺陷汽车产品召回管理;
2. 汽车产品三包政策;
3.《中华人民共和国道路交通安全法》及实施条例;
4. 质量法;
5. 计量法;
6. 消费者权益保护法</td></tr>
<tr><td>教学资源:
1. 实训设备:各种汽车类标准、国际标准化组织介绍等;
2. 多媒体课件;
3. 教学案例;
4. 学习工作单;
5. 学习效果评价表</td><td>对学生基础要求:
1. 具备标准资料的收集能力;
2. 具有文献检索的能力;
3. 具有团队合作能力</td></tr>
<tr><td>学习情境3:汽车车辆标准</td><td>参考学时:8</td></tr>
<tr><td colspan="2">学习目标:
1. 掌握汽车和挂车类型的术语和定义;
2. 掌握道路车辆识别代号;
3. 熟悉乘用车燃料消耗量限值;
4. 熟悉汽车常用的试验和测量方法;
5 掌握具体几种车型的试验方法</td></tr>
<tr><td colspan="2">学习内容:
1. 汽车和挂车类型的术语和定义;
2. 道路车辆识别代号;
3. 乘用车燃料消耗量限值;
4. 汽车常用的试验和测量方法</td></tr>
<tr><td>教学资源:
1. 实训设备:各种汽车类标准、国际标准化组织介绍等;
2. 多媒体课件;
3. 教学案例;
4. 学习工作单;
5. 学习效果评价表</td><td>对学生基础要求:
1. 具备标准资料的收集能力;
2. 具有文献检索的能力;
3. 具有团队合作能力</td></tr>
</table>

续上表

<table>
<tr><td colspan="2">学习情境4:汽车维修及维修企业标准</td><td>参考学时:6</td></tr>
<tr><td colspan="3">学习目标:
1. 掌握汽车维修术语和定义;
2. 掌握汽车维护、检测、诊断的技术规范;
3. 掌握汽车维修企业开业条件</td></tr>
<tr><td colspan="3">学习内容:
1. 汽车维修术语和定义;
2. 汽车维护、检测,诊断技术规范;
3. 汽车发动机大修竣工出厂技术条件;
4. 汽车维修企业开业条件</td></tr>
<tr><td>教学资源:
1. 实训设备:各种汽车类标准,国际标准化组织介绍等;
2. 多媒体课件;
3. 教学案例;
4. 学习工作单;
5. 学习效果评价表</td><td colspan="2">对学生基础要求:
1. 具备标准资料的收集能力;
2. 具有文献检索的能力;
3. 具有团队合作能力</td></tr>
<tr><td colspan="2">学习情境5:汽车排放标准</td><td>参考学时:6</td></tr>
<tr><td colspan="3">学习目标:
1. 掌握汽车排放标准的术语和定义;
2. 掌握排放标准的限值;
3. 掌握排放污染物的测试方法;
4. 了解欧洲排放标准;
5 掌握我国目前采用的汽车排放标准</td></tr>
<tr><td colspan="3">学习内容:
1. 汽车排放标准的术语和定义;
2. 汽车排放标准的限值;
3. 汽车排气污染物的测试方法 ;
4. 欧洲排放标准;
5. 我国的排放标准</td></tr>
<tr><td>教学资源:
1. 实训设备:各种汽车类标准、国际标准化组织介绍等;
2. 多媒体课件;
3. 教学案例;
4. 学习工作单;
5. 学习效果评价表</td><td colspan="2">对学生基础要求:
1. 具备标准资料的收集能力;
2. 具有文献检索的能力;
3. 具有团队合作能力</td></tr>
</table>

六、课程实施建议

（一）教材及参考资源建议

1. 教材

邹章鸣，龚俊吉. 汽车法规与标准，2011.

2. 参考书

[1] 北京运输管理局. 汽车维修竣工标准汇编[M]. 北京：北京理工大学出版社，2011.

[2] 中华人民共和国国家标准 GB/T 1332—1991 载货汽车定型试验规程[S]. 北京：中国标准出版社，1991.

[3] 中华人民共和国国家标准 GB 3847—2005 车用压燃式发动机和压燃式发动机汽车排气烟度排放限值及测试方法[S]. 北京：中国环境科学出版社，2005.

[4] 中华人民共和国国家标准 GB 18285—2005 点燃式发动机汽车排气污染物排放限值及测量方法（双怠速法及简易工况法）[S]. 北京：中国环境科学出版社，2005.

[5] 中华人民共和国地方标准 DB11/044—2014 汽油车双怠速污染物排放限值及测量方法，2014.

[6] 中华人民共和国国家标准 GB/T 13043—2006 客车定型试验规程[S]. 北京：中国标准出版社，2006.

（二）师资条件建议

1. 专任教师

具有高校教师资格证；具有汽车维修企业或销售企业的工作经历；精通汽车维修的基本理论与专业知识；具有较强的教科研能力。

2. 兼职教师

具有5年以上汽车维修企业或销售企业管理及相关技术岗位的工作经历，有丰富的实际工作经验；具有中级以上专业技术职务或在职业技能竞赛中获得奖励；具有较强的教学组织能力。

（三）实验实训条件建议

本课程对实训条件有一定要求，具体见表4。

实验实训条件配置建议 表4

实训室名称	主要设备名称	主要实训项目
检测实训室	五气体尾气分析仪	汽油机尾气分析
	汽车检测线	汽车动力性能检测
		制动性能检测
		侧滑性能检测
		悬架系统检测
		灯光检测

(四)教学方法建议

本课程针对具体的学习任务,综合采用案例引导、任务实施等教学法。在具体教学方法中,运用引导法、案例法、小组协作学习法等多种方法组织教学,以学生为中心"做中学、学中做",让学生人人参与,培养学生团队协作能力和实践动手能力。

(五)教学评价建议

本课程采用过程考核、综合考核等多元性评价,其中过程考核包括学习态度、课程作业等,占课程总成绩的40%;综合考核包括期末考试等,占课程总成绩的60%,全面综合评价学生能力,见表5。

课 程 考 核 表 表5

考核项目		考核方式	比例	
			分项	总体
过程考核	学习态度	根据课堂教学参与情况、课堂回答问题、出勤情况,由教师综合评定学生的学习态度得分	50%	40%
	课程作业	根据学生完成课后作业、任务工单的情况,由教师来评定成绩	50%	
综合考核		结合期末考试、实践考核等综合评定成绩	100%	60%
合计				100%

(课程标准制订人:肖雨、李建新)

附件12:《发动机电控系统检修》课程标准

一、课程定位

本课程的课程定位,如表1所示。

课 程 定 位 表 表1

课程名称及编号	发动机电控系统检修(212009)
课设学期及参考学时	第4学期(90学时)
课程类型	职业方向课程(学习领域)
先导课程	电工电子技术、发动机机械系统检修、汽车电气系统检修、汽车传动系统检修、汽车行驶转向制动系统检修
平行课程	汽车车身电气系统检修、汽车底盘电控系统检修、汽车检测与诊断技术
后续课程	无

二、课程性质

本课程是汽车运用技术专业职业方向核心学习领域课程,主要培养该专业学生对汽车发动机电控系统的结构、原理、使用与维修知识的掌握、对汽车发动机电控系统电路的分析、对发动机电控系统主要元件的检修、对汽车发动机电控系统常见故障的诊断与排除等专业能力,以及培养学生的团队协作、沟通表达、工作责任心、职业规范和职业道德等综合素质和能力。

本课程的学习情境是依据工作过程为导向,以典型工作任务为基点,综合理论知识、操作技能和职业素养为一体的思路设计。通过完成学习情境的学习,学生不但能够掌握汽车发动机电控系统检修的理论知识和实际操作的专业知识和专业技能,还能够全面培养其团队协作、沟通表达、工作责任心、职业规范和职业道德等综合素质,使学生通过学习的过程掌握工作岗位所需的各项技能和相关专业知识。

三、课程设计思路

本课程设计的理念与思路是突出高职教育特色,以就业为导向,培养学生迅速掌握汽车发动机电控系统各主要元件原理和结构,以及常见故障诊断与维修所必需的知识和技能,具有吸收汽车发动机电控系统领域新技术的能力。

本课程实践教学设计的主导思想是针对理论知识体系和实际工作需要安排实践教学。采用理论教学(课堂一体化教学)—实验动手(各个系统的掌握)—综合实训(完成规定任务)三步走的教学过程。

采用工学交替和理论与实践一体化教学模式,按照工作过程导向设计教学内容,确定典型的学习情境,每个学习情境按工作过程安排了相应的实践教学内容。

针对汽车发动机电控系统电控元件结构及原理枯燥抽象、学生感性认识少、不熟悉汽车电路的特点,上理论课采用现场教学法,由指导教师讲解具体的电控元件,并就车进行电控元件的检查。

理论实践一体化教学法模糊理论课和课内实践课的界限,理论课进行实物教学;课内实践课老师演示、讲解为主,学生观察、实习为辅。

在进行汽车发动机电控系统单项技能实训时,采用了项目训练法。学生每组 4 ~ 6 人,教师在实车上设置故障,并引导和指导学生进行实际诊断检测。

四、课程目标

(一)知识目标

(1)电控燃油喷射系统及主要元件的构造、原理、检修;
(2)电控点火系统及主要元件的构造、工作原理、检修;
(3)怠速控制系统及主要元件的构造、工作原理、检修;
(4)进气控制系统及主要元件的构造、工作原理、检修;
(5)增压控制系统及主要元件的构造、工作原理、检修;
(6)排放控制系统及主要元件的构造、工作原理、检修;
(7)柴油机电控系统及主要元件的构造、工作原理、检修;
(8)电控发动机诊断仪器设备的使用(万用表、示波器及故障诊断仪);
(9)电控发动机常见故障的诊断方法;
(10)汽车发动机电控系统主要零部件的拆装。

(二)能力目标

(1)掌握汽车发动机电控系统及其主要部件的结构与工作原理;
(2)掌握汽车发动机电控系统主要部件的检修方法;
(3)熟练使用汽车发动机电控系统维修的常用工具、量具和仪器设备;
(4)具备对汽车发动机电控系统进行维护、调整、检修的初步技能;
(5)具有分析、判断和排除汽车发动机电控系统常见故障的能力。

(三)素质目标

(1)具有可持续发展的能力;
(2)具有团队协作能力;
(3)具有收集和处理信息的能力;
(4)具有获取新知识的能力;
(5)具有综合运用所学知识分析和解决问题的能力;
(6)具有良好的职业道德和敬业精神。

五、课程内容与学习目标

(一)课程内容结构安排(表2)

本课程以典型故障为载体分为发动机起动困难故障检修等5个学习情境,电控燃油喷射系统工作过程分析等25个工作任务,具体见表2。

学习情境设计 表2

序号	学习情境	工 作 任 务	参考学时
1	发动机起动困难故障检修	(1)电控燃油喷射系统工作过程分析	2
		(2)空气供给系统检修	2
		(3)燃油供给系统检修	6
		(4)控制系统检修	8
		(5)电喷系统常见故障诊断与维修	4
2	发动机点火不良故障检修	(1)电控点火系统工作过程分析	2
		(2)电控点火系统主要部件构造及检修	4
		(3)电控点火系统电路分析	2
		(4)点火系统波形分析	4
		(5)电控点火系统常见故障诊断与维修	4
3	电控柴油机起动不着火故障检修	(1)柴油机电喷系统功能分析	6
		(2)共轨式电喷系统	2
		(3)柴油机电喷系统主要部件构造、工作过程及检修	4
		(4)柴油机电控系统常见故障的诊断与排除	4

续上表

序号	学习情境	工作任务	参考学时
4	电控汽油机怠速不稳故障检修	(1)怠速控制系统检修	4
		(2)进气控制系统检修	4
		(3)增压控制系统检修	2
		(4)巡航控制系统检修	2
5	电控汽油机排气管冒黑烟故障检修	(1)燃油蒸发排放控制系统检修	2
		(2)废气再循环系统检修	2
		(3)曲轴箱强制通风系统检修	2
		(4)氧传感器及三元催化转化系统检修	4
		(5)二次空气喷射系统检修	2
		(6)发动机电控系统故障诊断基本方法	6
		(7)发动机电控元件故障诊断	6
合计			90

(二)课程内容要求

按照从简单到复杂、由局部到整体、由单一技能到综合技能的思路,本课程教学团队通过企业调研、校企合作,对汽车运用技术专业汽车发动机电控系统检修课程的教学内容进行了重组和优化,将该学习领域以5个典型的故障现象为载体构建了5个学习情境、25个行动导向的工作任务,计划90课时完成,见表3。

每一个学习情境都是真实的工作任务,是一个完整的工作过程,都来自于企业生产实际。5个学习情境涵盖了传统课程体系的知识点和技能,以完成典型工作任务全过程为目标,部分学习情境教学过程在企业内实施,使学生掌握相关知识和技能,培养学生综合职业能力。

课程内容要求 表3

学习情境1:发动机起动困难故障检修	参考学时:22
学习目标: 1. 了解发动机电控技术的现状及发展方向; 2. 掌握发动机电控系统及其基本组成; 3. 掌握电控燃油喷射系统的功能及组成; 4. 掌握空气供给系统组成、构造及检修方法; 5. 掌握燃油供给系统的的组成、构造及检修方法; 6. 掌握控制系统主要元件构造及检修方法; 7. 掌握数字万用表、故障诊断仪等仪器设备的使用方法; 8. 掌握电控燃油喷射系统常见故障的诊断与排除方法	

续上表

学习情境1:发动机起动困难故障检修	参考学时:22
学习内容: 1. 发动机电控系统的基本组成及类型; 2. 电控燃油喷射系统类型及功能; 3. 电控燃油喷射系统组成及基本原理; 4. 空气供给系统主要元件构造及检修; 5. 燃油供给系统主要元件构造及检修; 6. 控制系统主要元件构造及检修; 7. 万用表、故障诊断仪等检测工具的正确使用方法; 8. 电控燃油喷射系统常见故障诊断与排除	
教学资源: 1. 讲义、教案、多媒体课件、图片、模型、FLASH 动画等; 2. 实训指导书、任务工单等; 3. 维修案例、培训资料、维修手册等	对学生基础要求: 1. 熟悉电喷系统主要元件在车上的位置; 2. 基本的动手操作能力; 3. 会使用万用表计等基本的工具设备; 4. 资料的收集能力; 5. 具有良好的与他人沟通和协作的能力
学习情境2:发动机点火不良故障检修	参考学时:12
学习目标: 1. 掌握电控点火系统的功能; 2. 掌握电控点火系统的组成及工作原理; 3. 掌握电控点火系统主要元件的构造及检修方法; 4. 会分析电控点火系统电路; 5. 会利用示波器检测点火系统波形; 6. 掌握电控点火系统常见故障的诊断与排除方法	
学习内容: 1. 电控点火系统的功能; 2. 电控点火系统的组成及工作原理; 3. 点火线圈及火花塞的构造、选用及检修; 4. 爆震传感器的工作原理及检修; 5. 万用表、故障诊断仪等检测工具的正确使用方法; 6. 点火系统电路分析; 7. 点火系统波形识读与分析; 8. 电控点火系统常见故障诊断与排除方法	
教学资源: 1. 讲义、教案、多媒体课件、图片、模型、FLASH 动画等; 2. 实训指导书、任务工单等; 3. 维修案例、培训资料、维修手册等	对学生基础要求: 1. 熟悉电控点火系统的作用及各主要部件在汽车上的位置; 2. 具有基本的电工电子学的知识; 3. 会使用万用表、示波器等常见仪器; 4. 具备一定的实际动手能力;具有良好的与他人沟通和协作的能力; 5. 资料的收集能力

续上表

<table>
<tr><td>学习情境3:电控柴油机起动不着火故障检修</td><td>参考学时:10</td></tr>
<tr><td colspan="2">学习目标:
1. 掌握柴油机电控燃油喷射系统的功能、组成及类型;
2. 了解直列柱塞泵、分配泵、泵喷嘴电喷系统的组成、构造及工作原理;
3. 掌握共轨式电喷系统的类型、组成及工作原理;
4. 掌握柴油机电喷系统主要元件的构造及工作原理;
5. 掌握柴油机电喷系统主要元件的检修方法;
6. 掌握柴油机电喷系统常见故障的诊断与排除方法</td></tr>
<tr><td colspan="2">学习内容:
1. 柴油机电控燃油喷射系统的功能、组成及类型;
2. 直列柱塞泵电喷系统的组成、构造及工作原理
3. 轴向分配泵及径向分配泵电喷系统的组成、构造及工作原理;
4. 泵喷嘴电喷系统的组成、构造及工作原理;
5. 共轨式电喷系统的类型、组成、构造及工作原理;
6. 柴油机电喷系统主要元件的构造及工作原理;
7. 柴油机电喷系统主要元件的检修;
8. 柴油机电喷系统常见故障的诊断与排除方法</td></tr>
<tr><td>教学资源:
1. 讲义、教案、多媒体课件、图片、模型、FLASH 动画等;
2. 实训指导书、任务工单等;
3. 维修案例、培训资料、维修手册等</td><td>对学生基础要求:
1. 熟悉柴油机的作用;
2. 具有基本的电工电子学知识;
3. 具备起码的动手能力,会使用常见的拆装工具;
4. 会使用万用表、游标卡尺等常见检测仪器设备;
5. 具有良好的与他人沟通与协作的能力;
6. 资料的收集能力</td></tr>
<tr><td>学习情境4:电控汽油机怠速不稳故障检修</td><td>参考学时:8</td></tr>
<tr><td colspan="2">学习目标:
1. 掌握怠速控制系统构造、工作原理及检修方法;
2. 掌握进气控制系统构造、工作原理及检修方法;
3. 掌握增压控制系统构造、工作原理及检修方法;
4. 掌握巡航控制系统构造、工作原理及检修方法;
5. 会使用万用表、故障诊断仪等检测工具;
6. 掌握怠速控制系统常见故障的诊断与排除方法;
7. 了解并熟悉进气控制系统、增压控制系统及巡航控制系统常见故障的诊断与排除方法</td></tr>
<tr><td colspan="2">学习内容:
1. 怠速控制系统构造、工作原理及检修;
2. 进气控制系统构造、工作原理及检修;
3. 增压控制系统构造、工作原理及检修;
4. 巡航控制系统构造、工作原理及检修;
5. 万用表、故障诊断仪等检测工具的正确使用方法;
6. 怠速控制系统常见故障的诊断与排除方法;
7. 进气控制系统、增压控制系统及巡航控制系统常见故障的诊断与排除方法</td></tr>
</table>

续上表

<table>
<tr><td colspan="2">学习情境4:电控汽油机怠速不稳故障检修</td><td>参考学时:8</td></tr>
<tr><td>教学资源:
1. 讲义、教案、多媒体课件、图片、模型、FLASH 动画等;
2. 实训指导书、任务工单等;
3. 维修案例、培训资料、维修手册等</td><td colspan="2">对学生基础要求:
1. 熟悉怠速控制系统的作用,了解进气控制系统、增压控制系统及巡航控制系统的作用;
2. 具备基本的电工电子学知识;
3. 具备起码的动手能力,会使用常见的拆装工具;
4. 会使用示波器、数字万用表、电脑检测仪等常见检测仪器设备;
5. 具有良好的与他人沟通和协作的能力;
6. 资料的收集能力</td></tr>
<tr><td colspan="2">学习情境5:电控汽油机排气管冒黑烟故障检修</td><td>参考学时:24</td></tr>
<tr><td colspan="3">学习目标:
1. 掌握燃油蒸发排放控制系统构造、工作原理及检修方法;
2. 掌握废气再循环系统构造、工作原理及检修方法;
3. 掌握曲轴箱强制通风系统的构造、工作原理及检修方法;
4. 掌握氧传感器的类型、工作原理、电路及检修方法;
5. 掌握三元催化转化器的构造、工作原理及检修方法;
6. 了解二次空气喷射系统的构造、工作原理及检修方法;
7. 会使用万用表、故障诊断仪等检测工具;
8. 掌握排放控制系统常见故障的诊断与排除方法</td></tr>
<tr><td colspan="3">学习内容:
1. 燃油蒸发排放控制系统构造、工作原理及检修;
2. 废气再循环系统构造、工作原理及检修;
3. 曲轴箱强制通风系统的构造、工作原理及检修;
4. 氧传感器的类型、工作原理、电路及检修;
5. 三元催化转化器的构造、工作原理及检修;
6. 二次空气喷射系统的构造、工作原理及检修;
7. 万用表、故障诊断仪等检测工具的正确使用方法;
8. 掌握排放控制系统常见故障的诊断与排除</td></tr>
<tr><td>教学资源:
1. 讲义、教案、多媒体课件、图片、模型、FLASH 动画等;
2. 实训指导书、任务工单等;
3. 维修案例、规范规程、维修手册等</td><td colspan="2">对学生基础要求:
1. 熟悉排放控制系统的作用;
2. 具备基本的电工电子学知识;
3. 具备起码的动手能力,会使用常见的拆装工具;
4. 会使用示波器、数字万用表、电脑检测仪等常见检测仪器设备;
5. 具有良好的与他人沟通和协作的能力;
6. 资料的收集能力</td></tr>
</table>

六、课程实施建议

(一)教材及参考资源建议

1. 教材

张西振.汽车发动机电控技术[M].北京:机械工业出版社,2009.

2. 参考书

[1] 杨智勇.汽车发动机电控技术[M].北京:人民邮电出版社,2011.

[2] 何琨.发动机电控系统检修[M].北京:清华大学出版社,2012.

[3] 李百华.汽车发动机电控技术[M].北京:人民邮电出版社,2009.

[4] 杨洪庆.汽车发动机电控技术[M].北京:中国人民大学出版社,2009.

3. 课程网站

http://jpkc.jxjtxy.com/courses/motor/index.htm

(二)师资条件建议

1. 专任教师

具有高校教师资格证;具有较强的教学组织与管理能力;具备良好的师德和执教素质;具有汽车电气系统检修经验。具有汽车维修检测企业工作经历;精通汽车构造与电工电子相关的基本理论与专业知识;具有较强的教科研能力。

2. 兼职教师

具有5年以上汽车维修行业工作经历,有丰富的实际工作经验;具有较强的教学组织能力。

(三)实验实训条件建议

本课程对实训条件有一定要求,具体见表4。

实验实训条件配置建议 表4

实训室名称	主要设备名称	主要实训项目
汽车电子实训室	丰田 5S-FE 电控发动机实验台	汽油机电控系统系统检修
	奥迪 V6 电控发动机数据采样系统	发动机数据流分析
	金德 KT600 解码器	常见车型故障码的读取和清除
	博世发动机综合分析仪 FSA740	发动机故障诊断
	电控柴油机实验台	柴油机电控系统检测

(四)教学方法建议

针对具体的教学内容和教学过程,总体采用项目教学法。在具体教学方法中,运用任务引导法、案例法、小组协作学习法等多种方法组织教学,以学生为中心"做中学、学中做",让学生人人参与,培养学生团队协作能力和实践动手能力。

(五)教学评价建议

(1)改革考核手段和方法,加强实践教学环节的考核,可采用过程考核和结果考核相结合的考核方法。

(2)结合课堂提问、学生作业、平时测验、任务工作单、实验实训、技能竞赛及考试情况，综合评定学生的学业成绩。

(3)应注重对学生动手能力和在实践中分析问题、解决问题能力的考核，对在学习和应用上有创新的学生应特别给予鼓励，综合评价学生的能力。

(4)考核要重视对学生的学习态度、团队合作能力、沟通能力的评价。

按任务考评(过程考评)与课程考评(期末考评)相结合的方法对学生的学习情况进行整体考评，突出过程考评，其中过程考评占总成绩的70%，期末考评占30%，具体考核方式见表5。

课程考核表 表5

考评方式	过程考评(项目考评)70分			期末考评(卷面考评)30分
	素质考评	工单考评	实操考评	
	10分	20分	40分	
考评实施	由指导教师根据学生表现集中考评	由主讲教师根据学生完成的工单情况考评	由实训指导教师对学生进行操作考评	根据教考分离的原则，由学校教务处组织考评
考评标准	根据遵守设备安全、人身安全和生产纪律等情况进行评分	预习内容:10分 操作记录:10分	任务方案:10分 工具使用:5分 操作过程:15分 完成质量:10分	题目类型:填空、单项选择、多项选择、判断、名词解释、问答和论述题等
备注	由于操作不当造成设备损坏和人身伤害的，计0分			

(课程标准制订人:张光磊、吴映辉)

附件13:《汽车底盘电控系统检修》课程标准

一、课程定位

本课程的课程定位，如表1所示、

课程定位表 表1

课程名称及编号	汽车底盘电控系统检修(212007)
课设学期及参考学时	第4学期(90学时)
课程类型	职业方向课程(学习领域)
先导课程	汽车传动系统检修、汽车行驶转向制动系统检修、汽车电气系统检修
平行课程	汽车车身电控系统检修、汽车空调系统检修、发动机电控系统检修、汽车检测与诊断技术
后续课程	无

二、课程性质

本课程是汽车运用技术专业的职业方向课程，主要培养该专业学生对汽车底盘电控系统的结构、原理、使用与维修知识的掌握、对汽车底盘电控系统电路的分析、对底盘电控系统主要元件的检修、对汽车底盘电控系统常见故障的诊断与排除等专业能力，以及培养学生的团队协作、沟通表达、工作责任心、职业规范和职业道德等综合素质和能力。

本课程是汽车运用技术专业职业方向核心能力课程，主要培养学生对汽车底盘电控系统的结构、原理、使用与维修知识的掌握，对汽车底盘电控系统电路的分析，对底盘电控系统主要元件的检修，对汽车底盘电控系统常见故障的诊断与排除等专业能力，在专业人才培养方案中具有重要的地位，是专业技能培养的重要环节。本课程主要内容包括自动变速器的构造、拆装和常见故障检修；ABS 系统的结构、原理和常见故障检修；电控悬架系统的结构、原理和常见故障检修；电控助力转向系统的结构、原理和常见故障检修。

三、课程设计思路

本课程是基于工作过程系统化、以行动导向的课程开发方法进行开发的。在开发过程中，我们重点突出技术、社会与环境三者相互结合。在传授专业知识的同时，重点培养学生的实践技能，加强学生价值观的养成教育。在对职业岗位能力、工作过程进行充分调研的基础上，重点分析汽车运用技术职业岗位的能力目标，确定了一系列真实的工作任务及完成该任务所需的职业能力，结合本课程的培养目标，将教学内容划分成若干个学习情境。再将每一个学习情境分解为几个真实的工作任务来开展教学。

在创设学习情境和工作任务时，我们以汽车常见故障现象为载体，采用项目教学法、引导文教学法等行动导向教学法组织教学，充分发挥学生的主体作用。将专业能力、社会能力、方法能力培养融合于教学过程中，让学生获得未来工作所必需的综合职业能力。

四、课程目标

（一）知识目标

（1）自动变速器及主要部件的构造、工作原理及检修；
（2）自动变速器及主要元件技术状况、性能的检查与测试；
（3）无级变速器的构造、工作原理及检修；
（4）ABS 系统及主要部件的构造、工作原理、检修；
（5）电控助力转向系统及主要部件的构造、工作原理及检修；
（6）电控驱动防滑系统及行驶稳定性控制系统的构造、工作原理、检修；
（7）电控悬架系统及主要部件的正确使用；
（8）用万用表检查并判断底盘电控系统传感器、执行元件技术状况；
（9）正确使用故障诊断仪读取、清除故障代码，读取数据流并作分析判断；
（10）底盘电控系统电路图的识读，并能根据电路图检测、分析故障；
（11）车底盘电控系统主要零部件的拆装。

（二）能力目标

（1）掌握自动变速器的构造及工作原理；
（2）能分析自动变速器的换挡路线和电路、油路；
（3）掌握无级变速器的构造及工作原理；

(4)掌握电控防抱死系统的构造及工作原理；
(5)会分析电控防抱死系统电路图；
(6)掌握电控驱动防滑系统和汽车行驶稳定性控制系统的构造及工作原理；
(7)掌握电控助力转向系统的构造及工作原理；
(8)掌握电控悬架系统构造及工作原理；
(9)熟练使用汽车底盘电控系统维修的常用工具、量具和仪器设备；
(10)具备对汽车底盘电控系统各子系统进行维护、调整、拆装、检修的初步技能；
(11)掌握汽车底盘电控系统主要部件的检修方法；
(12)具有分析、判断和排除汽车底盘电控系统常见故障的能力。

(三)素质目标

(1)具有可持续发展的能力；
(2)具有团队协作能力；
(3)具有收集和处理信息的能力；
(4)具有获取新知识的能力；
(5)具有综合运用所学知识分析和解决问题的能力；
(6)具有良好的职业道德和敬业精神。

五、课程内容与学习目标

(一)课程内容结构安排

本课程以典型故障为载体分为自动变速器异响故障检修等8个学习情境，液力变矩器检修等34个工作任务，具体见表2。

教学情境设计 表2

序号	学习情境	工作任务	参考学时
1	自动变速器异响故障检修	(1)液力变矩器检修	2
		(2)行星齿轮机构的工作分析	2
		(3)各挡动力传递路线分析	2
		(4)换挡执行元件的工作分析	2
		(5)行星齿轮机构及换挡执行元件的检修	2
		(6)自动变速器机械系统常见故障的诊断与维修	2
2	自动变速器漏油故障检修	(1)液压控制系统工作分析	2
		(2)液力控制系统零部件的拆装及检查	2
		(3)自动变速器液压系统的故障诊断与排除	2
3	自动变速器换挡冲击故障检修	(1)自动变速器控制系统工作分析	4
		(2)控制系统传感器检修	2
		(3)控制系统执行器检修	2
		(4)控制系统电路分析	2
		(5)自动变速器电控系统常见故障诊断与排除	2

续上表

序号	学习情境	工作任务	参考学时
4	无级变速器无前进挡故障检修	(1)无级自动变速器的工作分析	2
		(2)无级变速器动力传动路线分析	2
		(3)无级变速器的拆装	2
		(4)无级变速器常见故障的诊断与排除	4
5	ABS 故障指示灯常亮故障检修	(1)ABS 系统的工作分析	4
		(2)ABS 系统主要零部件工作分析	4
		(3)ABS 系统的正确使用与检查	2
		(4)ABS 常见故障诊断与排除	4
6	ASR/ESP 功能失效故障检修	(1)ASR 系统的工作分析	2
		(2)ESP 系统的工作分析	2
		(3)ASR/ESP 的检查	2
		(4)ASR/ESP 常见故障的诊断与排除	4
7	电控悬架不能自动调节故障检修	(1)电控悬架系统工作分析	4
		(2)电控悬架用传感器检修	2
		(3)电控悬架的检查与调整	2
		(4)电控悬架常见故障的诊断与排除	2
8	电控动力转向助力不足故障检修	(1)电控液压助力转向系统的工作分析	4
		(2)电动助力转向系统的工作分析	4
		(3)电控动力转向系统的检查	4
		(4)电控动力转向系统常见故障的诊断与排除	4
合计			90

(二)课程内容要求(表3)

课程内容要求 表3

<table>
<tr><td>学习情境1:自动变速器异响故障检修</td><td>参考学时:12</td></tr>
<tr><td colspan="2">学习目标:
1. 会检查、测试液力变矩器的性能;
2. 会检查、测试换挡执行元件技术状况及性能;
3. 熟练拆装、调整行星齿轮机构变速器;
4. 会分析行星齿轮机构变速器各挡传动路线;
5. 会诊断自动变速器机械系统的故障</td></tr>
<tr><td colspan="2">学习内容:
1. 自动变速器的认识;
2. 自动变速器的拆装;
3. 液力变矩器的结构及工作原理,
4. 液力变矩器的检修;
5. 行星齿轮机构的结构及工作原理;
6. 各挡动力传递路线;</td></tr>
</table>

续上表

<table>
<tr><td colspan="2">学习情境 1:自动变速器异响故障检修</td><td>参考学时:12</td></tr>
<tr><td colspan="3">7. 行星齿轮机构的检修;
8. 换挡执行元件的结构与工作原理;
9. 换挡执行元件的检修;
10. 自动变速器机械系统的故障诊断方法</td></tr>
<tr><td>教学资源:
1. 讲义、教案、多媒体课件、图片、模型、FLASH 动画等;
2. 实训指导书、任务工单等;
3. 维修案例、培训资料、维修手册等</td><td colspan="2">对学生基础要求:
1. 具备汽车底盘,汽车电气设备,汽车电控发动机的结构、原理和检修相关知识;
2. 具备一定专业基础知识、实践技能和自学能力;
3. 具有基本的动手操作能力;
4. 具有良好的与他人沟通和协作的能力;
5. 资料的收集能力</td></tr>
<tr><td colspan="2">学习情境 2:自动变速器漏油故障检修</td><td>参考学时:6</td></tr>
<tr><td colspan="3">学习目标:
1. 会拆装、调整液压系统零部件;
2. 会检查液压控制系统零部件技术状况;
3. 会测试液压控制系统总成性能;
4. 掌握液压控制系统故障诊断思路与分析方法;
5. 掌握材料使用和零部件更换的方法</td></tr>
<tr><td colspan="3">学习内容:
1. 液压控制系统组成与工作原理;
2. 液力控制系统零部件的拆装及检查;
3. 自动变速器液压系统的故障诊断方法</td></tr>
<tr><td>教学资源:
1. 讲义、教案、多媒体课件、图片、模型、FLASH 动画等;
2. 实训指导书、任务工单等;
3. 维修案例、培训资料、维修手册等</td><td colspan="2">对学生基础要求:
1. 具备汽车底盘,汽车电气设备,汽车电控发动机的结构、原理和检修相关知识;
2. 具备一定专业基础知识、实践技能和自学能力;
3. 具有基本的动手操作能力;
4. 具有良好的与他人沟通和协作的能力;
5. 资料的收集能力</td></tr>
<tr><td colspan="2">学习情境 3:自动变速器换挡冲击故障检修</td><td>参考学时:12</td></tr>
<tr><td colspan="3">学习目标:
1. 会正确使用万用表检查并判断电控系统传感器、执行元件技术状况;
2. 会使用故障诊断仪读取、清除故障代码,读取数据流并做分析判断;
3. 会使用自动变速器电磁阀专用测试设备进行性能测试并分析;
4. 能看懂系统电路图,并能根据电路图检测、分析故障;
5. 电控系统故障诊断与排除</td></tr>
</table>

续上表

<table>
<tr><td>学习情境3:自动变速器换挡冲击故障检修</td><td>参考学时:12</td></tr>
<tr><td colspan="2">学习内容:
1. 电子控制系统的基本组成与工作原理;
2. 传感器的结构与工作原理;
3. 传感器的检修;
4. 执行元件的结构与工作原理;
5. 执行元件的检修;
6. 电子控制单元的作用与控制内容;
7. 自动变速器电控系统线路图;
8. 自动变速器电控系统的故障诊断方法</td></tr>
<tr><td>教学资源:
1. 讲义、教案、多媒体课件、图片、模型、FLASH 动画等;
2. 实训指导书、任务工单等;
3. 维修案例、培训资料、维修手册等</td><td>对学生基础要求:
1. 具备汽车底盘,汽车电气设备,汽车电控发动机的结构、原理和检修相关知识;
2. 具备一定专业基础知识、实践技能和自学能力;
3. 具有基本的动手操作能力;
4. 具有良好的与他人沟通和协作的能力;
5. 资料的收集能力</td></tr>
<tr><td>学习情境4:无级变速器无前进挡故障检修</td><td>参考学时:10</td></tr>
<tr><td colspan="2">学习目标:
1. 会分析无级自动变速器的动力传动路线;
2. 会拆装无级自动变速器;
3. 会对无级自动变速器进行基本检查及检修;
4. 会使用故障诊断仪读取、清除故障代码,读取数据流并做分析判断;
5. 会对无级自动变速器进行故障诊断和检修</td></tr>
<tr><td colspan="2">学习内容:
1. 无级自动变速器的结构与工作原理;
2. 无级变速器的动力传动路线;
3. 无级变速器的拆装;
4. 无级自动变速器与有级变速器的比较;
5. 无级变速器的故障诊断</td></tr>
<tr><td>教学资源:
1. 讲义、教案、多媒体课件、图片、模型、FLASH 动画等;
2. 实训指导书、任务工单等;
3. 维修案例、培训资料、维修手册等</td><td>对学生基础要求:
1. 具备汽车底盘,汽车电气设备,汽车电控发动机的结构、原理和检修相关知识;
2. 具备一定专业基础知识、实践技能和自学能力;
3. 具有基本的动手操作能力;
4. 具有良好的与他人沟通和协作的能力;
5. 资料的收集能力</td></tr>
</table>

续上表

学习情境5:ABS故障指示灯常亮故障检修	参考学时:14
学习目标: 1. 会对ABS系统的传感器进行检测; 2. 会对ABS系统的制动压力调节器进行检修; 3. 会使用故障诊断仪读取、清除故障代码,读取数据流并做分析判断; 4. 能看懂ABS系统电路图,并能根据电路图检测、分析故障; 5. 会对ABS系统进行故障诊断并检修	
学习内容: 1. ABS系统的作用与分类; 2. ABS系统的基本组成与工作原理; 3. ABS系统的零部件结构及工作原理; 4. ABS系统的检查; 5. ABS系统的使用与维修; 6. ABS系统的故障诊断与检修	
教学资源: 1. 讲义、教案、多媒体课件、图片、模型、FLASH动画等; 2. 实训指导书、任务工单等; 3. 维修案例、培训资料、维修手册等	对学生基础要求: 1. 具备汽车底盘,汽车电气设备,汽车电控发动机的结构、原理和检修相关知识; 2. 具备一定专业基础知识、实践技能和自学能力; 3. 具有基本的动手操作能力; 4. 具有良好的与他人沟通和协作的能力; 5. 资料的收集能力
学习情境6:ASR/ESP功能失效故障检修	参考学时:10
学习目标: 1. 会对ASR/ESP系统的传感器进行检测; 2. 会对ASR/ESP系统的制动压力调节器进行检修; 3. 能看懂ASR/ESP系统电路图,并能根据电路图检测、分析故障; 4. 会使用故障诊断仪读取、清除故障代码,读取数据流并做分析判断; 5. 会对ASR/ESP系统进行故障诊断并检修	
学习内容: 1. ASR系统的组成及工作原理; 2. ESP系统的组成及工作原理; 3. ASR/ESP的检查; 4. ASR/ESP常见故障的诊断排除	
教学资源: 1. 讲义、教案、多媒体课件、图片、模型、FLASH动画等; 2. 实训指导书、任务工单等; 3. 维修案例、培训资料、维修手册等	对学生基础要求: 1. 具备汽车底盘,汽车电气设备,汽车电控发动机的结构、原理和检修相关知识; 2. 具备一定专业基础知识、实践技能和自学能力; 3. 具有基本的动手操作能力; 4. 具有良好的与他人沟通和协作的能力; 5. 资料的收集能力

续上表

<table>
<tr><td>学习情境7:电控悬架不能自动调节故障检修</td><td>参考学时:10</td></tr>
<tr><td colspan="2">学习目标:
1. 会对电控悬架系统的传感器进行检测;
2. 会对电控悬架系统的空气系统和电气系统进行检修;
3. 会进行电控悬架高度的人工调节;
4. 会使用故障诊断仪读取、清除故障代码,读取数据流并做分析判断;
5. 能看懂电控悬架系统电路图,并能根据电路图检测、分析故障;
6. 掌握电控悬架系统的故障诊断与排除方法</td></tr>
<tr><td colspan="2">学习内容:
1. 电控悬架系统的组成及工作原理;
2. 电控悬架系统的分类;
3. 电控悬架传感器的检修;
4. 电控悬架系统的检查;
5. 电控悬架系统的故障诊断与排除</td></tr>
<tr><td>教学资源:
1. 讲义、教案、多媒体课件、图片、模型、FLASH 动画等;
2. 实训指导书、任务工单等;
3. 维修案例、培训资料、维修手册等</td><td>对学生基础要求:
1. 具备汽车底盘,汽车电气设备,汽车电控发动机的结构、原理和检修相关知识;
2. 具备一定专业基础知识、实践技能和自学能力;
3. 具有基本的动手操作能力;
4. 具有良好的与他人沟通和协作的能力;
5. 资料的收集能力</td></tr>
<tr><td>学习情境8:电控动力转向助力不足故障检修</td><td>参考学时:16</td></tr>
<tr><td colspan="2">学习目标:
1. 会拆装电控动力转向系统的各个零部件;
2. 会检测电控动力转向系统的传感器和执行器;
3. 会使用故障诊断仪读取、清除故障代码,读取数据流并做分析判断;
4. 能看懂电控动力转向系统电路图,并能根据电路图检测、分析故障;
5. 掌握电控动力转向系统的故障诊断与排除方法</td></tr>
<tr><td colspan="2">学习内容:
1. 电控动力转向系统的构造及工作原理;
2. 电控动力转向系统的检查;
3. 电控动力转向系统传感器的检修;
4. 电控动力转向系统的故障诊断与排除</td></tr>
<tr><td>教学资源:
1. 讲义、教案、多媒体课件、图片、模型、FLASH 动画等;
2. 实训指导书、任务工单等;
3. 施工案例、规范规程、施工手册等</td><td>对学生基础要求:
1. 具备汽车底盘,汽车电气设备,汽车电控发动机的结构、原理和检修相关知识;
2. 具备一定专业基础知识、实践技能和自学能力;
3. 具有基本的动手操作能力;
4. 具有良好的与他人沟通和协作的能力;
5. 资料的收集能力</td></tr>
</table>

六、课程实施建议

(一)教材及参考资源建议

1. 教材

为突出课程教学的职业性、实践性、开放性、区域性,本课程教学团队与江西运通汽车技术服务公司、江西国力汽车技术服务公司、江西广甸汽车技术服务公司、南昌同驰丰田汽车技术服务公司、南昌恒隆丰田汽车技术服务公司、南昌富源丰田汽车技术服务公司等企业合作,编写了《汽车底盘电控系统检修》校本教材。该教材以学习情境为单元、以工作任务为引领、按照理实一体化的教学方式组织编写,具有工学结合的特色。

2. 参考书

为了更好地配合教学,本课程同时为学生推荐了几本教学参考书。

[1] 吴君. 汽车底盘电控系统检修[M]. 北京:电子工业出版社,2011.

[2] 姚焕新. 汽车底盘电控系统检修[M]. 北京:人民邮电出版社,2009.

[3] 李淑英. 汽车底盘电控结构系统检修[M]. 天津:天津科学技术出版社,2011.

[4] 赵良红. 汽车底盘电控系统检修[M]. 北京:清华大学出版社,2010.

3. 课程网站

http://jpkc. jxjtxy. com/2009/qcdp/kcw/indexindex. asp

(二)师资条件建议

1. 专任教师

具有高校教师资格证;具有汽车维修企业或销售企业的工作经历;精通汽车维修的基本理论与专业知识;具有较强的教科研能力。

2. 兼职教师

具有 5 年以上汽车维修企业或销售企业管理及相关技术岗位的工作经历,有丰富的实际工作经验;具有中级以上专业技术职务或在职业技能竞赛中获得奖励;具有较强的教学组织能力。

(三)实验实训条件建议

本课程对实训条件有一定要求,具体见表 4。

实验实训条件配置建议 表 4

实训室名称	主要设备名称	主要实训项目
汽车电子实训室	拆装用各种车型自动变速器、自动变速器实物解剖教具、自动变速器实训台	自动变速器的拆装
	自动变速器检测仪,各类通用、专用汽车诊断仪、丰田威驰轿车	自动变速器综合故障检修
	自动变速器实物解剖教具、自动变速器实训台、汽车专用万用表、丰田威驰轿车	自动变速器传感器检修

续上表

实训室名称	主要设备名称	主要实训项目
汽车电子实训室	无级变速器实训台架、各类通用、专用汽车诊断仪、本田飞度轿车	无级变速器拆装、检查及故障检修
	ABS系统实训台、汽车专用万用表	ABS系统的拆装、检查
	ABS系统实训台、各类通用、专用汽车诊断仪、丰田威驰轿车	ABS系统故障检修
	各类通用、专用汽车诊断仪、现代悦动轿车、	ASR/ESP功能失效故障检修
	汽车电控悬架与转向实验系统实验台、汽车专用万用表	电控悬架系统的传感器检测
	汽车电控悬架与转向实验系统实验台、各类通用、专用汽车诊断仪、带电控悬架系统的整车、汽车专用万用表	电控悬架系统的故障诊断与排除
	四轮转向系统实验台、汽车专用万用表	电控动力转向系统的传感器和执行器检修

(四)教学方法建议

针对具体的教学内容和教学过程,总体采用项目教学法。在具体教学方法中,运用任务引导法、案例法、小组协作学习法等多种方法组织教学,以学生为中心"做中学、学中做",让学生人人参与,培养学生团队协作能力和实践动手能力。

(五)教学评价建议

(1)改革考核手段和方法,加强实践教学环节的考核,可采用过程考核和结果考核相结合的考核方法。

(2)结合课堂提问、学生作业、平时测验、任务工作单、实验实训、技能竞赛及考试情况,综合评定学生的学业成绩。

(3)应注重对学生动手能力和在实践中分析问题、解决问题能力的考核,对在学习和应用上有创新的学生应特别给予鼓励,综合评价学生的能力。

(4)考核要重视对学生的学习态度、团队合作能力、沟通能力的评价。

按任务考评(过程考评)与课程考评(期末考评)相结合的方法对学生的学习情况进行整体考评,突出过程考评,其中过程考评占总成绩的70%,期末考评占30%,具体考核方式见表5。

课程考核表　　表5

考评方式	过程考评(项目考评)70分			期末考评(卷面考评)30分
	素质考评	工单考评	实操考评	
	10分	20分	40分	
考评实施	由指导教师根据学生表现集中考评	由主讲教师根据学生完成的工单情况考评	由实训指导教师对学生进行操作考评	根据教考分离的原则,由学校教务处组织考评
考评标准	根据遵守设备安全、人身安全和生产纪律等情况进行评分	预习内容:10分 操作记录:10分	任务方案:10分 工具使用:5分 操作过程:15分 完成质量:10分	题目类型:填空、单项选择、多项选择、判断、名词解释、问答和论述题等
备注	由于操作不当造成设备损坏和人身伤害的,计0分			

(课程标准制订人:闵思鹏、杨丹峰)

附件14:《汽车车身电控系统检修》课程标准

一、课程定位

本课程的课程定位,如表1所示。

课 程 定 位 表 表1

课程名称及编号	汽车车身电控系统检修(222006)
课设学期及参考学时	第4学期(90学时)
课程类型	专业核心课程(学习领域)
先导课程	发动机机械系统检修、汽车传动系统检修、汽车行驶转向制动系统检修、汽车电气系统检修
平行课程	发动机电控系统检修、汽车底盘电控系统检修、汽车检测与诊断技术
后续课程	汽车车身修复技术

二、课程性质

本课程是汽车运用技术专业平台核心能力课程,主要培养学生电控车身安全系统,电控舒适及娱乐系统,导航系统的结构、原理、故障诊断、检修等知识和职业技能。本课程主要内容包括熟练使用汽车车身电控系统检修工具和设备仪器,掌握汽车车身电控系统常见故障的诊断方法。使学生毕业后能维修汽车车身电控系统相关故障,会进行汽车网络系统的检测,同时具备独立思考、协同操作的能力和素质。

三、课程设计思路

本课程是基于工作过程系统化、以行动导向的课程开发方法进行开发的。在开发过程中,我们重点突出技术、社会与环境三者相互结合。在传授专业知识的同时,重点培养学生的实践技能,加强学生价值观的养成教育。在对职业岗位能力、工作过程进行充分调研的基础上,重点分析汽车运用技术职业岗位的能力目标,确定了一系列真实的工作任务及完成该任务所需的职业能力,结合本课程的培养目标,将教学内容划分成若干个学习情境。再将每一个学习情境分解为几个真实的工作任务来开展教学。

在创设学习情境和工作任务时,我们以汽车常见故障现象为载体,采用项目教学法、引导文教学法等行动导向教学法组织教学,充分发挥学生的主体作用。将专业能力、社会能力、方法能力培养融合于教学过程中,让学生获得未来工作所必需的综合职业能力。

四、课程目标

(一)知识目标

(1)掌握汽车中控门锁与防盗系统的组成、结构与工作原理;
(2)掌握汽车巡航系统组成、结构与工作原理;
(3)掌握汽车安全气囊系统的组成、结构与工作原理;
(4)掌握汽车电动车窗、座椅及后视镜的结构与工作原理;
(5)掌握导航系统的组成、结构与工作原理。

（二）能力目标

（1）能识别汽车车身电控系统零部件；
（2）熟悉汽车车身电控系统构造和工作原理；
（3）能识读车身电控系统电路图；
（4）能正确拆装、分解、检查、装配和调整车身电控系统各总成；
（5）能正确使用维修工具、仪器设备对车身电控系统进行诊断和检测。

（三）素质目标

（1）具有可持续发展的能力；
（2）具有团队协作能力；
（3）具有收集和处理信息的能力；
（4）具有获取新知识的能力；
（5）具有综合运用所学知识分析和解决问题的能力；
（6）具有良好的职业道德和敬业精神。

五、课程内容与学习目标

（一）课程内容结构安排

本课程以典型故障为载体分为电动车窗不能升降故障检修等6个学习情境，电动车窗、天窗的拆装、调整、检查与维护等15个工作任务，具体见表2。

学习情境设计表 表2

序号	学习情境	工作任务	参考学时
1	电动车窗不能升降故障检修	（1）电动车窗、天窗的拆装、调整、检查与维护	6
		（2）电动座椅、电动后视镜的拆装、调整、检查与维护	6
		（3）电动车窗不能升降故障检修	8
2	遥控器失控门锁故障检修	（1）遥控器的拆装、检查	4
		（2）中控门锁的拆装、检查	6
		（3）汽车遥控器失控门锁故障检修	8
3	安全气囊故障灯常亮故障检修	（1）安全气囊的拆装、检查	6
		（2）安全气囊的检查、引爆	6
		（3）安全气囊故障灯常亮故障检修	6
4	电子巡航失效故障检修	（1）电子巡航系统拆装、检查与维护	6
		（2）电子巡航系统失效故障检修	6
5	导航仪屏无图标故障检修	（1）导航仪的检测、检查	6
		（2）音响装置的检测、检查	4
		（3）车载电话的检测、检查	4
		（4）导航仪屏无图标故障检修	8
合计			90

(二)课程内容要求(表3)

课程内容要求 表3

<table>
<tr><td colspan="2">学习情境1:电动车窗不能升降故障检修</td><td>参考学时:20</td></tr>
<tr><td colspan="3">学习目标:
1. 能根据客户反映的故障现象,确定故障部位、确定检修项目、制定任务工单;
2. 掌握电动门窗的构造与工作过程;
3. 掌握电动天窗的构造与工作过程;
4. 掌握电动后视镜的构造与工作过程;
5. 掌握电动座椅的作用、组成、构造、电路及工作过程;
6. 会对电动天窗、电动座椅、电动后视镜的故障进行诊断与排除;
7. 能正确分析电动车窗不能升降故障,并能诊断排除</td></tr>
<tr><td colspan="3">学习内容:
1. 电动门窗的构造与工作过程;
2. 电动天窗的构造与工作过程;
3. 电动后视镜的构造与工作过程;
4. 电动座椅的作用、组成、构造、电路及工作过程;
5. 电动天窗、电动座椅、电动后视镜的故障诊断与排除;
6. 电动车窗不能升降故障的诊断与排除</td></tr>
<tr><td>教学资源:
1. 讲义、教案、多媒体课件、图片、模型、FLASH 动画等;
2. 实训指导书、任务工单等;
3. 维修案例、培训资料、维修手册等</td><td colspan="2">对学生基础要求:
1. 具备汽车底盘,汽车电气设备,汽车电控发动机的结构、原理和检修相关知识;
2. 具备一定专业基础知识、实践技能和自学能力;
3. 具有基本的动手操作能力;
4. 具有良好的与他人沟通和协作的能力;
5. 资料的收集能力</td></tr>
<tr><td colspan="2">学习情境2:遥控器失控门锁故障检修</td><td>参考学时:18</td></tr>
<tr><td colspan="3">学习目标:
1. 能根据客户反映的故障现象,确定故障部位、确定检修项目、制定任务工单;
2. 能对汽车遥控器进行拆装与检查;
3. 掌握中控门锁的构造与工作原理;
4. 能对中控门锁进行拆装与检查;
5. 能对汽车遥控器故障进行检修</td></tr>
<tr><td colspan="3">学习内容:
1. 汽车遥控器的构造与工作原理;
2. 汽车遥控器进行拆装与检查;
3. 中控门锁的构造与工作原理;
4. 中控门锁进行拆装与检查;
5. 汽车遥控器故障诊断与排除</td></tr>
</table>

续上表

<table>
<tr><td colspan="2">学习情境2:遥控器失控门锁故障检修</td><td>参考学时:18</td></tr>
<tr><td>教学资源:
1. 讲义、教案、多媒体课件、图片、模型、FLASH 动画等;
2. 实训指导书、任务工单等;
3. 维修案例、培训资料、维修手册等</td><td colspan="2">对学生基础要求:
1. 具备汽车底盘、汽车电气设备、汽车电控发动机的结构、原理和检修相关知识;
2. 具备一定专业基础知识、实践技能和自学能力;
3. 具有基本的动手操作能力;
4. 具有良好的与他人沟通和协作的能力;
5. 资料的收集能力</td></tr>
<tr><td colspan="2">学习情境3:安全气囊故障灯常亮故障检修</td><td>参考学时:14</td></tr>
<tr><td colspan="3">学习目标:
1. 能根据客户反映的故障现象,确定故障部位、确定检修项目、制定任务工单;
2. 掌握安全气囊的构造与工作原理;
3. 掌握预紧式安全带的构造与工作原理;
4. 能进行安全气囊的拆装与检查;
5. 能对汽车安全气囊故障灯常亮故障进行排除</td></tr>
<tr><td colspan="3">学习内容:
1. 安全气囊的构造与工作原理;
2. 预紧式安全带的构造与工作原理;
3. 安全气囊传感器的构造与检修;
4. 安全气囊的拆装与检查;
5. 汽车安全气囊故障灯常亮故障的诊断与排除</td></tr>
<tr><td>教学资源:
1. 讲义、教案、多媒体课件、图片、模型、FLASH 动画等;
2. 实训指导书、任务工单等;
3. 维修案例、培训资料、维修手册等</td><td colspan="2">对学生基础要求:
1. 具备汽车底盘、汽车电气设备、汽车电控发动机的结构、原理和检修相关知识;
2. 具备一定专业基础知识、实践技能和自学能力;
3. 具有基本的动手操作能力;
4. 具有良好的与他人沟通和协作的能力;
5. 资料的收集能力</td></tr>
<tr><td colspan="2">学习情境4:电子巡航失效故障检修</td><td>参考学时:8</td></tr>
<tr><td colspan="3">学习目标:
1. 能根据客户反映的故障现象,确定故障部位、确定检修项目、制定任务工单;
2. 掌握电子巡航系统的构造与工作原理;
3. 能对汽车电子巡航故障进行诊断与排除</td></tr>
<tr><td colspan="3">学习内容:
1. 电子巡航系统的构造与工作原理;
2. 汽车电子巡航故障诊断与排除</td></tr>
</table>

续上表

学习情境4:电子巡航失效故障检修	参考学时:8
教学资源: 1. 讲义、教案、多媒体课件、图片、模型、FLASH 动画等; 2. 实训指导书、任务工单等; 3. 维修案例、培训资料、维修手册等	对学生基础要求: 1. 具备汽车底盘、汽车电气设备、汽车电控发动机的结构、原理和检修相关知识; 2. 具备一定专业基础知识、实践技能和自学能力; 3. 具有基本的动手操作能力; 4. 具有良好的与他人沟通和协作的能力; 5. 资料的收集能力
学习情境5:导航仪屏无图标故障检修	参考学时:16
学习目标: 1. 能根据客户反映的故障现象,确定故障部位、确定检修项目、制定任务工单; 2. 掌握导航仪的构造与工作原理; 3. 掌握音响装置的构造与工作原理; 4. 掌握车载电话的构造与工作原理; 5. 能对导航仪、音响装置及车载电话进行拆装与检查; 6. 导航仪屏无图标故障进行诊断与排除	
学习内容: 1. 导航仪的构造与工作原理; 2. 音响装置的构造与工作原理; 3. 车载电话的构造与工作原理; 4. 导航仪、音响装置及车载电话的拆装与检查; 5. 导航仪屏无图标故障的诊断与排除	
教学资源: 1. 讲义、教案、多媒体课件、图片、模型、FLASH 动画等; 2. 实训指导书、任务工单等; 3. 维修案例、培训资料、维修手册等	对学生基础要求: 1. 具备汽车底盘、汽车电气设备、汽车电控发动机的结构、原理和检修相关知识; 2. 具备一定专业基础知识、实践技能和自学能力; 3. 具有基本的动手操作能力; 4. 具有良好的与他人沟通和协作的能力; 5. 资料的收集能力

六、课程实施建议

(一)教材及参考资源建议

1. 教材

闵思鹏. 汽车车身电控系统检修[M]. 北京邮电大学出版社,2013.

2. 参考书

[1] 张军. 汽车舒适与安全系统检修[M]. 北京:人民邮电出版社,2009.

[2] 陈天训. 汽车车身控制与舒适性系统检修[M]. 北京:机械工业出版社,2013.

3. 课程网站

http://jpkc. jxjtxy. com/2011/csdq/kcw/frist. asp

（二）师资条件建议

1. 专任教师

具有高校教师资格证；具有较强的教学组织与管理能力；具备良好的师德和执教素质；具有汽车电气系统检修经验；具有汽车维修检测企业工作经历；精通汽车构造与电工电子相关的基本理论与专业知识；具有较强的教科研能力。

2. 兼职教师

具有5年以上汽车维修行业工作经历，有丰富的实际工作经验；具有较强的教学组织能力。

（三）实验实训条件建议

本课程对实训条件有一定要求，具体见表4。

实验实训条件配置建议 表4

实训室名称	主要设备名称	主要实训项目
汽车电气实训室	车窗总成	电动车窗检查
	电动后视镜总成	电动后视镜检查
	电动座椅总成	电动座椅检查
	中控门锁总成	中控门锁检查
	安全气囊总成	安全气囊检修
	电子巡航系统总成	电子巡航系统检修
	车身电控实物教具	车身电控传感器检测
	汽车专用万用表	车身电控传感器及执行器检查
	汽车故障诊断仪	车身电控故障码与数据流的读取

（四）教学方法建议

针对具体的教学内容和教学过程，总体采用项目教学法。在具体教学方法中，运用任务引导法、案例法、小组协作学习法等多种方法组织教学，以学生为中心"做中学、学中做"，让学生人人参与，培养学生团队协作能力和实践动手能力。

（五）教学考核评价建议

（1）改革考核手段和方法，加强实践教学环节的考核，可采用过程考核和结果考核相结合的考核方法。

（2）结合课堂提问、学生作业、平时测验、任务工作单、实验实训、技能竞赛及考试情况，综合评定学生的学业成绩。

（3）应注重对学生动手能力和在实践中分析问题、解决问题能力的考核，对在学习和应用上有创新的学生应特别给予鼓励，综合评价学生的能力。

（4）考核要重视对学生的学习态度、团队合作能力、沟通能力的评价。

按任务考评(过程考评)与课程考评(期末考评)相结合的方法对学生的学习情况进行整体考评,突出过程考评,其中过程考评占总成绩的70%,期末考评占30%,具体考核方式见表5。

课 程 考 核 表 表5

<table>
<tr><td rowspan="3">考评方式</td><td colspan="3">过程考评(项目考评)70分</td><td rowspan="3">期末考评
(卷面考评)
30分</td></tr>
<tr><td>素质考评</td><td>工单考评</td><td>实操考评</td></tr>
<tr><td>10分</td><td>20分</td><td>40分</td></tr>
<tr><td>考评实施</td><td>由指导教师根据学生表现集中考评</td><td>由主讲教师根据学生完成的工单情况考评</td><td>由实训指导教师对学生进行操作考评</td><td>根据教考分离的原则,由学校教务处组织考评</td></tr>
<tr><td>考评标准</td><td>根据遵守设备安全、人身安全和生产纪律等情况进行评分</td><td>预习内容:10分
操作记录:10分</td><td>任务方案:10分
工具使用:5分
操作过程:15分
完成质量:10分</td><td>题目类型:填空、单项选择、多项选择、判断、名词解释、问答和论述题等</td></tr>
<tr><td>备注</td><td colspan="4">由于操作不当造成设备损坏和人身伤害的,计0分</td></tr>
</table>

(课程标准制订人:官海兵、徐昭)

附件15:《汽车车内局域网系统检修》课程标准

一、课程定位

本课程的课程定位,如表1所示。

课 程 定 位 表 表1

课程名称及编号	汽车车内局域网系统检修(212011)
课设学期及学时	第4学期(30学时)
课程类型	职业方向课程(学习领域)
先导课程	电工电子技术、汽车电气系统检修
平行课程	汽车检测与诊断技术、汽车底盘电控系统检修、汽车发动机电控系统检修
后续课程	无

二、课程性质

本课程是汽车运用技术专业的职业方向课程之一。本课程以汽车网络系统的检修为教学目的,对教学内容进行重组和优化。贯彻汽车维修行业标准,基于工作过程进行情境化教学,使学生掌握车载网络系统的基础知识、车载CAN-BUS网络传输系统、车载MOST(多媒体)网络传输系统和车载LIN网络传输系统的原理与检修,熟练使用汽车网络系统检测仪器,掌握汽车网络系统常见故障的诊断方法。使学生毕业后能维修汽车网络系统相关故障,会进行汽车网络系统的检测,同时具备独立思考、协同操作的能力和素质。

三、课程设计思路

按照“以能力为本位,以职业实践为主线,以项目课程为主体的模块专业课程体系”的总体设计要求,本课程以维修质量与检验技能为基本目标,突出工作任务与知识的联系,让学生在实践活动的基础上掌握知识,增强课程内容与职业岗位能力要求的相关性,提高学生的实践能力。

学习模块选取的依据是本专业所对应的岗位群要求,以汽车运用技术专业一线技术岗位为载体,使工作任务具体化,针对任务按本专业所特有的逻辑关系编排项目。

四、课程目标

(一)知识目标

(1)掌握汽车网络系统的基础知识;

(2)掌握车载 CAN - BUS 网络传输系统、MOST(多媒体)网络传输系统和车载 LIN 网络传输系统的原理;

(3)掌握汽车网络系统的故障诊断方法;

(4)掌握大众车系 CAN 数据总线系统及故障诊断方法;

(5)掌握奥迪车系 LIN 和 CAN 总线系统及故障诊断方法;

(6)掌握丰田车系多路传输系统及故障诊断方法。

(二)能力目标

(1)具备汽车网络系统的基本检修能力;

(2)熟悉汽车网络系统检测仪器的使用方法;

(3)能够完成大众车系、奥迪车系 CAN 总系故障诊断;

(4)能够完成丰田多路传输系统故障诊断。

(三)素质目标

(1)具有可持续发展的能力;

(2)具有团队协作能力;

(3)具有收集和处理信息的能力;

(4)具有获取新知识的能力;

(5)具有综合运用所学知识分析和解决问题的能力;

(6)具有良好的职业道德和敬业精神。

五、课程内容与学习目标

(一)课程内容结构安排

按照从简单到复杂、由局部到整体、由单一技能到综合技能的思路,本课程教学团队通过企业调研、校企合作,对汽车电子技术专业汽车网络系统检修课程的教学内容进行了重组和优化,以大众/奥迪车型为核心,讲解汽车网络系统的基本知识,在此基础上以丰田车系网络系统为典型实例进行详细阐述,展开模块化教学,计划28课时完成见表2。围绕具体车系网络系统的分析组织教学,并将网络系统的分析应用到整车故障的诊断维修中,实现了教学过程与工作过程的一致性,突出对学生进行职业能力与素质的培养。

学习情境设计　　　　表2

序号	情境名称/项目	任　务	参考学时
1	汽车电脑通信故障检修	(1)汽车网络系统组成与通信协议	1
		(2)汽车网络传输系统通信故障检修	3
2	车载蓝牙电话无法拨打故障检修	(1)常用CAN数据总线系统构成	2
		(2)车载蓝牙系统的结构与原理	2
		(3)车载蓝牙电话无法拨打故障检修	4
3	大众车系车载CAN-BUS舒适系统不工作故障检修	(1)大众车系CAN总线系统的构成与原理	3
		(2)车载舒适系统不工作故障检修	6
4	丰田车系车载影音娱乐系统工作不正常故障检修	(1)丰田车系多路传输系统构成与原理	3
		(2)影音娱乐系统工作不正常故障检修	6
合计			30

(二)课程内容要求(表3)

课程内容要求　　　　表3

学习情境1:汽车电脑通信故障检修	参考学时:4
学习目标: 1. 能正确理解车载网络系统的作用; 2. 能正确讲述车载网络系统常用术语的含义; 3. 熟悉汽车对通信系统的要求; 4. 掌握通信协议的含义、类型; 5. 汽车上常用的通信协议的结构及原理	
学习内容: 1. 汽车网络系统的作用; 2. 典型汽车网络系统的结构与组成; 3. 汽车对通信网络的要求; 4. 车载网络系统在汽车上的应用; 5. 车载网络系统常用术语; 6. 车载网络系统通信协议; 7. CAN数据总线系统的构成; 8. CAN数据总线传输的数据类型; 9. CAN数据总线系统的协议; 10. LIN系统的结构与协议; 11. VAN系统的结构及物理层; 12. LAN系统的拓扑结构及应用; 13. MOST系统的结构及应用; 14. 车载蓝牙系统的结构、原理及应用	

续上表

<table>
<tr><td colspan="2">学习情境1:汽车电脑通信故障检修</td><td>参考学时:4</td></tr>
<tr><td>教学资源:
1. 讲义、教案、多媒体课件、图片、模型、FLASH 动画等;
2. 实训指导书、任务工单等;
3. 维修案例、培训资料、维修手册等</td><td colspan="2">对学生基础要求:
1. 具备基本的电工电子基础知识;
2. 具备基本的计算机技术基础知识;
3. 具备基本的看图分析能力</td></tr>
<tr><td colspan="2">学习情境2:车载蓝牙电话无法拨打故障检修</td><td>参考学时:8</td></tr>
<tr><td colspan="3">学习目标:
1. 能正确理解常用 CAN 总线系统的工作原理;
2. 能止确理解常用 LIN 总线系统的工作原理;
3. 掌握常用 CAN 总线和 LIN 总线系统的组成;
4. 会分析与判断常用 CAN 网络系统典型故障;
5. 熟悉常用车载网络系统的功能及故障自诊断操作方法;
6. 掌握车载蓝牙系统的结构、原理及故障诊断操作方法</td></tr>
<tr><td colspan="3">学习内容:
1. 常用 CAN 网络的类型;
2. 驱动系统 CAN 总线的组成及工作原理;
3. 舒适系统 CAN 总线的组成及工作原理;
4. 网关及诊断总线的工作原理;
5. 常用 LIN 数据总线的组成及工作原理;
6. CAN 网络系统典型故障判断;
7. 常用车载网络系统的功能;
8. 常用 CAN 总线自诊断操作;
9. 车载蓝牙系统的结构、原理及故障诊断操作</td></tr>
<tr><td>教学资源:
1. 讲义、教案、多媒体课件、图片、模型、FLASH 动画等;
2. 实训指导书、任务工单等;
3. 维修案例、培训资料、维修手册等</td><td colspan="2">对学生基础要求:
1. 具备基本的电工电子基础知识;
2. 具备基本的计算机技术基础知识;
3. 具备基本的看图分析能力</td></tr>
<tr><td colspan="2">学习情境3:大众车系车载 CAN - BUS 舒适系统不工作故障检修</td><td>参考学时:9</td></tr>
<tr><td colspan="3">学习目标:
1. 能正确理解大众车系 CAN 总线系统的工作原理;
2. 能正确理解大众车系 LIN 总线系统的工作原理;
3. 掌握大众车系 CAN 总线和 LIN 总线系统的组成;
4. 会对人众车系 CAN 总线系统进行检测;
5. 会分析与判断大众车系 CAN 网络系统典型故障</td></tr>
</table>

续上表

<table>
<tr><td>学习情境3:大众车系车载CAN-BUS舒适系统不工作故障检修</td><td>参考学时:9</td></tr>
<tr><td colspan="2">学习内容:
1. 大众车系CAN总线的组成;
2. 大众车系LIN总线的组成及工作原理;
3. 网关的工作原理;
4. 大众车系CAN总线的检测;
5. 大众车系CAN总线故障的诊断</td></tr>
<tr><td>教学资源:
1. 讲义、教案、多媒体课件、图片、模型、FLASH动画等;
2. 实训指导书、任务工单等;
3. 维修案例、培训资料、维修手册等</td><td>对学生基础要求:
1. 具备基本的电工电子基础知识;
2. 具备基本的计算机技术基础知识;
3. 具备基本的看图分析能力</td></tr>
<tr><td>学习情境4:丰田车系车载影音娱乐系统工作不正常故障检修</td><td>参考学时:9</td></tr>
<tr><td colspan="2">学习目标:
1. 能正确理解丰田车系多路传输系统的应用及基本工作原理;
2. 能正确理解雷克萨斯LS430和RX330轿车多路传输系统的组成与工作原理;
3. 掌握丰田锐志多路传输系统各子系统的组成及工作原理;
4. 会对丰田锐志多路传输系统的故障进行检测和诊断</td></tr>
<tr><td colspan="2">学习内容:
1. 丰田多路传输系统的应用:CAN、BEAN和AVC-LAN构;
2. 雷克萨斯LS430和RX330轿车多路传输系统的组成;
3. 丰田锐志多路传输系统及各子系统的组成与工作原理;
4. 丰田多路传输系统故障诊断</td></tr>
<tr><td>教学资源:
1. 讲义、教案、多媒体课件、图片、模型、FLASH动画等;
2. 实训指导书、任务工单等;
3. 维修案例、培训资料、维修手册等</td><td>对学生基础要求:
1. 具备基本的电工电子基础知识;
2. 具备基本的计算机技术基础知识;
3. 具备基本的看图分析能力</td></tr>
</table>

六、课程实施建议

(一)教材及参考资源建议

1. 教材

李雷.汽车车载网络系统检修[M].北京:人民邮电出版社,2009.

2. 参考书

[1] 管秀君.汽车单片机及局域网技术[M].北京:人民交通出版社,2009.

[2] 凌永成.汽车网络技术[M].北京:清华大学出版社,2012.

[3] 付百学.汽车车载网络技术[M].北京:机械工业出版社,2012.
[4] 尹力会.汽车总线系统原理与检修[M].北京:机械工业出版社,2010.

(二)师资条件建议

1. 专任教师

具有高校教师资格证;具有较强的教学组织与管理能力;具备良好的师德和执教素质;具有汽车电气系统检修经验。具有汽车维修检测企业工作经历;精通汽车构造与电工电子相关的基本理论与专业知识;具有较强的教科研能力。

2. 兼职教师

具有5年以上汽车维修行业工作经历,有丰富的实际工作经验;具有较强的教学组织能力。

(三)实验实训条件建议

本课程对实训条件有一定要求,具体见表4。

实验实训条件配置建议 表4

实训室名称	主要设备名称	主要实训项目
汽车电子实训室	大众迈腾轿车	CAN 总线故障排除
	丰田凯美瑞轿车、丰田锐志轿车	多路传输总线故障排除
	汽车万用表	电路检测
	电路检测工具	电路检测

(四)教学方法建议

本课程针对具体的工作任务,综合采用工作过程引导、任务实施等教学法。在具体教学方法中,运用任务引导法、案例法、小组协作学习法等多种方法组织教学,以学生为中心"做中学、学中做",让学生人人参与,培养学生团队协作能力和实践动手能力。

(五)教学评价建议

(1)改革考核手段和方法,加强实践教学环节的考核,可采用过程考核和结果考核相结合的考核方法。

(2)结合课堂提问、学生作业、平时测验、任务工作单、实验实训、技能竞赛及考试情况,综合评定学生的学业成绩。

(3)应注重对学生动手能力和在实践中分析问题、解决问题能力的考核,对在学习和应用上有创新的学生应特别给予鼓励,综合评价学生的能力。

(4)考核要重视对学生的学习态度、团队合作能力、沟通能力的评价。

按任务考评(过程考评)与课程考评(期末考评)相结合的方法对学生的学习情况进行整体考评,突出过程考评,其中过程考评占总成绩的70%,期末考评占30%,具体考核方式见表5。

课 程 考 核 表 　　表5

考评方式	过程考评(项目考评)70分			期末考评(卷面考评)30分
	素质考评	工单考评	实操考评	
	10分	20分	40分	
考评实施	由指导教师根据学生表现集中考评	由主讲教师根据学生完成的工单情况考评	由实训指导教师对学生进行操作考评	根据教考分离的原则，由学校教务处组织考评
考评标准	根据遵守设备安全、人身安全和生产纪律等情况进行评分	预习内容:10分 操作记录:10分	任务方案:10分 工具使用:5分 操作过程:15分 完成质量:10分	题目类型:填空、单项选择、多项选择、判断、名词解释、问答和论述题等
备注	由于操作不当造成设备损坏和人身伤害的,计0分			

(课程标准制订人:黄晓敏、潘开广)

附件16:《汽车检测与诊断技术》课程标准

一、课程定位

本课程的课程定位,如表1所示:

课 程 定 位 表 　　表1

课程名称及编号	汽车检测与诊断技术(210011)
课设学期及参考学时	第5学期(60学时)
课程类型	职业方向课程(学习领域)
先导课程	汽车发动机机械系统检修、汽车电气系统检修、汽车传动系统检修
平行课程	汽车底盘电控系统检修、发动机电控系统检修
后续课程	无

二、课程性质

本课程是汽车运用技术专业职业岗位核心能力课程,主要培养学生汽车不解体检测的方法并依据检测结果进行故障判断和排除的职业能力,在专业人才培养方案中具有重要的地位,是专业技能培养的重要环节。本课程主要内容包括发动机技术状况的检测与诊断、底盘技术状况的检测与诊断、整车性能的检测及汽车检测站工艺流程实施。

三、课程设计的思路

本课程是基于工作过程系统化、以行动导向的课程开发方法进行开发的。在开发过程中,我们重点突出技术、社会与环境三者相互结合。在传授专业知识的同时,重点培养学生的实践技能,加强学生价值观的养成教育。在对职业岗位能力、工作过程进行充分调研的基础上,重点分析汽车运用技术职业岗位的能力目标,确定了一系列真实的工作任务及完成该任务所需的职业能力,结合本课程的培养目标,将教学内容划分成若干个学习情境。再将每一个学习情境分解为几个真实的工作任务来开展教学。

在创设学习情境和工作任务时,我们以汽车常见故障现象为载体,采用项目教学法、引导文教学法等行动导向教学法组织教学,充分发挥学生的主体作用。将专业能力、社会能力、方法能力培养融合于教学过程中,让学生获得未来工作所必需的综合职业能力。

四、课程目标

(一)知识目标

(1)熟悉汽车检测诊断的基本知识;
(2)掌握发动机功率下降原因的检测和分析方法;
(3)掌握汽缸气密性的检测和分析方法;
(4)掌握点火系波形分析的方法;
(5)掌握空气混合质量、燃油系统油压检测基本方法;
(6)掌握机油压力、机油消耗量检测方法;
(7)掌握汽车底盘故障的诊断与排除方法;
(8)掌握四轮定位仪及车轮平衡机的使用方法;
(9)掌握汽车制动系及侧滑的检测方法;
(10)掌握汽车悬架、排放、前照灯及车速表的检测方法;
(11)掌握汽车检测与诊断专用仪器设备的使用方法。

(二)能力目标

(1)具备与客户交流与协商的能力,能够向客户咨询车况、查询车辆技术档案、初步判断车辆的技术故障;

(2)能遵守相关法律、遵循车辆检修工作安全和技术规范,制订检修工作计划,能正确选择和使用检测设备和工具;

(3)能够根据故障现象分析故障原因;
(4)能够通过仪器检测和数据分析,确定故障部位;
(5)熟练制定正确的诊断操作流程;
(6)熟练完成故障排除的任务。

(三)素质目标

(1)能自主学习新知识、新技术;
(2)能通过各种媒体资源查找所需信息;
(3)能独立制订检修工作计划并正确进行实施;
(4)能不断积累汽车检修经验,从个案中寻找共性;
(5)具有较强的口头表达与书面表达能力、人际沟通能力;
(6)具有团队精神、协作精神和服务意识;
(7)具有良好的心理素质和克服困难的能力;
(8)能与客户建立良好、持久的关系。

五、课程内容与学习目标

(一)课程内容结构安排

根据职业岗位要求,为便于教学,将汽车检测诊断技术课程的教学内容划分成4个学习情境,4个学习情境共包含18个典型的工作任务单元,见表2。以工作任务为教学单元,按照“资讯→决策→计划→实施→检查→评估”的六步法组织教学。

学习情境设计 表2

序号	情境名称	工作任务	参考学时
1	发动机技术状况检测诊断	(1)发动机功率检测	4
		(2)发动机汽缸密封性检测	4
		(3)点火系检测诊断	4
		(4)汽油机燃油供给系检测诊断	4
		(5)柴油机燃料供给系检测诊断	4
		(6)润滑系技术状况检测	4
		(7)发动机异响诊断	4
2	底盘技术状况检测与诊断	(1)传动系检测诊断	2
		(2)转向系检测诊断	4
		(3)行驶系检测诊断	4
3	整车性能检测	(1)动力性能试验与检测	4
		(2)经济性能试验与检测	4
		(3)制动性能试验与检测	4
		(4)排气污染与噪声检测	2
		(5)前照灯性能检测	2
		(6)车速表检测	2
4	汽车检测站工艺流程与实施	(1)汽车安全环保性能检测	2
		(2)汽车综合性能检测站	2
合计			60

(二)课程内容要求

按照从简单到复杂、由局部到整体、由单一技能到综合技能的思路,本课程教学团队通过企业调研、校企合作,对汽车运用技术专业汽车检测与诊断技术课程的教学内容进行了重组和优化,将该学习领域以典型的故障现象为载体构建了4个学习情境、18个行动导向的任务单元,计划60课时完成,见表3。

每一个学习情境都是真实的工作任务,是一个完整的工作过程,都来自于企业生产实际。4个学习情境涵盖了传统课程体系的知识点和技能,以完成典型工作任务全过程为目标,部分学习情境教学过程在企业内实施,使学生掌握相关知识和技能,培养学生综合职业能力。

课程内容要求 表3

<table>
<tr><td>学习情境1:发动机技术状况检测诊断</td><td>参考学时:28</td></tr>
<tr><td colspan="2">学习目标:
1. 根据客户反映的故障现象,查找故障部位、确定检修项目、打印报修单;
2. 能利用资讯手段获取发动机功率、汽缸密封性等相关检修参数;
3. 掌握汽车检测与诊断的参数及其标准;
4. 熟练进行点火波形分析和点火正时的检测方法;
5. 掌握发动机功率的检测方法;
6. 掌握汽缸气密性的检测方法;
7. 掌握点火系的检测与诊断方法;
8. 掌握电控汽油喷射系统的检测与诊断方法;
9. 掌握柴油机供油正时的检测方法;
10. 掌握润滑系技术状况的检测方法;
11. 会诊断发动机异响的故障</td></tr>
<tr><td colspan="2">学习内容:
1. 发动机台架测功;
2. 在用发动机的无负荷测功;
3. 发动机汽缸压缩压力的检测;
4. 曲轴箱窜气量的检测;
5. 汽缸漏气量和漏气率的检测;
6. 点火示波器使用及波形分析;
7. 点火正时的检测;
8. 汽油机燃油供给系统混合气质量的检测;
9. 燃油压力的检测;
10. 机油消耗量的检测;
11. 机油品质的检测;
12. 发动机异响的检测</td></tr>
<tr><td>教学资源:
1. 实训设备:各类示教板、实训台架、无负荷测功仪、汽缸压力表、真空表、点火正时枪、红盒子、博世740、燃油压力表、机油污染测定仪等;
2. 多媒体课件;
3. 虚拟仿真训练软件;
4. 专用拆装工具;
5. 学习工作单;
6. 学习效果评价表</td><td>对学生基础要求:
1. 具备点火波形和测量误差的分析能力;
2. 学习过发动机机械系统检修、汽车电气系统检修、发动机电控系统检修等课程;
3. 能较为熟练地使用各种常用工具、仪器;
4. 有过实践操作经历</td></tr>
<tr><td>学习情境2:底盘技术状况检测与诊断</td><td>参考学时:10</td></tr>
<tr><td colspan="2">学习目标:
1. 根据客户反映的故障现象,确认故障部位、确定检修项目、打印报修单;
2. 能利用资讯手段获取传动系、转向系、行驶系等相关检修参数;
3. 掌握汽车底盘检测诊断仪器设备的使用方法;
4. 掌握汽车底盘检测的内容;</td></tr>
</table>

续上表

<table>
<tr><td>学习情境2:底盘技术状况检测与诊断</td><td>参考学时:10</td></tr>
<tr><td colspan="2">5. 掌握汽车底盘故障的诊断与排除方法;
6. 掌握汽车底盘检测的基本原理;
7. 掌握离合器自由行程、传动系游动角度的检测方法;
8. 掌握四轮定位仪及车轮平衡机的使用方法;
9. 正确分析汽车底盘检测结果</td></tr>
<tr><td colspan="2">学习内容:
1. 离合器打滑的检测;
2. 传动系游动角度的检测;
3. 转向盘自由行程和转向阻力的检测;
4. 最小转弯直径的检测;
5. 转向轮侧滑的检测;
6. 车轮平衡机及使用方法;
7. 四轮定位仪的使用;
8. 车轮平衡度的检测与校正;
9. 悬架工作性能的检测与评价;
10. 转向系间隙的检测</td></tr>
<tr><td>教学资源:
1. 实训设备:路试车辆、游动角度测量仪、四轮定位仪、车轮平衡机、悬架检测试验台等;
2. 多媒体课件;
3. 虚拟仿真训练软件;
4. 常用工具;
5. 学习工作单;
6. 学习效果评价表</td><td>对学生基础要求:
1. 具备汽车机械零件的认识和对零件工作原理的分析能力;
2. 学习过汽车传动系检修、汽车行驶、转向、制动系统检修等课程;
3. 能较为熟练地使用各种常用工具;
4. 有过实践操作经历</td></tr>
<tr><td>学习情境3:整车性能检测</td><td>参考学时:18</td></tr>
<tr><td colspan="2">学习目标:
1. 熟悉汽车整车性能检测的项目与内容;
2. 熟悉汽车整车性能检测的基本原理;
3. 掌握汽车动力性及燃料经济性的检测方法;
4. 掌握汽车制动性能及侧滑的检测方法;
5. 掌握排放污染物、前照灯及车速表的检测方法;
6. 掌握汽车动力性、燃料经济性、制动性能、侧滑检测结果分析方法;
7. 掌握排放污染物、前照灯及车速表检测结果的分析方法</td></tr>
<tr><td colspan="2">学习内容:
1. 汽车动力性的检测;
2. 汽车燃油经济性的检测;
3. 汽车制动性能的检测与诊断;
4. 汽车侧滑的检测;
5. 汽车排气的检测;
6. 汽车前照灯的检测;
7. 汽车车速表的检测;
8. 检测结果的分析</td></tr>
</table>

续上表

<table>
<tr><td>学习情境3:整车性能检测</td><td>参考学时:18</td></tr>
<tr><td>教学资源:
1. 实训设备:底盘测功试验台、五轮仪、油耗仪、反力式滚筒制动试验台、侧滑试验台、五气体废气分析仪、前照灯检测仪等;
2. 多媒体课件;
3. 虚拟仿真训练软件;
4. 常用工具;
5. 学习工作单;
6. 学习效果评价表</td><td>对学生基础要求:
1. 具备汽车检测的相关基础知识;
2. 学习过汽车传动系、行驶系、制动系检修等课程内容;
3. 能较为熟练地使用各种常用工具;
4. 有过实践操作经历</td></tr>
<tr><td>学习情境4:汽车检测站工艺流程实施</td><td>参考学时:4</td></tr>
<tr><td colspan="2">学习目标:
1. 掌握汽车整车检测的项目与内容;
2. 掌握汽车整车检测的基本原理;
3. 掌握汽车检测站的主要任务;
4. 熟悉汽车检测站的类型、布置设计;
5. 能熟练对在用运输车辆的技术状况进行检测诊断;
6. 能熟练对汽车维修行业的维修车辆进行质量检测;
7. 能熟练对车辆改装、改造、报废及其有关新工艺、新技术、新产品、科研成果等项目进行检测,提供检测结果;
8. 能接受公安、环保、商检、计量和保险等部门的委托,为其进行有关项目的检测,提供检测结果</td></tr>
<tr><td colspan="2">学习内容:
1. 汽车检测站的主要任务和基本组成;
2. 汽车检测站的分类;
3. 检测线工位布置和主要检测项目;
4. 汽车检测的工艺流程和基本要求;
5. 学会使用汽车安全环保检测线和综合性能检测线</td></tr>
<tr><td>教学资源:
1. 实训设备:汽车安全环保检测线、待检测车辆等;
2. 多媒体课件;
3. 虚拟仿真训练软件;
4. 学习工作单;
5. 学习效果评价表</td><td>对学生基础要求:
1. 具备汽车检测基础知识;
2. 具备汽车检测站工艺流程的基础知识;
3. 能较为熟练地使用各种常用工具;
4. 有过实践操作经历</td></tr>
</table>

六、课程实施建议

(一)教材及参考资源建议

1. 教材

为突出本课程教学的职业性、实践性、开放性、区域性,本课程教学团队与江西运通汽车技术服务公司、江西国力汽车技术服务公司、江西广甸汽车技术服务公司、南昌同驰丰田汽车技术服务公司、南昌恒隆丰田汽车技术服务公司、南昌富源丰田汽车技术服务公司等企业合作,编写了《汽车检测诊断技术》校本教材。该教材以学习情境为单元、以工作任务为引领、按照理实一体化的教学方式组织编写,具有工学结合的特色。

2. 参考书

为了更好地配合教学,本课程同时为学生推荐了几本教学参考书。

[1] 张建俊. 汽车诊断与检测技术[M]. 北京:人民交通出版社,2010.

[2] 安相璧. 汽车检测诊断技术[M]. 北京:北京理工大学出版社,2009.

[3] 张子成. 汽车检测技术[M]. 上海:复旦大学出版社,2013.

[4] 方锡邦. 汽车检测技术与设备[M]. 北京:人民交通出版社,2012.

3. 课程网站

http://elearn.jxjtxy.com/eol/jpk/course/layout/page/index.jsp? courseId = 1360

(二)师资条件建议

1. 专任教师

具有高校教师资格证;具有汽车维修企业或汽车检测站的工作经历;精通汽车维修的基本理论与专业知识;具有较强的教学组织能力。

2. 兼职教师

具有5年以上汽车维修企业或销售企业管理及相关技术岗位的工作经历,有丰富的实际工作经验;具有中级以上专业技术职务或在职业技能竞赛中获得奖励;具有较强的实践动手能力。

(三)实验实训条件建议

为保证本课程教学与实践环节的顺利开展,需要配备专门的实训室和理实一体化教学。一般应有专门的理实一体化实训室,完成汽车的理实一体化教学;汽车整车检测诊断实训室,完成实车的诊断与检测功能,见表4。

汽车检测实训室 表4

实训室名称	主要设备名称	主要实训项目
汽车检测实训室	点火正时枪	点火提前角的检测
	红盒子	点火波形分析
	点火示波器	
	无负荷测功仪	发动机功率检测
	汽缸压力表	汽缸压缩压力的检测
	汽缸漏气量检测仪	汽缸漏气量(率)的检测
	真空表	进气歧管真空度的检测
	油压表	燃油压力的检测
	机油污染测定仪	机油品质检测
	离合器打滑频闪测定仪	离合器打滑的检测
	传动系游动角度测量仪	传动系游动角度的检测
	转向盘自由行程检测仪	转向盘自由行程的检测

续上表

实训室名称	主要设备名称	主要实训项目
汽车检测实训室	四轮定位仪	车轮参数的检测
	车轮动平衡机	车轮不平衡量的检测
	侧滑试验台	汽车整车性能检测
	轴重仪	
	悬架试验台	
	制动系统试验台	
	前照灯检测仪	
	废气分析仪	

(四)教学方法建议

本课程针对具体的工作任务,综合采用工作过程引导、任务实施等教学法。在具体教学方法中,运用任务引导法、案例法、小组协作学习法等多种方法组织教学,以学生为中心"做中学、学中做",让学生人人参与,培养学生团队协作能力和实践动手能力。

(五)教学评价建议

(1)改革考核手段和方法,加强实践教学环节的考核,可采用过程考核和结果考核相结合的考核方法。

(2)结合课堂提问、学生作业、平时测验、任务工作单、实验实训、技能竞赛及考试情况,综合评定学生的学业成绩。

(3)应注重对学生动手能力和在实践中分析问题、解决问题能力的考核,对在学习和应用上有创新的学生应特别给予鼓励,综合评价学生的能力。

(4)考核要重视对学生的学习态度、团队合作能力、沟通能力的评价。

按任务考评(过程考评)与课程考评(期末考评)相结合的方法对学生的学习情况进行整体考评,突出过程考评,其中过程考评占总成绩的70%,期末考评占30%,具体考核方式见表5。

课程考核表 表5

考评方式	过程考评(项目考评)70分			期末考评(卷面考评)30分
	素质考评	工单考评	实操考评	
	10分	20分	40分	
考评实施	由指导教师根据学生表现集中考评	由主讲教师根据学生完成的工单情况考评	由实训指导教师对学生进行操作考评	根据教考分离的原则,由学校教务处组织考评
考评标准	根据遵守设备安全、人身安全和生产纪律等情况进行评分	预习内容:10分 操作记录:10分	任务方案:10分 工具使用:5分 操作过程:15分 完成质量:10分	题目类型:填空、单项选择、多项选择、判断、名词解释、问答和论述题等
备注	由于操作不当造成设备损坏和人身伤害的,计0分			

(课程标准制订人:官海兵、邹良春)

附件17:《汽车车身修复技术》课程标准

一、课程定位

本课程的课程定位,如表1所示。

课 程 定 位 表　　　　表1

课程名称及编号	汽车车身修复技术
课设学期及参考学时	第5学期(56学时)
课程类型	岗位拓展课程(学习领域)
先导课程	汽车发动机机械系统检修、汽车电气系统维修、汽车传动系统检修、汽车发动机电控系统检修、汽车维护与保养
平行课程	汽车营销实务、机动车保险查勘
后续课程	无

二、课程性质

本课程是汽车运用技术专业就业岗位拓展学习领域能力课程,主要培养学生汽车车身修复技能及编制汽车碰撞受损评估报告的职业能力,在专业人才培养方案中具有比较重要的地位,是专业技能培养的拓展环节。本课程主要内容包括汽车车身修复技术的基本专业知识、基本技能、基本素质,汽车车身车身修复技术工艺内容、工艺规程及相关养护产品等。

三、课程设计的思路

本课程是基于工作过程系统化、以行动导向的课程开发方法进行开发的。在开发过程中,我们重点突出技术、社会与环境三者相互结合。在传授专业知识的同时,重点培养学生的实践技能,加强学生价值观的养成教育。在对职业岗位能力、工作过程进行充分调研的基础上,重点分析汽车运用技术职业岗位的能力目标,确定了一系列真实的工作任务及完成该任务所需的职业能力,结合本课程的培养目标,将教学内容划分成若干个学习情境,再将每一个学习情境分解为几个真实的工作任务来开展教学。

在创设学习情境和工作任务时,我们以汽车常见碰撞损伤为载体,采用项目教学法、引导文教学法等行动导向教学法组织教学,充分发挥学生的主体作用。将专业能力、社会能力、方法能力培养融合于教学过程中,让学生获得未来工作所必需的综合职业能力。

四、课程目标

(一)知识目标

(1)准确解释汽车车身修复技术的相关术语及其含义的能力;
(2)掌握校正汽车车身的能力;
(3)掌握修复汽车车身的能力;
(4)具有正确进行设备选型的能力;
(5)具有正确操作和调试设备的能力。

（二）能力目标

（1）具备与客户交流与协商的能力，能够向客户咨询车况、查询车辆技术档案、初步判断车辆的碰撞损伤；

（2）能遵守相关法律、遵循车辆检修工作安全和技术规范，制订车身修复工作计划，能正确选择和使用修复设备和工具；

（3）能正确完成车身板件修复的相关操作；

（4）能正确完成车身焊接与切割的相关操作；

（5）能正确完成车身附件维修的相关操作；

（6）能正确完成车身车架碰撞损伤维修的相关操作；

（7）能检查钣金修复质量，并在交车过程中向客户介绍已完成的工作；

（8）能根据环境保护要求，正确处理使用过的辅料、废气液体及报废的零部件。

（三）素质目标

（1）能自主学习新知识、新技术；

（2）能通过各种媒体资源查找所需信息；

（3）能独立制订检修工作计划并正确进行实施；

（4）能不断积累车身修复经验，从个案中寻找共性；

（5）具有较强的口头表达与书面表达能力、人际沟通能力；

（6）具有团队精神、协作精神和服务意识；

（7）具有良好的心理素质和克服困难的能力；

（8）能与客户建立良好、持久的关系。

五、课程内容与学习目标

（一）课程内容结构安排

根据职业岗位要求，为便于教学，将汽车车身修复技术课程的教学内容划分成5个学习情境，5个学习情境共包含18个典型的工作任务单元。以工作任务为教学单元，按照“资讯→决策→计划→实施→检查→评估”的六步法组织教学，见表2。

学习情境设计　　表2

序号	情境名称	工作任务	参考学时
1	车身修复准备	（1）车身结构认识	1
		（2）车身常用金属与非金属材料认知	1
		（3）车身修复工具设备与工具的使用	4
2	汽车车身板件轻微损伤的修复	（1）车身局部凹凸变形的修复	4
		（2）金属板件的扩展与收缩	4
		（3）铝制板件的修复	2
		（4）车身塑料件的修复	2

续上表

序号	情境名称	工作任务	参考学时
3	车身板件大面积损伤的修复	(1)车身板件的切割	4
		(2)大面积损伤板件的切割更换	4
		(3)车身板件的焊接	4
4	车身附件的修复	(1)汽车玻璃的拆装与更换	2
		(2)车门的调整	2
		(3)车身内外装饰件的修复	4
5	车身与车架碰撞损伤的修复	(1)车架变形的测量	4
		(2)车架变形的液压校正	4
		(3)前后端碰撞损伤、侧面碰撞损伤的修复	4
		(4)车顶面板总成损伤的修复	4
		(5)应力消除	2
合计			56

(二)课程内容要求

按照从简单到复杂、由局部到整体、由单一技能到综合技能的思路,本课程教学团队通过企业调研、校企合作,对汽车运用技术专业汽车车身修复技术课程的教学内容进行了重组,将该课程分为5个学习情境、18个行动导向的任务单元,计划48课时完成,见表3。

5个学习情境涵盖了传统课程体系的知识点和技能,以完成典型工作任务全过程为目标,部分学习情境教学过程在企业内实施,使学生掌握相关知识和技能,培养学生综合职业能力。

课程内容要求 表3

<table>
<tr><td>学习情境1:车身修复准备</td><td>参考学时:6</td></tr>
<tr><td colspan="2">学习目标:
1. 能利用资讯手段获取车身修复及车架等相关检修参数;
2. 会识别车架类别、车身金属及非金属材料的类别;
3. 会选择使用正确的车身修复工具和设备</td></tr>
<tr><td colspan="2">学习内容:
1. 车身结构的组成和功用;
2. 车身金属材料的类别和功用;
3. 车身非金属材料的类别和功用;
4. 车身修复工具设备的用途与使用方法</td></tr>
<tr><td>教学资源:
1. 实训设备:各类车架、车身修复设备、车身修复工具等;
2. 多媒体课件;
3. 虚拟仿真训练软件;
4. 专用拆装工具;
5. 学习工作单;
6. 学习效果评价表</td><td>对学生基础要求:
1. 具备汽车机械零件的认识和对零件工作原理的分析能力;
2. 学习过机械零件、机械基础等课程;
3. 能较为熟练地使用各种常用工具;
4. 有过实践操作经历</td></tr>
</table>

续上表

<table>
<tr><td colspan="2">学习情境2:汽车车身板件轻微损伤的修复</td><td>参考学时:12</td></tr>
<tr><td colspan="3">学习目标:
1. 能确认板件损伤的类型、打印报修单;
2. 能利用资讯手段获取车型车身板件修复等相关数据;
3. 掌握车身局部凹凸变形的修复方法;
4. 掌握金属板件的扩展与收缩方法;
5. 掌握铝制板件的修理方法;
6. 掌握车身塑料件的修复方法</td></tr>
<tr><td colspan="3">学习内容:
1. 车身局部凹凸变形的修复方法;
2. 掌握金属板件的扩展与收缩方法;
3. 掌握铝制板件的修理方法;
4. 掌握车身塑料件的修复方法</td></tr>
<tr><td>教学资源:
1. 实训设备:表面受损车门板(各类型)、车身塑料件、铝制板件等;
2. 多媒体课件;
3. 虚拟仿真训练软件;
4. 专用修复工具;
5. 学习工作单;
6. 学习效果评价表</td><td colspan="2">对学生基础要求:
1. 具备汽车机械零件的认识和对零件工作原理的分析能力;
2. 学习过汽车传动系检修等课程;
3. 能较为熟练地使用各种常用工具;
4. 有过实践操作经历</td></tr>
<tr><td colspan="2">学习情境3:车身板件大面积损伤的修复</td><td>参考学时:12</td></tr>
<tr><td colspan="3">学习目标:
1. 确认板件受损类型、打印报修单;
2. 能利用资讯手段获取车身切割和焊接修复的相关检修参数;
3. 掌握车身构件的切割方法;
4. 会更换大面积损伤的车身板件;
5. 掌握车身板件更换后的焊接方法</td></tr>
<tr><td colspan="3">学习内容:
1. 汽车车身常用的焊接与切割原理;
2. 汽车车身常用切割技能;
3. 车身构件的切割与更换方法;
4. 汽车车身常用的焊接技能</td></tr>
<tr><td>教学资源:
1. 实训设备:严重损伤的车门、焊机、切割机等;
2. 多媒体课件;
3. 虚拟仿真训练软件;
4. 专用拆装工具;
5. 学习工作单;
6. 学习效果评价表</td><td colspan="2">对学生基础要求:
1. 具备汽车机械零件的认识和对零件工作原理的分析能力;
2. 学习过汽车传动系、行驶系检修等课程内容;
3. 能较为熟练地使用各种常用工具;
4. 有过实践操作经历</td></tr>
</table>

续上表

<table>
<tr><td colspan="2">学习情境4:车身附件的修复</td><td>参考学时:8</td></tr>
<tr><td colspan="3">学习目标:
1. 根据客户反映的故障现象,确认故障部位、确定检修项目、打印报修单;
2. 能利用资讯手段获取车身附件的相关检修参数;
3. 会进行汽车玻璃的拆装与更换;
4. 会对车门进行调整;
5. 会进行车身内外饰的维修</td></tr>
<tr><td colspan="3">学习内容:
1. 汽车玻璃的拆装流程与方法;
2. 车门的调整方法;
3. 车身内外装饰件的维修方法</td></tr>
<tr><td>教学资源:
1. 实训设备:实训整车、受损的车身附件等;
2. 多媒体课件;
3. 虚拟仿真训练软件;
4. 专用拆装工具;
5. 学习工作单;
6. 学习效果评价表</td><td colspan="2">对学生基础要求:
1. 具备汽车机械零件的认识和对零件工作原理的分析能力;
2. 学习过汽车传动系、行驶系检修等课程;
3. 能较为熟练地使用各种常用工具;
4. 有过实践操作经历</td></tr>
<tr><td colspan="2">学习情境5:车身与车架碰撞损伤的修复</td><td>参考学时:18</td></tr>
<tr><td colspan="3">学习目标:
1. 掌握车身碰撞损伤的类型和变形的测量方法;
2. 掌握车身车架变形的液压校正方法;
3. 掌握前后端碰撞损伤、侧面碰撞损伤的修复技能;
4. 掌握车顶面板总成损伤的修理方法;
5. 掌握应力消除方法</td></tr>
<tr><td colspan="3">学习内容:
1. 车身碰撞损伤的类型和变形的测量方法;
2. 车身车架变形的液压校正方法;
3. 前后端碰撞损伤、侧面碰撞损伤的修复技能;
4. 车顶面板总成损伤的修理方法;
5. 应力消除方法。</td></tr>
<tr><td>教学资源:
1. 实训设备:严重碰撞受损的车身车架、大梁校正器、车身变形测量仪等;
2. 多媒体课件;
3. 虚拟仿真训练软件;
4. 专用拆装工具;
5. 学习工作单;
6. 学习效果评价表</td><td colspan="2">对学生基础要求:
1. 具备汽车机械零件的认识和对零件工作原理的分析能力;
2. 学习过传动系、行驶系、转向系检修等课程;
3. 能较为熟练地使用各种常用工具;
4. 有过实践操作经历</td></tr>
</table>

六、课程实施建议

(一)教材及参考资源建议

1. 教材

姜勇. 汽车车身修复技术[M]. 北京:机械工业出版社,2010.

2. 参考书

为了更好地配合教学,本课程同时为学生推荐了几本教学参考书。

[1] 黄平. 汽车车身修复技术[M]. 北京:人民交通出版社,2008.

[2] 戴冠军. 图解汽车车身维修大全[M]. 杭州:浙江科学技术出版社,2000.

[3] 张俊. 汽车车身修复专门化[M]. 北京:人民交通出版社,2004.

[4] 吉庆山. 汽车车身修复技术[M]. 北京:中国铁道出版社,2010.

[5] 一汽大众公司. 帕萨特 B5 维修手册.

(二)师资条件建议

1. 专任教师

具有高校教师资格证;具有汽车维修企业钣金修复岗位工作经历;精通汽车钣金修复的基本理论与专业知识;具有较强的教科研能力。

2. 兼职教师

具有 5 年以上汽车维修企业钣金修复技术岗位的工作经历,有丰富的实际工作经验;具有中级以上专业技术职务或在职业技能竞赛中获得奖励;具有较强的教学组织能力。

(三)实验实训条件建议

为保证本课程教学与实践环节的顺利开展,需要配备专门的车身修复实训室,见表 4。

车身修复实训室 表 4

实训室名称	主要设备名称	主要实训项目
车身修复实训室	轿车车身	车身结构认识
	介子机	车身局部凹凸变形修复
	二氧化碳保护焊机	二氧化碳气体保护焊接
	氧乙炔焊机	氧乙炔焊接
	点焊机	电阻电焊焊接
	等离子切割机	等离子弧切割
	车身电子测量仪、大梁校正台	车身测量与校正

(四)教学方法建议

本课程针对具体的工作任务,综合采用工作过程引导、任务实施等教学法。在具体教学方法中,运用任务引导法、案例法、小组协作学习法等多种方法组织教学,以学生为中心"做中学、学中做",让学生人人参与,培养学生团队协作能力和实践动手能力。

（五）教学评价建议

（1）改革考核手段和方法，加强实践教学环节的考核，可采用过程考核和结果考核相结合的考核方法。

（2）结合课堂提问、学生作业、平时测验、任务工作单、实验实训、技能竞赛及考试情况，综合评定学生的学业成绩。

（3）应注重对学生动手能力和在实践中分析问题、解决问题能力的考核，对在学习和应用上有创新的学生应特别给予鼓励，综合评价学生的能力。

（4）考核要重视对学生的学习态度、团队合作能力、沟通能力的评价。

按任务考评（过程考评）与课程考评（期末考评）相结合的方法对学生的学习情况进行整体考评，突出过程考评，其中过程考评占总成绩的70%，期末考评占30%，具体考核方式见表5。

课程考核表 表5

考评方式	过程考评（项目考评）70分			期末考评（卷面考评）30分
	素质考评	工单考评	实操考评	
	10分	20分	40分	
考评实施	由指导教师根据学生表现集中考评	由主讲教师根据学生完成的工单情况考评	由实训指导教师对学生进行操作考评	根据教考分离的原则，由学校教务处组织考评
考评标准	根据遵守设备安全、人身安全和生产纪律等情况进行评分	预习内容：10分 操作记录：10分	任务方案：10分 工具使用：5分 操作过程：15分 完成质量：10分	题目类型：填空、单项选择、多项选择、判断、名词解释、问答和论述题等
备注	由于操作不当造成设备损坏和人身伤害的，计0分			

（课程标准制订人：廖胜文、杨晋）

附件18：《汽车营销实务》课程标准

一、课程定位

本课程的课程定位，如表1所示。

课程定位表 表1

课程名称及编号	汽车营销实务（212012）
课设学期及参考学时	第5学期（56学时）
课程类型	岗位拓展课程（学习领域）
先导课程	发动机机械系统检修、汽车传动系统检修、汽车行驶转向制动系统检修
平行课程	机动车保险查勘、汽车车身修复技术
后续课程	无

二、课程性质

本课程是高等职业院校汽车运用技术专业就业岗位拓展学习领域课程，是从事汽车营销工作的必修课程。本课程的主要目的是使学生掌握汽车市场营销技术的基本原理及基本技能，培养学生从事汽车市场营销的基本职业能力和职业素养。

三、课程设计思路

本课程标准的总体设计思路：变三段式课程体系为任务引领型课程体系，打破传统的文化基础课、专业基础课、专业课的三段式课程设置模式，紧紧围绕完成工作任务的需要来选择课程内容；变知识学科本位为职业能力本位，打破传统的以"了解"、"掌握"为特征设定的学科型课程目标，从"任务与职业能力"分析出发，设定职业能力培养目标；变书本知识的传授为完成工作任务的培养，打破传统的知识传授方式，以"工作项目"为主线，创设工作情境，培养学生的实践动手能力。

通过此课程的学习，学生能独立完成"汽车整车销售"的工作任务，以满足客户需求，实现汽车销售企业与购车客户之间的良好沟通，对企业而言，销售顾问代表客户，运用企业的资源按照客户需求提供意向车型；对客户而言，销售顾问代表专营店（品牌店）的服务品质。在学习过程中培养与客户、同事沟通的能力，养成安全环保、质量意识。

四、课程目标

（一）知识目标

（1）汽车与市场营销基础认知；
（2）汽车市场营销策划；
（3）汽车消费者购买行为分析；
（4）实施汽车市场 4P 策略；
（5）汽车整车销售流程；
（6）二手车交易基本流程。

（二）能力目标

（1）能按计划进行汽车市场调研；
（2）能根据汽车市场营销的目的确定汽车市场营销战略和汽车市场竞争策略；
（3）会根据汽车目标市场进行汽车市场细分与目标市场定位；
（4）能按市场机会进行汽车市场营销组合；
（5）能根据企业规模进行汽车营销网络建设；
（6）能根据企业战略目标实施顾客满意战略；
（7）能按市场管理要求对汽车市场营销进行管理。

（三）素质目标

（1）培养学生的可持续发展的能力；

(2)培养学生与人合作的能力;

(3)利用英文版软件培养学生的外语应用能力;

(4)注重遵章守纪、积极思考、耐心、细致、勇于实践、竞争意识等职业素质的养成。

五、课程内容与学习目标

(一)课程内容结构安排

本课程分汽车市场营销认知等5个学习情境,世界各地汽车工业发展认知等20个工作任务,具体见表2。

学习情境设计 表2

序号	情境名称	工作任务	参考学时
1	汽车与市场营销基础认知	(1)世界各地汽车工业发展认知	2
		(2)市场营销概念及营销观念的认知	2
		(3)汽车销售的4S模式认知	2
2	汽车市场营销策划	(1)汽车市场营销环境分析	2
		(2)汽车市场调查与预测	4
		(3)汽车市场细分与目标市场选择	2
		(4)汽车营销策划书编写	4
3	汽车消费者购买行为分析	(1)汽车消费者购买行为认知	2
		(2)汽车个体消费者购买行为分析	4
		(3)汽车组织(集团)消费者购买行为分析	2
4	实施汽车市场4P策略	(1)实施汽车产品策略	4
		(2)实施汽车价格策略	2
		(3)实施汽车分销渠道策略	2
		(4)实施汽车促销策略	4
5	汽车整车销售	(1)汽车销售展厅接待	2
		(2)汽车客户需求分析	4
		(3)车辆介绍与试乘试驾	4
		(4)异议处理与促进交易	2
		(5)交车服务	2
		(6)车辆的售后服务管理	4
合计			56

(二)课程内容要求(表3)

课程内容要求 表3

学习情境1:汽车与市场营销基础认知	参考学时:6
学习目标: 1. 能应顾客要求进行车型介绍; 2. 能对优秀的营销案例进行分析; 3. 能把学到的汽车市场营销管理知识运用到实际工作中	

续上表

<table>
<tr><td colspan="2">学习情境1:汽车与市场营销基础认知</td><td>参考学时:6</td></tr>
<tr><td colspan="3">学习内容:
1. 三大车系的主要品牌与车型特点;
2. 了解国际、国内汽车市场的基本情况;
3. 掌握市场营销与汽车营销概念;
4. 熟悉汽车4S店的特征;
5. 了解汽车4S店的主要工作岗位及其职能</td></tr>
<tr><td>教学资源:
讲义、教案、多媒体课件、实训指导书、任务工单、系统仿真软件、图片、模型、FLASH动画、规程等</td><td colspan="2">对学生基础要求:
1. 会查阅市场营销相关资料;
2. 具备汽车相关理论知识</td></tr>
<tr><td colspan="2">学习情境2:汽车市场营销策划</td><td>参考学时:12</td></tr>
<tr><td colspan="3">学习目标:
1. 能对汽车市场营销环境进行分析;
2. 能明确某车型市场定位;
3. 能设计某品牌汽车市场调查;
4. 能编制汽车营销策划大纲</td></tr>
<tr><td colspan="3">学习内容:
1. 汽车市场营销环境分析;
2. 汽车市场调查与预测;
3. 汽车市场细分与目标市场选择;
4. 汽车营销策划书编写</td></tr>
<tr><td>教学资源:
讲义、教案、多媒体课件、实训指导书、任务工单、系统仿真软件、图片、模型、FLASH动画、规程等</td><td colspan="2">对学生基础要求:
1. 会查阅汽车市场营销策划相关资料;
2. 具备汽车市场营销理论知识</td></tr>
<tr><td colspan="2">学习情境3:汽车消费者购买行为分析</td><td>参考学时:8</td></tr>
<tr><td colspan="3">学习目标:
1. 能利用个体消费者的购买特征分析客户的需求;
2. 能为客户提供准确的购车决策;
3. 能对客户购车类型作出准确判断;
4. 能为集团客户提供准确的购车决策</td></tr>
<tr><td colspan="3">学习内容:
1. 汽车消费者购买行为认知;
2. 汽车个体消费者购买行为分析;
3. 汽车(集团组织)消费者购买行为分析</td></tr>
<tr><td>教学资源:
讲义、教案、多媒体课件、实训指导书、任务工单、系统仿真软件、图片、模型、FLASH动画、规程</td><td colspan="2">对学生基础要求:
1. 会查阅汽车消费者购买行为相关资料;
2. 具备汽车市场营销理论、营销策划知识</td></tr>
</table>

续上表

<table>
<tr><td colspan="2">学习情境4:实施汽车市场4P策略</td><td>参考学时:12</td></tr>
<tr><td colspan="3">学习目标:
1. 掌握4P理论组合营销的概念;
2. 掌握4P理论的四要素;
3. 掌握4P理论的内涵及意义;
4. 能用4P理论进行汽车营销操作</td></tr>
<tr><td colspan="3">学习内容:
1. 汽车产品策略;
2. 汽车价格策略;
3. 汽车分销渠道策略;
4. 汽车促销策略</td></tr>
<tr><td>教学资源:
讲义、教案、多媒体课件、实训指导书、任务工单、系统仿真软件、图片、模型、FLASH动画、规程等</td><td colspan="2">对学生基础要求:
1. 会查阅汽车市场4P策略相关资料;
2. 具备汽车市场营销理论、营销策划、消费者购买行为分析知识</td></tr>
<tr><td colspan="2">学习情境5:汽车整车销售流程</td><td>参考学时:18</td></tr>
<tr><td colspan="3">学习目标:
1. 能够借助产品资料进行整车介绍;
2. 能够把学到的商务礼仪和销售流程运用到车辆介绍中来</td></tr>
<tr><td colspan="3">学习内容:
1. 集客活动;
2. 汽车销售展厅接待;
3. 汽车客户需求分析;
4. 车辆展示与介绍;
5. 汽车报价;
6. 异议处理与促进交易;
7. 竞品分析;
8. 交车服务;
9. 车辆的售后服务管理</td></tr>
<tr><td>教学资源:
讲义、教案、多媒体课件、实训指导书、任务工单、系统仿真软件、图片、模型、FLASH动画、规程等</td><td colspan="2">对学生基础要求:
1. 会查阅汽车整车销售相关资料;
2. 具备汽车市场营销理论、营销策划、消费者购买行为分析、汽车市场4P策略知识</td></tr>
</table>

六、课程实施建议

(一)教材及参考资源建议

1. 教材

付慧敏. 汽车营销实务[M]. 哈尔滨:哈尔滨工业大学出版社,2013.

2. 参考书

[1] 李刚. 汽车营销基础与实务[M]. 北京:北京理工大学出版社,2012.
[2] 刘建伟. 汽车销售实务[M]. 北京:北京理工大学出版社,2008.
[3] 宋润生. 汽车营销基础与实务[M]. 北京:华南理工大学出版社,2006.
[4] 王梅. 汽车营销实务[M]. 北京:北京理工大学出版社,2010.

3. 行业标准

[1] 一汽大众 4S 店销售顾问标准。

4. 课程网站

http://elearn. jxjtxy. com/eol/homepage/course/layout/page/index. jsp? courseId = 11070

(二)师资条件建议

1. 专任教师

具有高校教师资格证;具有汽车营销岗位工作经历;精通汽车市场营销相关的基本理论与专业知识;具有较强的教科研能力。

2. 兼职教师

具有 5 年以上汽车市场营销相关岗位工作经历,有丰富的实际工作经验;具有中级以上专业技术职务或在职业技能竞赛中获得奖励;具有较强的教学组织能力。

(三)实验实训条件建议

本课程对实训条件有一定要求,具体见表 4。

实验实训条件配置建议 表 4

实训室名称	主要设备名称	主要实训项目
汽车商务实训室	1. 汽车 4S 店销售服务仿真设施; 2. 汽车整车销售模块软件	1. 汽车销售流程; 2. 汽车整车销售软件使用

(四)教学方法建议

针对具体的教学内容和教学过程,总体采用项目教学法。在具体教学方法中,运用任务引导法、案例法、小组协作学习法等多种方法组织教学,以学生为中心"做中学、学中做",让学生人人参与,培养学生团队协作能力和实践动手能力。

(五)教学评价建议

(1)改革考核手段和方法,加强实践教学环节的考核,可采用过程考核和结果考核相结合的考核方法。

(2)结合课堂提问、学生作业、平时测验、任务工作单、实验实训、技能竞赛及考试情况,综合评定学生的学业成绩。

(3)应注重对学生动手能力和在实践中分析问题、解决问题能力的考核,对在学习和应用上有创新的学生应特别给予鼓励,综合评价学生的能力。

(4)考核要重视对学生的学习态度、团队合作能力、沟通能力的评价。

按任务考评(过程考评)与课程考评(期末考评)相结合的方法对学生的学习情况进行

整体考评,突出过程考评,其中过程考评占总成绩的70%,期末考评占30%,具体考核方式见表5。

课程考核表 表5

<table>
<tr><td rowspan="3">考评方式</td><td colspan="3">过程考评(项目考评)70分</td><td rowspan="3">期末考评
(卷面考评)
30分</td></tr>
<tr><td>素质考评</td><td>工单考评</td><td>实操考评</td></tr>
<tr><td>10分</td><td>20分</td><td>40分</td></tr>
<tr><td>考评实施</td><td>由指导教师根据学生表现集中考评</td><td>由主讲教师根据学生完成的工单情况考评</td><td>由实训指导教师对学生进行操作考评</td><td>根据教考分离的原则,由学校教务处组织考评</td></tr>
<tr><td>考评标准</td><td>根据遵守设备安全、人身安全和生产纪律等情况进行评分</td><td>预习内容:10分
操作记录:10分</td><td>任务方案:10分
工具使用:5分
操作过程:15分
完成质量:10分</td><td>题目类型:填空、单项选择、多项选择、判断、名词解释、问答和论述题等</td></tr>
<tr><td>备注</td><td colspan="4">由于操作不当造成设备损坏和人身伤害的,计0分</td></tr>
</table>

(课程标准制订人:付慧敏、梁婷)

附件19:《机动车保险查勘》课程标准

一、课程定位

本课程的定位,如表1所示。

课程定位表 表1

课程名称及编号	机动车保险查勘(212013)
课设学期及参考学时	第5学期(56学时)
课程类型	岗位拓展课程(学习领域)
先导课程	发动机机械系统检修、汽车传动系统检修、汽车行驶转向系统检修
平行课程	汽车营销实务、汽车车身修复技术
后续课程	无

二、课程性质

本课程是汽车运用技术专业就业岗位拓展课程,是从事汽车保险代理和车险查勘定损工作的必修课程。其功能是使学生掌握岗位的基本原理及基本技能,培养学生从事汽车保险代理和车险查勘定损的基本职业能力和职业素养。

三、课程设计思路

本课程标准的总体设计思路:变三段式课程体系为任务引领型课程体系,打破传统的文化基础课、专业基础课、专业课的三段式课程设置模式,紧紧围绕完成工作任务的需要来选择课程内容;变知识学科本位为职业能力本位,打破传统的以"了解"、"掌握"为特征设定的学科型课程目标，从“任务与职业能力”分析出发，设定职业能力培养目标；变书本知识的传授为完成工作任务的培养，打破传统的知识传授方式，以“工作项目”为主线，创设工作情境，培养学生的实践动手能力。

通过本课程的学习，学生能独立完成“汽车保险理赔”的工作任务，以满足客户需求，实现汽车保险企业与投保客户之间的良好沟通。汽车保险代理员以追求商业保险公司经济效益为原则、用心服务投保人为核心，认真开展保险的销售业务；车险查勘员以尊重事实为原则，做到现场情况明了、原因清楚、责任准确、并根据事故情况，按照保险合同的赔偿原则，能比较准确地初步估算出理赔的金额，提高事故现场查勘定损赔付效率，维护保险公司形象，为投保客户着想。

四、课程目标

（一）知识目标

（1）对车险业务发展和车险市场进行研究和分析的能力；
（2）对车辆所面临的风险进行管理的能力；
（3）能够正确分析和引导顾客的投保行为；
（4）具备针对车辆用途和客户特点为客户设计汽车保险方案的能力；
（5）独立签单能力；
（6）具备汽车保险的销售能力；
（7）汽车保险核保业务的处理能力；
（8）汽车保险案件进行独立调查取证能力；
（9）汽车保险理赔稽核工作能力；
（10）能够独立承担处理汽车保险理赔业务。

（二）能力目标

（1）能够掌握汽车保险投保业务环节和工作内容；
（2）能独立完成汽车保险的投保业务；
（3）能根据交通事故认定方法识别事故车；
（4）能够完成对交通事故现场的事故查勘、搜集整理资料；
（5）能对事故车的现场进行处理；准确快速确定事故车损失；
（6）能协助核损员及维修人员完成事故车辆的修理；
（7）能自学新技术、新知识、新技巧，不断提高职业能力。

（三）素质目标

（1）具有较强的口头与书面表达能力、人际沟通能力；
（2）具有团队精神和协作精神；
（3）具有良好的心理素质和克服困难的能力；
（4）能与客户建立良好、持久的关系。

五、课程内容与学习目标

(一)课程内容结构安排

本课程分车险业务开展等5个学习情境,保险基础等16个工作任务,具体见表2。

教学情境设计 表2

序号	情境名称	工作任务	参考学时
1	车险业务开展	(1)保险基础	4
		(2)车险条款	4
		(3)保险展业	4
2	车险投保	(1)车险的选择	2
		(2)机动车辆的投保	6
3	车险承保	(1)保险展业	4
		(2)核保	4
		(3)缮制和签发保险单证	4
4	车险查勘定损	(1)查勘准备	2
		(2)现场查勘的主要内容	2
		(3)查勘的方法技术	4
		(4)现场查勘工作地实施	4
		(5)缮制现场查勘记录	2
		(6)车辆损失的确定	2
5	车险理赔	(1)理赔的原则和流程	4
		(2)赔款理算	4
合计			56

(二)课程内容要求(表3)

课程内容要求 表3

学习情境1:车险业务开展	参考学时:12
学习目标: 1.能帮助客户分析车辆风险; 2.能介绍汽车保险产品; 3.会运用销售技巧促成汽车保险销售; 4.能根据客户需要制定投保方案; 5.能签订汽车保险合同	
学习内容: 1.理解保险的基本原理; 2.掌握保险的基本原则; 3.了解保险法概述; 4.解释车险条款; 5.运用保险展业的流程	

续上表

<table>
<tr><td>学习情境1:车险业务开展</td><td>参考学时:12</td></tr>
<tr><td>教学资源:
讲义、教案、多媒体课件、实训指导书、任务工单、系统仿真软件、图片、模型、FLASH 动画、规程等</td><td>对学生基础要求:
1. 具备车险条款的知识、资料的收集能力;
2. 具有良好的与他人沟通和协作的能力</td></tr>
<tr><td>学习情境2:车险投保</td><td>参考学时:8</td></tr>
<tr><td colspan="2">学习目标:
1. 能为客户选择合适的保险公司;
2. 能够制定合理的投保方案;
3. 能够为客户估算保险费;
4. 能够向客户解释投保方案</td></tr>
<tr><td colspan="2">学习内容:
1. 选择保险的基本原则;
2. 选择保险的内容;
3. 机动车辆投保流程;
4. 机动车辆的投保准备;
5. 正确填写投保单;
6. 核交保险费、领取保险单证</td></tr>
<tr><td>教学资源:
讲义、教案、多媒体课件、实训指导书、任务工单、系统仿真软件、图片、模型、FLASH 动画、规程等</td><td>对学生基础要求:
1. 了解车险选择的方法;
2. 熟练填写投保单的能力;
3. 具有良好的与他人沟通和协作的能力;
4. 资料的收集能力</td></tr>
<tr><td>学习情境3:车险承保</td><td>参考学时:12</td></tr>
<tr><td colspan="2">学习目标:
1. 能够指导投保人填写投保单;
2. 能够进行汽车保险初核工作;
3. 能够订立汽车保险合同;
4. 能够签发汽车保险单证;
5. 能够进行批改、续保工作</td></tr>
<tr><td colspan="2">学习内容:
1. 确定保险方案、检验投保车辆和有关单证;
2. 核保的原理、核保的运作;
3. 核保实务、善制保险单;
4. 复核保险单、收取保险费;
5. 签发保险单证、清分单证、单证归档</td></tr>
<tr><td>教学资源:
讲义、教案、多媒体课件、实训指导书、任务工单、系统仿真软件、图片、模型、FLASH 动画、规程等</td><td>对学生基础要求:
1. 具备汽车承保的知识;
2. 理解车险核保的原则;
3. 掌握缮制保单的能力;
4. 了解保险费计算的能力;
5. 具有良好的与他人沟通和协作的能力;
6. 资料的收集能力;
7. 文献检索的能力</td></tr>
</table>

续上表

<table>
<tr><td colspan="2">学习情境4:车险查勘定损</td><td>参考学时:16</td></tr>
<tr><td colspan="3">学习目标:
1. 能够对交通事故进行现场查勘;
2. 能够收集现场各方面的证据;
3. 能够判断交通事故的保险责任;
4. 能够指导出险的保险客户进行索赔;
5. 能够确定事故车辆的维修费用</td></tr>
<tr><td colspan="3">学习内容:
1. 联系客户、携带查勘工具;
2. 准备好各种空白单证、查验保险标志;
3. 查验受损车辆信息、初步判断保险责任;
4. 拍摄现场照片、事故现场图的绘制;
5. 现场摄影技术、缮制查勘记录;
6. 确定车辆损失</td></tr>
<tr><td>教学资源:
讲义、教案、多媒体课件、实训指导书、任务工单、系统仿真软件、图片、模型、FLASH 动画、规程等:</td><td colspan="2">对学生基础要求:
1. 具备查勘定损的基本知识;
2. 具有现场责任判断的能力;
3. 具有确定事故车损失的能力;
4. 具有良好的与他人沟通和协作的能力;
5. 资料的收集能力</td></tr>
<tr><td colspan="2">学习情境5:车险理赔</td><td>参考学时:8</td></tr>
<tr><td colspan="3">学习目标:
1. 熟悉车险理赔的流程;
2. 能够审核索赔资料;
3. 能够进行赔款计算;
4. 能够缮制赔款计算书;
5. 能审核保险赔案索赔单证;
6. 能进行赔付结案工作</td></tr>
<tr><td colspan="3">学习内容:
1. 车险理赔的原则和流程;
2. 赔款理算;
3. 结案处理</td></tr>
<tr><td>教学资源:
讲义、教案、多媒体课件、实训指导书、任务工单、系统仿真软件、图片、模型、FLASH 动画、规程等</td><td colspan="2">对学生基础要求:
1. 具备车险理赔的基本知识;
2. 具有赔款理算的能力;
3. 具有核赔的能力;
4. 具有良好的与他人沟通和协作的能力;
5. 资料的收集能力</td></tr>
</table>

六、课程实施建议

(一)教材及参考资源建议

1. 教材

党晓旭. 机动车辆保险与理赔实务 [M]. 北京:电子工业出版社,2014.

2. 参考书

[1] 王灵犀. 机动车辆保险与理赔实务[M]. 北京:人民交通出版社,2006.

[2] 李建编. 中华人民共和国道路交通安全法释义[M]. 北京:人民交通出版社,2003.

[3] 周延礼. 机动车辆保险理论与实务[M]. 北京:中国金融出版社,2001.

3. 行业标准

[1]中国人保财险公司理赔标准。

(二)师资条件建议

1. 专任教师

具有高校教师资格证;具有汽车保险理赔岗位工作经历;精通汽车保险理赔相关的基本理论与专业知识;具有较强的教科研能力。

2. 兼职教师

具有5年以上汽车保险理赔相关岗位工作经历,有丰富的实际工作经验;具有中级以上专业技术职务或在职业技能竞赛中获得奖励;具有较强的教学组织能力。

(三)实验实训条件建议

本课程对实训条件有一定要求,具体见表4。

实验实训条件配置建议 表4

实训室名称	主要设备名称	主要实训项目
汽车商务实训室	1. 事故车工位、相机; 2. 汽车保险理赔模块软件	1. 车险查勘流程; 2. 车险保险理赔管理软件使用

(四)教学方法建议

针对具体的教学内容和教学过程,总体采用项目教学法。在具体教学方法中,运用任务引导法、案例法、小组协作学习法等多种方法组织教学,以学生为中心"做中学、学中做",让学生人人参与,培养学生团队协作能力和实践动手能力。

(五)教学评价建议

(1)改革考核手段和方法,加强实践教学环节的考核,可采用过程考核和结果考核相结合的考核方法。

(2)结合课堂提问、学生作业、平时测验、任务工作单、实验实训、技能竞赛及考试情况,综合评定学生的学业成绩。

(3)应注重对学生动手能力和在实践中分析问题、解决问题能力的考核,对在学习和应用上有创新的学生应特别给予鼓励,综合评价学生的能力。

(4)考核要重视对学生的学习态度、团队合作能力、沟通能力的评价。

按任务考评(过程考评)与课程考评(期末考评)相结合的方法对学生的学习情况进行整体考评,突出过程考评,其中过程考评占总成绩的70%,期末考评占30%,具体考核方式见表5。

课程考核表 表5

<table>
<tr><td rowspan="3">考评方式</td><td colspan="3">过程考评(项目考评)70分</td><td rowspan="3">期末考评
(卷面考评)
30分</td></tr>
<tr><td>素质考评</td><td>工单考评</td><td>实操考评</td></tr>
<tr><td>10分</td><td>20分</td><td>40分</td></tr>
<tr><td>考评实施</td><td>由指导教师根据学生表现集中考评</td><td>由主讲教师根据学生完成的工单情况考评</td><td>由实训指导教师对学生进行操作考评</td><td>根据教考分离的原则,由学校教务处组织考评</td></tr>
<tr><td>考评标准</td><td>根据遵守设备安全、人身安全和生产纪律等情况进行评分</td><td>预习内容:10分
操作记录:10分</td><td>任务方案:10分
工具使用:5分
操作过程:15分
完成质量:10分</td><td>题目类型:填空、单项选择、多项选择、判断、名词解释、问答和论述题等</td></tr>
<tr><td>备注</td><td colspan="4">由于操作不当造成设备损坏和人身伤害的,计0分</td></tr>
</table>

(课程标准制订人:付慧敏、刘星星)

汽车技术服务与营销专业人才培养方案

第一部分 主体部分

一、专业名称(专业代码)

汽车技术服务与营销(580405)

二、招生对象

普通高中毕业生或具有同等学力者

三、学制

三年

四、培养目标

本专业面向汽车营销、售后服务、配件管理及汽车事故勘查定损与理赔等岗位,培养具有良好的职业素养和职业道德,具备较扎实的汽车营销、售后服务、事故汽车查勘定损与理赔等专业理论知识,具有较强的实践能力和分析问题、解决问题能力的技术技能人才。

五、就业面向

本专业就业面向主要是汽车后市场企业的生产与管理岗位。根据汽车技术服务与营销专业毕业生职业能力的成长规律和职业生涯的发展特点,将就业岗位群划分为初始岗位、发展岗位和高阶岗位三个阶段,如表2-1所示。

汽车技术服务与营销专业就业面向及岗位群表 表2-1

序号	就业面向	就业岗位群		
		初始岗位	发展岗位	高阶岗位
1	汽车销售服务企业	销售顾问	销售组长	销售经理
2		服务顾问	前台主管	服务经理
3		配件管理员	配件采购专员	配件经理
4	保险公司/公估公司	保险查勘定损员	理赔专员/核损专员	理赔经理/核损经理

六、培养规格

(一)素质目标

(1)具有良好的思想政治素质、社会公德和职业道德;

(2)具有强烈的责任意识、质量意识及安全意识,能自觉遵守行业法规和职业规范;

(3)具有开拓创新、团结合作精神和严谨务实的工作作风;

(4)具有较强的口头表达能力和人际沟通技巧;

(5)具有良好的环保意识;
(6)具备获取分析使用信息的能力;
(7)具有科学分析和解决问题的能力。

(二)知识目标

(1)熟悉现代汽车构造及先进技术的基本知识;
(2)熟悉现代汽车检测与维修的基本工艺知识;
(3)掌握汽车售后服务知识;
(4)掌握汽车营销策划、整车销售知识;
(5)掌握汽车配件采购、管理、销售、索赔知识;
(6)掌握汽车险种、查勘定损、理赔核算知识。

(三)能力目标

(1)具有汽车构造认识,汽车拆装、维护、调整等工作任务能力;
(2)具有汽车驾驶及运用能力;
(3)具有汽车营销策划、销售能力;
(4)具有汽车维修接待能力;
(5)具有汽车配件采购、管理、销售、索赔能力;
(6)具有汽车保险销售、查勘、定损、核损能力;
(7)具有良好的人际交流和沟通能力。

七、教学环节进程安排表

(一)培养时间分配表

在人才培养的实施过程中,教学环节周数分配,如表2-2。

汽车技术服务与营销专业培养时间分配表　　表2-2

学年		一		二		三		合计
学期		一	二	三	四	五	六	
1	入学教育	1周						1周
2	国防教育	2周						2周
3	课内教学	16周	18周	16周	16周	15周		81周
4	实践教学		1周	3周	3周			7周
5	生产实习					4周	19周	23周
累计		19周	19周	19周	19周	19周	19周	114周

注:1. 课内教学指按课程(学习领域)组织的各种教学活动,包括理论课程、理实一体化课程等。
2. 实践教学是指计划单列的非生产性实践教学活动,包括专业认识实践、专项单列实训、课程设计、综合设计、社会实践等。
3. 生产实习是指生产性教学实习活动,包括工学交替生产实习、生产劳动实习、毕业顶岗实习。

(二)教学进程表

本专业的人才培养进程,如表2-3所示。

汽车技术服务与营销专业教学进程表 表2-3

序号	类别	课程名称	教学时数与学分				考核方式		按学年及学期分配					
			总学分	学分	理论学时	实践学时	考试学期	考查学期	第一学年		第二学年		第三学年	
									一	二	三	四	五	六
									16周	18周	16周	16周	15周	19周
1	公共基础课程	“两课”基础	64	2	64			1	4					
2		“两课”概论	72	2	72			2		4				
3		体育	68	3	68			1,2	2	2				
4		计算机应用基础	96	5	44	52	1		6					
5		大学英语Ⅰ	64	4	64		1		4					
6		大学英语Ⅱ	72	4	72			2		4				
7		高等数学	64	4	64			1	4					
8		大学语文	64	4	64		1		4					
9		任选课Ⅰ	32	2	32			3			2			
10		任选课Ⅱ	32	3	32			4				2		
11		就业指导	15	1	15			5					1	
公共基础课程小计			643	34	591	52	课内占比		23.09%					
1	专业基础学习领域	机械制图	72	4	42	30	2			4				
2		汽车文化	36	2	30	6		2		2				
3		礼仪	36	2	20	16	2			2				
4		电子商务	36	2	20	16		2		2				
5		汽车发动机构造	96	6	50	46	3				6			
6		汽车底盘构造	96	6	50	46	4					6		
7		汽车电气设备	64	4	40	24	4					4		
8		汽车电子控制技术	96	6	50	46		4				6		
专业基础学习领域小计			532	32	302	230	课内占比		19.10%					
1	专业核心学习领域	汽车市场营销	96	6	56	40	3				6			
2		汽车保险理赔	64	4	40	24	3				4			
3		汽车售后服务管理	64	4	40	24	4					4		
4		汽车配件管理与营销	60	4	40	20	5						4	
5		二手车鉴定与评估	60	4	30	30	5				6		4	
专业核心学习领域小计			344	22	206	138	课内占比		12.35%					

续上表

序号	类别	课程名称	教学时数与学分				考核方式		按学年及学期分配					
									第一学年		第二学年		第三学年	
			总学分	学分	理论学时	实践学时	考试学期	考查学期	一	二	三	四	五	六
									16 周	18 周	16 周	16 周	15 周	19 周
1	专业拓展学习领域	汽车贸易理论与谈判	64	4	42	22		3			4			
2		汽车运行材料	32	2	24	8		4				2		
3		汽车法规	30	2	20	10		5					2	
4		汽车检测与诊断技术	60	4	30	30		5					4	
5		汽车装饰与美容	60	4	30	30		5					4	
6		汽车商务英语	30	2	24	6	5						2	
专业拓展学习领域小计			276	18	170	109	课内占比		9.91%					
课内教学环节合计			1795	106	1269	526	总百分比		65.45%					
1	独立实践环节	入学教育	1 周	1		30		1	1 周					
2		国防教育	2 周	2		60		1	2 周					
3		汽车发动机构造实习	1 周	2		30		2		1 周				
4		汽车底盘构造实习	1 周	2		30		3			1 周			
5		汽车电气设备实习	1 周	2		30		4				1 周		
6		汽车维护实习	1 周	2		30		3			1 周			
7		汽车电子控制技术实习	1 周	2		30		4				1 周		
8		整车销售实习	1 周	2		30		3			1 周			
9		汽车售后服务实习	1 周	2		30		4				1 周		
10		生产实习	4 周	4		120		5					4 周	
11		毕业顶岗实习	19 周	10		570		6						19 周
独立实践环节合计			990	31		990	总百分比		35.55%					
课时(学分)总计			2785	137	1269	1516	周时数		24	20	22	24	21	0
周数总计									19	19	19	19	19	19
理论教学时数			1269				总百分比		45.57%					
实践教学时数			1516				总百分比		54.43%					

(三)课程设置及学时比例

在人才培养的实施过程中,各教学环节学时比例,如表 2-4 所示。

汽车技术服务与营销专业课程设置及学时比例表 表 2-4

项目	理论教学	实践教学			
		课内实训	专项实训	顶岗实习	合计
学时	1269	526	300	690	1516

续上表

项　目	理 论 教 学	实 践 教 学			
		课内实训	专项实训	顶岗实习	合计
所占比例	45.57%	54.43%			

注:1. 理论教学学时不包含课内的实训环节教学,课内实训是指由课程教学内完成的、非计划单列实践教学。

2. 专项实训是指计划单列的非生产性实践教学,包括专业认识实践、专项单列实训、课程设计、综合设计、社会实践等。

3. 生产实习包含轮岗生产实习、定岗生产实习、毕业顶岗实习。

八、毕业标准

(一)基本要求

(1)德、智、体、美等方面均通过学生管理部门考核达标;

(2)按规定完成课程(学习领域)的学习,成绩合格;

(3)完成各项独立实践环节(单列科目:如实践课、课程设计、实习、毕业实践、毕业设计等)的学习,成绩合格。

(二)考证要求

(1)必须取得全国计算机等级证(一级及以上)、英语应用能力证书(三级 B)及驾驶证;

(2)获得至少一个本专业职业资格证书方可毕业。本专业职业资格证书,如表 2-5 所示。

汽车技术服务与营销专业职业资格证书表 表 2-5

序号	考核项目	发 证 部 门	等级要求
1	汽车配件销售员	江西省人力资源和社会保障厅	中级/高级
2	汽车维修工	江西省人力资源和社会保障厅	中级/高级
3	汽车保险公估员	中国保险监督管理委员会	初级
4	二手车鉴定评估师	江西省人力资源和社会保障厅	中级

(三)其他要求

完成任选课的学习,并取得 5 学分。

九、其他说明

本专业人才培养方案是依托汽车工程系校企合作工作委员会,与江西运通汽车集团有限公司、江西华宏汽车集团有限公司、江西国力汽车集团有限公司、江西欧亚汽车集团有限公司、江西江铃海外汽车销售有限公司、南昌同驰丰田汽车销售服务有限公司、中国人民财产保险股份有限公司江西分公司等企业共同制订,实施过程中,应该加强与相关企业合作,将有关行业标准和企业规范导入专业课程中,与企业共同实施工学并进的人才培养模式,共同建设生产型实习基地,共同管理顶岗实习,共同评价教学过程,全面实现人才培养方案的育人目标。

(执笔人:孙丽娟)

第二部分　支撑材料

一、专业人才培养实施条件

(一)专业教学团队

1. 师资数量与结构

(1)教师队伍数量应与学生规模相适应,师生比控制在16∶1左右。

(2)教师队伍结构优化,梯队合理,45岁以下青年教师中研究生学历或硕士以上学位比例达到30%,专任教师中高级职称的比例≥30%,专任教师中具备双师素质教师的比例应达到80%以上。

(3)每个学习领域(课程)的教师应不少于2人,其中专业核心学习领域应配备相关专业中级技术职称以上的双师素质教师2人。

(4)各专业学习领域及独立实践环节,均应配备行业企业工程技术人员担任兼职教师,兼职教师折算比例应达到50%左右。

(5)专业实习(训)指导教师均为大专以上学历或中级以上职称。实习(训)指导教师具有中高级职称的比例≥20%。

2. 业务水平

教师应具备良好的职业道德和一定的教学科研能力,达到高等教育教师任职资格的要求且具备高等教育教师任职资格。其中主讲教师应由具备讲师以上职称的专任教师或工程师以上职称的兼职教师担任,参加科学研究或技术服务的专任教师人数不少于专任教师总数的30%。

(二)专业教学资源

1. 选用优秀的高职高专规划教材

在选择教材时,应整体研究制定教材选用标准和选用程序,确保具有时代性、应用性、先进性和普适性的优秀教材优先被选用,同时,要注意选用具有鲜明行业特征的高职高专规划教材、特色教材和精品教材。

2. 开发基于工作过程的校本教材

与合作企业共同开发基于工作过程的校本教材,将相关的企业标准、行业规范等导入教材之中,编写中要突破学科体系的构架,将职业教育的教学过程与工作过程相融合,将专业理论知识和技能向企业工作过程知识转变,以典型工作任务作为工作过程知识的载体,并按职业能力构建教材的知识、技能体系,使之成为理实一体化教学的适用教材。专业核心学习领域教材一般要求为特色鲜明的校本教材,或国家和地区职业教育优质教材。可供选用教材,如表2-6所示。

汽车技术服务与营销专业建议选用教材一览表　表 2-6

序号	教材名称	出版社	主编	出版时间
1	汽车市场营销	人民交通出版社股份有限公司	付慧敏、欧阳娜	2015 年
2	机动车辆保险与理赔实务	电子工业出版社	党晓旭	2014 年
3	汽车售后服务实务	上海交通大学出版社	林月明、郑志中	2012 年
4	汽车配件管理与营销	人民交通出版社	彭朝晖	2011 年
5	二手车鉴定与评估	人民邮电出版社	吴兴敏、吴志强	2014 年
6	汽车行驶转向制动系统检修	人民交通出版社股份有限公司	黄晓敏、邹小明	2015 年
7	汽车检测与诊断技术	人民交通出版社股份有限公司	官海兵、张光磊	2015 年
8	发动机机械系统检修	人民交通出版社股份有限公司	廖胜文、杨晋	2015 年
9	汽车电气系统检修	人民交通出版社股份有限公司	吴纪生、刘星星	2015 年

3. 选用精品资源共享课程

充分利用现有国家和地方的精品资源共享课程开展教学，加强网络学习平台建设，通过慕课、个人空间、网络课程等网络技术构建日常教学课程网站，整合各种优质教学资源进行专业教学。可供适用的精品资源共享课程，如表 2-7 所示。

汽车技术服务与营销专业可供选用的精品资源共享课程一览表　表 2-7

序号	课程名称	建设状态	负责人	通过时间
1	汽车市场营销	院级	付慧敏、钱静(企业)	2013 年
2	汽车售后服务管理	院级	吴映辉、潘之铭(企业)	2011 年
3	发动机机械系统检修	院级	廖胜文、李发禾(企业)	2014 年
4	汽车行驶转向制动系统检修	国家级	黄晓敏、彭志勇(企业)	2013 年
5	汽车电气系统检修	院级	吴纪生、邹军新(企业)	2014 年
6	汽车检测诊断技术	院级	官海兵、邹良春(企业)	2014 年

4. 专业网络教学资源

以数字化校园为运行载体，以学习领域(课程)为组织形式，利用网络学习平台建设共享性网络教学资源库，主要包括试题库、课件库、专业教学素材库、教学录像库等。网络教学资源库的建议配置，如表 2-8 所示。

汽车技术服务与营销专业网络教学资源库的建议配置　表 2-8

<table>
<tr><th>类别</th><th>资源</th><th>主要内容与要求</th><th>备注</th></tr>
<tr><td rowspan="4">专业基本资源</td><td>专业简介</td><td>专业代码、招生对象、学制、就业面向、专业特点、主要课程等</td><td rowspan="4">专业介绍</td></tr>
<tr><td>人才培养方案</td><td>主要包括培养目标、专业面向的职业岗位分析、专业定位、课程体系、核心课程描述、教学进程、毕业标准、实施条件、实施规范、实施流程、实施保障等</td></tr>
<tr><td>课程标准</td><td>专业核心课程的课程标准</td></tr>
<tr><td>教学文件</td><td>教学管理相关文件</td></tr>
<tr><td>课程教学资源</td><td>教学指南</td><td>本课程的作用、目标和要求，本课程与职业岗位的关系，本课程与其他课程的关系，本课程的主要特点、课程结构、课程内容、课时分配、课程的重点与难点、实践教学体系、课程教学方法、课程教学资源、课程考核、课程授课方案设计、课程建设与工学结合效果评价等</td><td>专业基本配置</td></tr>
</table>

续上表

类别	资源	主要内容与要求	备注
课程教学资源	教学设计	主要包括学时安排、学习任务设计、学习内容确定、教学目标设定、教学重难点分析及处理、任务工单提供、教学方法建议、教学手段选用、教学设施和教学场地安排、教学实施要求、课程考核方法,以及课后总结等	专业基本配置
	多媒体课件	优质核心课程课件	
	教学视频库	课程设计录像、课堂教学录像、实训操作演示录像等	
	案例库	以一个完整的汽车销售为案例单元,通过观看、阅读、学习、分析案例,实现知识内容的传授、知识技能的综合应用展示、知识迁移、技能掌握等	
	FLASH 资源	教学难点的动漫演示	
	实训项目	实训目标、实训设备、实训要求、实训内容与步骤、实训项目考核和评价标准、实训报告或总结、操作规程与安全注意事项	
	学生作品	学生学习成果、实训作品	
自主学习资源	学习指南	课程学习目标与要求,重点、难点提示及释疑,学习方法,典型任务解析,自我测试题及答案,参考资料和网站	专业特色配置
	测试题库	知识和技能测试	
	视频库	学习任务实施操作视频资料	
	网络课程	基于互联网的自主学习平台	
	课程链接	与本专业相关的网站	
拓展学习资源	拓展视频资源	其内容可以在教学标准的基础上适当拓展	专业拓展选配
	文献库	与本课程或本专业相关的行业标准、企业规范、法律法规、技术资料、成功案例等	
	仪器设备操作手册	常用仪器设备的操作手册	
	仿真教学	与沈阳敏捷有限公司、北京运华天地有限公司共同开发《汽车整车销售管理模块软件》《汽车维修服务管理模块软件》《车险定损实训教学系统》《汽车营销技能系统》等仿真软件	
	课程 BBS	建立由专人管理的网上论坛	
	网上答疑	由主讲教师开设答疑室	
	其他资源	素质教育模块、课外活动园地	

5. 其他教学资源

学院图书馆或资料室应当配置数量适当、结构合理、技术新颖的本专业纸质和电子图书,为专业学习、教学、科研和社会服务提供良好的信息服务;学院配置的电子图书,具有良好服务功能,能为专业教学资源库建设提供大数据服务。

(三)实验实训条件

1. 校内实训条件

根据汽车技术服务与营销专业人才培养目标和教学要求,在校内由专任教师与企业行业兼职教师共同设计和建设具备理实一体化教学和生产性实训功能的校内实训基地。加强教学功能设计，突出企业氛围，使学生在实训期间能够学习到专业知识，感受企业文化氛围，接受企业操作规范。在建设过程中由学校和企业共同提供实训项目、管理规范、设备、场地、人员和“校中厂”，保障生产性实训教学的有效实施，为校内实训和顶岗实习提供保障。在校企共建过程中保障技术及设备的更新，紧跟技术的发展步伐。

根据汽车技术服务与营销专业人才培养的需要，校内实训条件建议，如表2-9所示。

校内实训条件情况表 表2-9

序号	名称	主要设备	主要功能	对应课程	容纳人数
1	汽车商务实训室	汽车4S店销售服务仿真设备、汽车整车销售模块软件、汽车售后服务模块软件、汽配管理与营销模块软件、汽车保险理赔模块软件	完成汽车销售、汽车售后服务、汽配管理与营销、汽车保险理赔等项目的教学与实训	汽车市场营销、汽车售后服务、汽配管理与营销、汽车保险理赔	50
2	汽车发动机实训室	发动机曲柄连杆机构台架、发动机配气机构台架、发动机供给系统台架、发动机冷却系统台架、发动机润滑系统台架、发动机起动系统台架、发动机点火系统台架、拆装用发动机、套装普通工具（含工具车）、零配件、发动机固定支架、大修包等	完成发动机拆装和检测的教学与实训，使学生具备发动机专项检测、维修等能力，培养学生基本职业岗位能力	发动机构造、职业技能鉴定考证	50
3	汽车底盘实训室	手动变速器解剖实训台、离合器解剖实训台、差速器解剖实训台、悬架拆装实训台、球笼拆装实训台、ABS/EBD/ESP综合系统实训台、扒胎机、轮胎动平衡机、手动变速器、套装普通工具（含工具车）、变速器固定支架、驱动桥等	完成汽车底盘各总成拆装和维修等项目的教学与实训，使学生具备变速器、制动、传动等系统的检测与维修能力；培养学生基本职业岗位能力	汽车底盘构造、职业技能鉴定考证	50
4	汽车电气实训室	起动系统实训台架、灯光系统实训台架、点火系统实训台架、空调系统实训台架、起动机实训台架、空调系统检测设备、蓄电池检测设备、刮水器系统实训台架、车门中控锁、玻璃升降机实训台架、发电机电路实训台架、套装普通工具（含工具车）、零配件等	完成汽车电路设备总线路连接、汽车电源及充电系统、照明与信号系统、仪表及显示系统、空调系统及汽车辅助电气设备的检修等项目的教学与实训	汽车电气设备、职业技能鉴定考证	50
5	汽车电子实训室	发动机电控系统实训台、底盘电控系统实训台、CAN－BUS系统实训台、自动变速器、失速试验台、博世740故障诊断仪、教学一体化设备、解码器套装普通工具（含工具车）等	完成汽车发动机电控技术、汽车底盘电控技术、汽车车身电控技术故障检测诊断，汽车局域网技术实训等项目的教学与实训	汽车电控技术、职业技能鉴定考证	50

续上表

序号	名称	主要设备	主要功能	对应课程	容纳人数
6	汽车仿真实训室	网络教学设备 汽车仿真教学软件	完成汽车总成及部件的结构原理仿真，车辆各大系统的构造认识教学，完成汽车发动机、底盘、电气及电控故障诊断模拟实训操作，各个部件测量、虚拟故障排除；培养学生掌握清晰的操作方法	发动机构造、汽车底盘构造、汽车电控技术	30
7	汽车检测实训室	汽车制动检验台、汽车轴（轮）重仪、汽车悬架性能检验台、汽车底盘测功机、汽车速度表检验台、汽车侧滑检验台、机动车前照灯检测仪、声级计、转向盘转向力仪、柴油机烟度计、废气分析仪、五工位智能工控计算机仪表控制系统	完成汽车性能检测基本岗位技能教学与实训；满足汽车技术服务中心修复车辆性能检测的生产性功能；满足C类检测站的检测功能	汽车检测与诊断、职业技能鉴定考证	50
8	汽车技术服务中心（校中厂）	快速维护工位设备、发动机清洗机、通用诊断仪、举升机、汽车维修服务管理软件、常用工具（含工具车）、电脑、电子屏等	开展社会服务，同时完成汽车专项维修、综合维修等实训项目，满足学生顶岗实习需要；培养学生专项维修和综合维修能力	职业岗位认知实践、校内顶岗实训、职业技能鉴定考证	50

2. 校外实训条件

在校外实训基地的建设中，积极寻求与国内外、区域内大型知名企业开展深层次、紧密型合作，建立与自己的规模相适应的、稳定的校外实训基地，充分满足本专业所有学生综合实践能力及半年以上顶岗实习的需要，发挥企业在人才培养中的作用，由企业提供场地技术指导人员，企业技术人员与教师共同组织和带领学生真正进入企业项目实践，形成校企共建、共管的格局。共建校外实训基地数量12家，如表2-10所示。与南昌同驰丰田汽车销售服务有限公司等合作企业共建3个“厂中校”，如表2-11所示。

校外实训基地有健全的规章制度及基于职业标准的员工日常行为规范，使学生在实训期间养成遵纪守法的习惯，使其能真正领悟到团队合作精神，同时培养学生解决实际问题的能力。

校外实训基地情况　　表2-10

序号	校外实训基地	主要功能	容纳学生人数
1	中国人民财产保险股份有限公司江西分公司	1. 汽车营销综合实训	30
2	江西运通汽车集团公司		30
3	江铃海外汽车服务有限公司		30

续上表

序号	校外实训基地	主 要 功 能	容纳学生人数
4	南昌同驰丰田汽车销售服务有限公司	2. 汽车保险理赔综合实训； 3. 汽配管理与营销综合实训； 4. 汽车维修综合实训； 5. 职业岗位认识实践； 6. 寒暑期岗位见习； 7. 毕业顶岗实习	30
5	江西国力东本汽车服务公司		30
6	江西国力广丰汽车服务有限公司		30
7	南昌欧亚一汽大众汽车服务有限公司		30
8	江西德奥汽车销售服务有限公司		30
9	南昌宝泽汽车销售服务有限公司		30
10	江西全顺汽车销售服务有限公司		30
11	江西东维汽车销售有限公司		30
12	江西省海峰实业有限公司		30

“厂中校”建设情况 表 2-11

序号	名　　称	共 建 单 位	功　　能	容纳人数
1	丰田企业学校	南昌同驰丰田汽车销售有限公司(一汽丰田)	专业教学、学生实训、师资培养、社会培训等	20
2	现代企业学校	江西国力汽车贸易有限公司(北京现代)	专业教学、学生实训、师资培养、社会培训等	20
3	大众企业学校	江西欧亚集团有限公司(一汽大众)	专业教学、学生实训、师资培养、社会培训等	20

二、专业人才培养实施规范

(一)课程教学标准

1. 公共基础课程教学标准(表 2-12)

公共基础课程教学标准 表 2-12

课程 7	大 学 语 文		
学期	第 1 学期	参考学时	64
学习目标	1. 提高语文修养，提升人文素养； 2. 具备一定的应用文写作能力； 3. 具备写作处理日常公务的应用文的能力； 4. 具备正确使用交际语言、提高人际交往的能力		
学习内容	1. 掌握语言的理解和表达知识； 2. 熟悉应用文写作的基础知识； 3. 掌握日常工作文书的含义、特点、分类及结构要素； 4. 掌握口语交际的特点和基本要素； 5. 掌握求职上岗应知应会应用文的写作，并具备一定的求职上岗必备素质		

注：公共基础课中其他课程标准参考汽车运用技术专业。

2. 专业基础学习领域教学标准(表 2-13)

专业基础学习领域教学标准　　表 2-13

学习领域 1	机 械 制 图		
学期	第 1 学期	参考学时	72 学时
职业能力要求	使学生具备机械产品的图样识读与测绘技能,能够具备完成制图国家标准的认识及应用、组合体的画法、机件的表达方法、常用件和标准件的规定画法及标注、典型零件图和装配图的画法、标注及识读等工作任务的能力		
学习目标	1. 掌握学习国家标准中《技术制图》和《机械制图》的相关规定的认识能力; 2. 掌握常用的绘图工具和绘图用品的使用能力; 3. 掌握学习投影的基本理论和应用能力; 4. 掌握学习组合体的规定画法和标注能力; 5. 掌握学习常用件和标准件的规定画法和标记能力; 6. 熟悉机件的表达方法的应用能力; 7. 熟悉零件图的绘制和识读能力; 8. 熟悉装配图的绘制和识读能力		
学习内容	学习情境 1:平面图形的绘制; 学习情境 2:几何体三视图的绘制; 学习情境 3:零件图的识读与绘制; 学习情境 4:装配图的识读与绘制		
学习领域 2	汽车文化		
学期	第 2 学期	参考学时	36
职业能力要求	使学生能够掌握汽车文化的专业知识和专业技能,通过学习的过程掌握工作岗位所需的各项技能和相关专业知识		
学习目标	1. 掌握学习汽车起源和发展过程的能力; 2. 掌握学习汽车车史文化、造型文化、名人文化、名车文化等的能力; 3. 掌握学习汽车车标文化、赛车文化及技术文化的能力; 4. 掌握学习汽车基本知识、提高汽车鉴赏的能力		
学习内容	学习情境 1:汽车认知; 学习情境 2:汽车品牌文化认识; 学习情境 3:汽车外形和色彩欣赏; 学习情境 4:汽车公司及车标识别; 学习情境 5:汽车竞赛; 学习情境 6:汽车新技术与未来汽车探讨		
学习领域 3	礼仪		
学期	第 2 学期	参考学时	36
职业能力要求	使学生掌握仪容仪表仪态礼仪、礼貌语言的运用、日常交际礼仪、餐饮礼仪及主要接待服务礼仪的基本知识		

续上表

学习领域3	礼仪		
学期	第2学期	参考学时	36
学习目标	1. 了解礼仪理论知识； 2. 掌握简单化妆技巧； 3. 注重个人形象塑造； 4. 掌握日常交往所需各项礼仪常识； 5. 根据实际情况，灵活运用礼仪知识； 6. 掌握公务场合所需各项礼仪常识； 7. 根据实际情况，灵活运用礼仪知识； 8. 了解与外宾接触礼仪知识； 9. 掌握中外礼仪习俗差异，灵活运用		
学习内容	学习情境1：个人形象礼仪； 学习情境2：日常交往礼仪； 学习情境3：常用公务礼仪； 学习情境4：国际礼宾礼仪		
学习领域4	电子商务		
学期	第5学期	参考学时	36
职业能力要求	使学生掌握电子商务的基础知识，能够具备网上开店、使用网络工具营销等能力		
学习目标	1. 掌握电子商务的基本模式； 2. 掌握电子商务的技术基础； 3. 了解电子商务的安全及风险； 4. 正确使用电子商务支付工具； 5. 掌握电子商务物流等基础知识； 6. 掌握电子商务实施与管理		
学习内容	学习情境1：电子商务技术认知； 学习情境2：电子商务的支付计算； 学习情境3：电子商务安全管理； 学习情境4：电子商务物流管理		
学习领域5	发动机构造		
学期	第2学期	参考学时	96学时
职业能力要求	使学生能够掌握发动机构造的理论和实际操作的专业知识和专业技能，通过学习的过程掌握工作岗位所需的各项技能和相关专业知识		
学习目标	1. 能正确描述发动机基本结构、作用和基本工作原理的能力； 2. 能描述发动机常用术语和性能指标含义、国产发动机编号规则的能力； 3. 进行曲柄连杆机构构造及工作原理认知的能力； 4. 会进行配气机构的装配、调整和进行气门间隙调整的能力； 5. 能对润滑系主要机件进行拆卸、检验、装配和调整，解决润滑系一般故障的能力； 6. 能对水冷系主要机件进行拆卸、检验、装配和调整，能对水冷系一般故障进行诊断并予以排除的能力； 7. 能对构成发动机的主要零部件进行检测、修理或更换的能力； 8. 会进行发动机的正确拆卸、装配和调整的能力		

续上表

学习领域5	发动机构造		
学期	第2学期	参考学时	96学时
学习内容	学习情境1:发动机总体结构认知; 学习情境2:汽缸压力低故障的检修; 学习情境3:配气机构异响故障检修; 学习情境4:发动机冒黑烟故障的检修; 学习情境5:柴油机起动困难的故障检修; 学习情境6:发动机水温过高故障的检修; 学习情境7:机油压力过低故障检修; 学习情境8:发动机怠速不稳故障的检修; 学习情境9:发动机的拆装与竣工验收		
学习领域6	汽车底盘构造		
学期	第3学期	参考学时	96学时
职业能力要求	使学生能够掌握汽车底盘构造的理论和实际操作的专业知识和专业技能,通过学习的过程掌握工作岗位所需的各项技能和相关专业知识		
学习目标	1. 能描述汽车底盘的基本结构组成和工作原理; 2. 能正确使用汽车底盘的相关拆装和检测工具; 3. 具有汽车底盘拆装的能力; 4. 具有汽车底盘检测与维修的基本能力; 5. 具有诊断和排除现代汽车底盘常见故障的能力; 6. 具备专业顶岗、上岗的能力; 7. 熟知安全生产和环境保护规范		
学习内容	学习情境1:离合器检修; 学习情境2:手动变速器检修; 学习情境3:万向传动装置拆装与检修; 学习情境4:驱动桥拆装与调整; 学习情境5:汽车行驶系检修; 学习情境6:转向系检修; 学习情境7:制动系检修		
学习领域7	汽车电气设备		
学期	第4学期	参考学时	64学时
职业能力要求	使学生能够掌握汽车电气设备的理论和实际操作的专业知识和专业技能,通过学习的过程掌握工作岗位所需的各项技能和相关专业知识		
学习目标	1. 掌握现代汽车电气系统和典型部件的组成、电路、原理和特点; 2. 能正确说出汽车电气系统各零部件的作用、结构及工作原理; 3. 能将实物转画成简图并分析工作过程; 4. 通过简图能在实物上找出相应的零部件并分析它的工作原理和工作过程; 5. 能正确拆装汽车电气的各总成件以及各部件的检测; 6. 能正确运用各种仪器、仪表对汽车电气系统进行检测,并进行相关数据的分析; 7. 能对电气设备的性能进行检测,并能分析测得的参数; 8. 能正确分析汽车各系统电路及整车电路; 9. 掌握诊断与排除汽车各电气系统常见故障的技术、流程、方法		

续上表

学习领域 7	汽车电气设备		
学期	第 4 学期	参考学时	64 学时
学习内容	学习情境 1:起动无力; 学习情境 2:充电指示灯常亮; 学习情境 3:起动机不转; 学习情境 4:发动机不转,无高压点火; 学习情境 5:汽车前照灯不亮; 学习情境 6:车速表指示异常; 学习情境 7:电动车窗不动		
学习领域 8	汽车电子控制技术		
学期	第 4 学期	参考学时	96
职业能力要求	使学生能够掌握汽车电子控制技术的理论和实际操作的专业知识和专业技能,通过学习的过程掌握工作岗位所需的各项技能和相关专业知识		
学习目标	1. 准确掌握现代汽车电控发动机的结构、工作原理的能力; 2. 诊断、排除电控发动机常见故障的能力; 3. 熟练使用检测设备及维修工具的能力; 4. 具有正确操作和调试设备的能力		
学习内容	学习情境 1:汽车发动机起动困难故障检修; 学习情境 2:发动机点火不良故障检修; 学习情境 3:电控汽油机怠速不稳故障检修; 学习情境 4:电控汽油机排气管冒黑烟故障检修; 学习情境 5:自动变速器异响故障检修; 学习情境 6:ABS 故障指示灯常亮故障检修; 学习情境 7:ASR/ESP 功能失效故障检修; 学习情境 8:电控悬架不能自动调节故障检修; 学习情境 9:电控动力转向助力不足故障检修		

3. 专业核心学习领域教学标准(表 2-14)

专业核心学习领域教学标准 表 2-14

学习领域 1	汽车市场营销		
学期	第 3 学期	参考学时	96
职业能力要求	使学生掌握汽车市场营销技术的基本原理及基本技能,通过学习的过程掌握汽车销售顾问工作岗位所需的各项技能和相关专业知识		
学习目标	1. 能按计划进行汽车市场调研; 2. 能根据汽车市场营销的目的确定汽车市场营销战略和汽车市场竞争策略; 3. 会根据汽车目标市场进行汽车市场细分与目标市场定位; 4. 能按市场机会进行汽车市场营销组合; 5. 能根据企业规模进行汽车营销网络建设; 6. 能根据企业战略目标实施顾客满意战略; 7. 能按市场管理要求对汽车市场营销进行管理		

续上表

学习领域1	汽车市场营销		
学期	第3学期	参考学时	96
学习内容	学习情境1:汽车与市场营销基础认知; 学习情境2:汽车市场营销策划; 学习情境3:汽车消费者购买行为分析; 学习情境4:汽车市场4P策略; 学习情境5:汽车整车销售流程; 学习情境6:二手车交易		
学习领域2	汽车保险理赔		
学期	第3学期	参考学时	64
职业能力要求	使学生掌握汽车保险代理和车险查勘定损的基本知识和基本技能,通过学习的过程掌握汽车保险代理和车险查勘定损工作岗位所需的各项技能和相关专业知识		
学习目标	1. 能够掌握汽车保险投保业务环节和工作内容; 2. 能独立完成汽车保险的投保业务; 3. 能根据交通事故认定方法识别事故车; 4. 能够完成对交通事故现场的事故查勘,搜集整理资料; 5. 能对事故车的现场进行处理;准确快速确定事故车损失; 6. 能协助核损员及维修人员完成事故车辆的修理; 7. 能自学新技术、新知识、新技巧,不断提高职业能力。		
学习内容	学习情境1:车险展业; 学习情境2:车险投保; 学习情境3:车险承保; 学习情境4:车险查勘定损; 学习情境5:车险理赔		
学习领域3	汽车售后服务		
学期	第4学期	参考学时	64
职业能力要求	使学生掌握汽车售后服务的基本知识和基本技能,通过学习的过程掌握汽车服务顾问工作岗位所需的各项技能和相关专业知识		
学习目标	1. 能够在汽车维修接待中正确运用礼仪规范; 2. 能够建立与使用客户档案; 3. 能够完成5S现场管理与检查; 4. 能够解释汽车保修原则与范围; 5. 能够操作汽车保险代赔服务; 6. 能够正确处理价格异议; 7. 能够处理客户投诉; 8. 能够熟练处理车辆维修的全过程; 9. 能够熟练使用汽车维修服务软件		

续上表

学习领域 3	汽车售后服务		
学期	第 4 学期	参考学时	64
学习内容	学习情境 1:汽车售后服务认知; 学习情境 2:礼仪规范; 学习情境 3:售后服务流程; 学习情境 4:客户满意与客户关系的经营与管理; 学习情境 5:汽车售后 5S 现场管理; 学习情境 6:配件管理		
学习领域 4	汽车配件管理与营销		
学期	第 5 学期	参考学时	60
职业能力要求	使学生掌握汽车配件管理和营销的基本知识和基本技能,通过学习的过程掌握汽车配件管理等工作岗位所需的各项技能和相关专业知识		
学习目标	1. 能够甄选合格的供应商,评估供应商的供货能力及合作关系; 2. 能够负责与供应商的谈判,争取优惠的价格和理想的交货条件; 3. 能够处理日常进出货业务; 4. 能够完成采购订单制作,确认、安排发货及跟踪到货日期; 5. 能够做好货物入库相关单据,积极配合库房保质保量地完成采购货物的入库管理; 6. 能够积极联系厂家对问题配件进行保修索赔工作; 7. 能够能根据市场与客户需求提供优质的销售业务及售后服务		
学习内容	学习情境 1:汽车配件编码与查询; 学习情境 2:汽车配件订货与采购; 学习情境 3:汽车配件出入库管理; 学习情境 4:汽车配件库存管理; 学习情境 5:汽车配件仓储设计; 学习情境 6:汽车配件营销		
学习领域 5	二手车鉴定与评估		
学期	第 5 学期	学时	60
职业能力要求	使学生能够掌握二手车评估的理论和实际操作的专业知识和专业技能,通过学习的过程掌握工作岗位所需的各项技能和相关专业知识		
学习目标	1. 熟悉汽车类型及型号编制规则; 2. 熟悉车辆识别代号; 3. 掌握汽车的使用寿命; 4. 熟悉二手车交易市场基础知识; 5. 掌握二手车鉴定评估机构特征、职能和地位; 6. 掌握二手车鉴定估价师执业准入和资格认证; 7. 掌握二手车静态检查; 8. 掌握二手车技术状况的动态检查; 9. 掌握二手车技术状况的仪器检查; 10. 掌握二手车价格的鉴定方法; 11. 掌握二手车过户和登记的程序; 12. 掌握二手车定价的方法		

续上表

学习领域5	二手车鉴定与评估		
学期	第5学期	学时	60
学习内容	学习情境1:前期准备; 学习情境2:现场鉴定; 学习情境3:评定估算; 学习情境4:二手车交易后续业务的办理; 学习情境5:二手车经销		

4. 专业拓展学习领域教学标准(表2-15)

专业拓展学习领域教学标准　　表2-15

学习领域1	汽车贸易理论与谈判		
学期	第3学期	学时	64
职业能力要求	使学生能够掌握国际贸易的理论和实际操作的专业知识和专业技能,通过学习的过程掌握工作岗位所需的各项技能和相关专业知识		
学习目标	1. 能准确解释汽车贸易的相关术语及其含义的能力; 2. 掌握汽车市场与产业政策环境分析的能力; 3. 熟悉汽车贸易方式选用的能力; 4. 掌握正确使用汽车贸易支付工具的能力; 5. 掌握检验汽车贸易商品品质、数量、包装的能力; 6. 具备理解汽车贸易术语与贸易价格的能力; 7. 具备汽车贸易交易谈判策略选用的能力; 8. 具备常见信函正确书写的能力		
学习内容	学习情境1:认识汽车贸易; 学习情境2:汽车产业政策分析; 学习情境3:汽车贸易支付; 学习情境4:签订汽车贸易合同; 学习情境5:汽车贸易术语与价格谈判; 学习情境6:汽车贸易交易		
学习领域2	汽车运行材料		
学期	第4学期	学时	32
职业能力要求	使学生能够掌握汽车上所有运行材料的基础理论知识,通过学习的过程掌握工作岗位所需的各项技能和相关专业知识		
学习目标	1. 了解石油与石油产品的基础知识; 2. 了解油料的技术管理的措施; 3. 掌握汽油、柴油的使用性能、种类及正确选用方法; 4. 掌握发动机润滑油及润滑脂的作用、分类、选用及使用范围; 5. 掌握齿轮油及液力传动油的工作条件、分类、规格及选用方法; 6. 掌握汽车制冷液、冷却液、减振器油的选用方法; 7. 掌握轮胎的作用、类型及结构特点; 8. 掌握轮胎的规格及选用方法; 9. 掌握轮胎的使用与维护方法		

续上表

<table>
<tr><td>学习领域 2</td><td colspan="3">汽车运行材料</td></tr>
<tr><td>学期</td><td>第 4 学期</td><td>学时</td><td>32</td></tr>
<tr><td>学习内容</td><td colspan="3">学习情境 1:汽车燃料的选用;
学习情境 2:汽车润滑油及特种油液的选用;
学习情境 3:汽车轮胎的选用</td></tr>
<tr><td>学习领域 3</td><td colspan="3">汽车法规标准</td></tr>
<tr><td>学期</td><td>第 5 学期</td><td>学时</td><td>30</td></tr>
<tr><td>职业能力要求</td><td colspan="3">掌握汽车法规、理论和实际操作的专业知识和专业技能,使学生通过学习的过程掌握工作岗位所需的各项技能和我国的汽车法律法规的专业知识</td></tr>
<tr><td>学习目标</td><td colspan="3">1. 准确解释汽车法规的相关术语及其含义的能力;
2. 掌握我国汽车法律法规的主要内容;
3. 了解国际和发达国家汽车法律法规,能够借鉴国外先进的汽车法律法规体系;
4. 掌握标准和标准化的概念、分类,标准的结构、制定、编写和实施;
5. 掌握并且运用道路交通法规的能力;
6. 具备其他法规相关的知识;
7 准确对汽车分类的能力;
8. 具备选择试验和检验方法的能力;
9. 具备汽车排放测试方法的能力</td></tr>
<tr><td>学习内容</td><td colspan="3">学习情境 1:认识汽车法规;
学习情境 2:汽车法律法规;
学习情境 3:汽车车辆标准;
学习情境 4:汽车维修及维修企业标准;
学习情境 5:汽车排放标准</td></tr>
<tr><td>学习领域 4</td><td colspan="3">汽车检测与诊断技术</td></tr>
<tr><td>学期</td><td>第 5 学期</td><td>学时</td><td>60</td></tr>
<tr><td>职业能力要求</td><td colspan="3">掌握汽车机电维修工岗位和汽车检测站要求的职业能力,使学生通过学习的过程掌握工作岗位所需的各项技能和专业知识</td></tr>
<tr><td>学习目标</td><td colspan="3">1. 掌握汽车技术状况的变化规律及汽车检测与诊断专用仪器设备的使用方法;
2. 掌握发动机功率的检测;
3. 掌握汽缸气密性的检测;
4. 掌握电控汽油喷射系统的检测与诊断;
5. 掌握汽车底盘故障的诊断与排除方法;
6. 掌握四轮定位仪及车轮平衡机的使用;
7. 掌握汽车制动系及侧滑的检测;
8. 掌握汽车悬架、排放、前照灯及车速表的检测</td></tr>
<tr><td>学习内容</td><td colspan="3">学习情境 1:发动机技术状况检测诊断;
学习情境 2:底盘技术状况检测诊断;
学习情境 3:整车性能检测;
学习情境 4:汽车检测站</td></tr>
</table>

续上表

学习领域5	汽车装饰与美容		
学期	第5学期	学时	60
职业能力要求	掌握汽车美容与装饰的理论和实际操作的专业知识和专业技能，使学生通过学习的过程掌握工作岗位所需的各项技能和专业知识		
学习目标	1.准确解释汽车美容与装饰的相关术语及其含义的能力； 2.车身美容、内饰美容和漆面美容所需工具、材料选择的能力； 3.车身美容、内饰美容和漆面美容部位判别的能力； 4.掌握学习护理美容、修复美容和专业美容工艺流程的能力； 5.掌握学习汽车内外装饰技能的能力； 6.掌握学习汽车防护技能的能力； 7.具有正确进行设备选型的能力； 8.操作和调试美容、装饰设备的能力		
学习内容	学习情境1:认识汽车美容与装饰； 学习情境2:漆面美容修复； 学习情境3:汽车美容装饰		
学习领域6	汽车商务英语		
学期	第5学期	学时	30
职业能力要求	掌握英语阅读能力和翻译能力，使学生更好地直接从国外资料中获得新的知识和信息。使学生适应企业需求，充分提高学生的就业能力		
学习目标	1.能够熟练掌握汽车常见结构英文词汇； 2.掌握汽车商务英语的翻译技巧； 3.能熟练完成教与学的外文资料的英汉对照； 4.熟悉并掌握汽车常用缩略词及不同车型常见的故障码的英文说明； 5.借助汽车英汉字典能较熟练阅读英文汽车说明书、维修手册、光盘等最新的汽车外文资料		
学习内容	学习情境1:英语基础技能； 学习情境2:课文与词汇教学的英汉对照； 学习情境3:外文资料的自主翻译		

5.独立实践环节教学标准(表2-16)

独立实践环节教学标准　　表2-16

学习领域1	发动机构造实习		
学期	第2学期	学时	30
职业能力要求	通过发动机构造实习使学生加深对专业理论知识的理解，培养和提高学生实际操作和分析问题、解决问题的能力，使学生综合运用所学理论知识与汽车销售服务实践紧密结合，为毕业后从事汽车销售服务等工作打下良好的基础		
学习目标	1.在实习过程中认知汽车修理企业的工作流程和各岗位的职责任务，提高岗位的适应能力，学会以各种方式学习，综合素质要有明显提升； 2.将发动机构造等专业知识和相关政策法规结合，运用到相应的实践岗位，提高观察问题、发现问题、分析问题、解决问题的能力，提高专业水平； 3.在规范有序的实际工作中养成努力钻研、吃苦耐劳的精神		

续上表

学习领域1	发动机构造实习		
学期	第2学期	学时	30
学习内容	1. 掌握各种发动机的种类、功能、构造及组成等，能进行现场拆装与维修； 2. 掌握各种发动机维修技能，并能制定相关方案或作业指导书等文件； 3. 熟悉新技术、新工艺、新方法，特别是技术管理、技术员的工作职责、技术文件的分类及整理等		
学习领域2	汽车底盘构造实习		
学期	第3学期	学时	30
职业能力要求	通过汽车底盘构造实习使学生加深对专业理论知识的理解，培养和提高学生实际操作和分析问题、解决问题的能力，使学生综合运用所学理论知识与汽车销售服务实践紧密结合，为毕业后从事汽车销售服务等工作打下良好的基础		
学习目标	1. 在实习过程中认知汽车修理企业的工作流程和各岗位的职责任务，提高岗位的适应能力，学会以各种方式学习，综合素质要有明显提升； 2. 将汽车底盘等专业知识和相关政策法规结合，运用到相应的实践岗位，提高观察问题、发现问题、分析问题、解决问题的能力，提高专业水平； 3. 在规范有序的实际工作中养成努力钻研、吃苦耐劳的精神		
学习内容	1. 掌握各种汽车底盘的种类、功能、构造及组成等，能进行现场拆装与维修； 2. 掌握各种汽车底盘维修技能，并能制定相关方案或作业指导书等文件； 3. 熟悉新技术、新工艺、新方法，特别是技术管理、技术员的工作职责、技术文件的分类及整理等		
学习领域3	汽车电气设备实习		
学期	第4学期	学时	30
职业能力要求	通过汽车电气设备实习使学生加深对专业理论知识的理解，培养和提高学生实际操作和分析问题、解决问题的能力，使学生综合运用所学理论知识与汽车销售服务实践紧密结合，为毕业后从事汽车销售服务等工作打下良好的基础		
学习目标	1. 在实习过程中认知汽车修理企业的工作流程和各岗位的职责任务，提高岗位的适应能力，学会以各种方式学习，综合素质要有明显提升； 2. 将汽车电气等专业知识和相关政策法规结合，运用到相应的实践岗位，提高观察问题、发现问题、分析问题、解决问题的能力，提高专业水平； 3. 在规范有序的实际工作中养成努力钻研、吃苦耐劳的精神		
学习内容	1. 掌握各种汽车电气的种类、功能、构造及组成等，能进行现场拆装与维修； 2. 掌握各种汽车电气维修技能，并能制定相关方案或作业指导书等文件； 3. 熟悉新技术、新工艺、新方法，特别是技术管理、技术员的工作职责、技术文件的分类及整理等		
学习领域4	汽车维护实习		
学期	第3学期	学时	30
职业能力要求	通过汽车维护实习使学生加深对专业理论知识的理解，培养和提高学生实际操作和分析问题、解决问题的能力，使学生综合运用所学理论知识与汽车销售服务紧密结合，为毕业后从事汽车销售服务等工作打下良好的基础		

续上表

学习领域 4	汽车维护实习		
学期	第 3 学期	学时	30
学习目标	1. 掌握汽车维护的分类和级别； 2. 掌握汽车维护的操作规范； 3. 掌握汽车维护部件和总成的工作原理和结构； 4. 掌握各种维护设备和工具的使用方法； 5. 掌握制订汽车维护计划的方法； 6. 掌握汽车整车维护的方法、过程和要求； 7. 掌握汽车整车维护质量的检验方法		
学习内容	1. 新车交车检验； 2. 查找车辆安全配置； 3. 客户接待—车辆外观检查； 4. 蓄电池维护； 5. 润滑系统维护； 6. 车轮轮胎维护； 7. 整车维护		
学习领域 5	汽车电子控制技术实习		
学期	第 4 学期	学时	30
职业能力要求	通过汽车电子控制技术实习使学生加深对专业理论知识的理解，培养和提高学生实际操作和分析问题、解决问题的能力，使学生综合运用所学理论知识与汽车销售服务实践紧密结合，为毕业后从事汽车销售服务等工作打下良好的基础		
学习目标	1. 在实习过程中认知汽车修理企业的工作流程和各岗位的职责任务，提高岗位的适应能力，学会以各种方式学习，综合素质要有明显提升； 2. 将汽车电控等专业知识和相关政策法规结合，运用到相应的实践岗位，提高观察问题、发现问题、分析问题、解决问题的能力，提高专业水平； 3. 在规范有序的实际工作中养成努力钻研、吃苦耐劳的精神		
学习内容	1. 掌握各种汽车电控技术的种类、功能、构造及组成等，能进行现场检测与维修； 2. 掌握各种汽车电控技术的诊断方法，并能制定相关方案或作业指导书等文件； 3. 熟悉新技术、新工艺、新方法，特别是技术管理、技术员的工作职责、技术文件的分类及整理等		
学习领域 6	整车销售实习		
学期	第 3 学期	学时	30 学时
职业能力要求	通过实例讲解，使学生掌握汽车销售等方面的基本知识；学会正确地将汽车知识与汽车的营销有机统一起来；能够利用掌握的理论知识对出现的问题进行分析总结，具备一定的持续发展能力		
学习目标	1. 熟悉汽车销售标准流程； 2. 熟悉客户需求分析； 3. 熟悉客户成交重点； 4. 熟悉汽车销售的工作细节； 5. 培养学生的职业素养，树立正确的人生观、价值观		

续上表

学习领域6	整车销售实习		
学期	第3学期	学时	30学时
学习内容	1. 汽车销售标准流程； 2. 客户需求分析； 3. 汽车销售的工作细节； 4. 汽车销售的业务		
学习领域7	汽车售后服务实习		
学期	第4学期	学时	30学时
职业能力要求	通过实例讲解，使学生掌握汽车售后服务等方面的基本知识；学会正确地将汽车知识与汽车服务有机统一起来；能够利用掌握的理论知识对出现的问题进行分析总结，具备一定的持续发展能力		
学习目标	1. 熟悉汽车服务的标准流程； 2. 掌握预约的标准话术； 3. 掌握接待、派工的标准话术； 4. 掌握交车结算、质量检查的标准话术； 5. 培养学生的职业素养，树立正确的人生观、价值观		
学习内容	1. 预约流程； 2. 接待流程； 3. 派工流程； 4. 交车结算流程		
学习领域8	毕业顶岗实习		
学期	第5、6学期	学时	690学时
职业能力要求	通过毕业顶岗实习使学生加深对专业理论知识的理解，培养和提高学生实际操作和分析问题、解决问题的能力，使学生综合运用所学理论知识与汽车销售服务实践紧密结合，为毕业后从事汽车销售服务等工作打下良好的基础		
学习目标	1. 了解岗位要求，履行岗位职责； 2. 参与汽车4S店服务顾问、汽车销售顾问、汽车保险理赔、汽车机修工等岗位顶岗实习，独立或协助完成汽车技术服务任务； 3. 适应汽车销售企业职业氛围和职业环境； 4. 具备安全和环保意识		
学习内容	1. 选择汽车4S店服务顾问、汽车销售顾问、汽车保险理赔、汽车机修工等汽车销售服务企业岗位进行实习； 2. 岗位技能和职业素养培养； 3. 实习工作总结，撰写顶岗实习技术报告		

（二）教学组织

贯彻“合作办学、合作育人、合作发展”的理念，按照“依托行业、对接产业、定位职业、服务社会”的专业建设思路，以行动导向实施课程教学，形成以教师为主导、学生为主体、教学做合一、理论与实践合一、工学结合的教学模式。始终要重视学生在校学习与实际工作的一致性，采取工学交替、任务驱动、项目导向的一体化教学模式，运用任务驱动法、项目导向法、情境教学法、案例分析法、现场教学法、课堂讨论法等教学方法进行教学，立足于加强学生实际操作能力的培养。

核心课程建议采用“任务驱动”教学法，通过典型的工作任务，由教师提出要求，组织学生进行活动，注重“教”与“学”的互动，让学生在活动中增强爱岗敬业、团结协作的意识，实现技能与素质的同步提高。实施“教、学、做”一体化教学，提高学生的学习兴趣，有效培养学生的职业能力；教师可着重进行引导并实施监督和评价。实践课程要加强引导、示范，创设工作情境，让学生自己动手，提高学生岗位适应能力和分析解决问题的能力。

在教学过程中，要充分借鉴多媒体、教学资源库、网络资源等教学资源辅助教学，帮助学生理解所学知识，并重视本专业领域新技术、新标准、新设备的发展趋势。要充分利用校外实训基地，校企合作，工学结合，积极引导学生提升职业素养、提高职业道德紧密结合职业技能证书的考核、加强取证项目的训练。

（三）考核评价

吸纳用人单位专家参与教学质量评价，建立以能力为核心、以过程为重点的学习绩效考核评价体系。针对不同类型的课程采用不同的考核方法。对公共基础课程，建议采取理论考核的方法；对于专业学习领域，建议采取过程考核与综合考核相结合的方式；对于实践学习领域，尽量采用实操考核、过程考核的方法。具体原则如下：

1. 公共基础学习领域

总评成绩 = 平时成绩（考勤、提问、作业等）×40% + 期终考核 ×60%。

2. 专业学习领域

采取过程考核与综合考核相结合的评价方式，同时根据学生取得相应工种的职业资格证书的情况，综合评价学生成绩。

其中，过程考核包括学习态度、课程作业等，占课程总成绩的40%；综合考核包括期末考试、实践考核、技能鉴定、小组评议、学习总结等，占课程总成绩的60%。

3. 实践学习领域

以工作态度、实际操作和实习报告等情况综合评定学生成绩，其中工作态度、实际操作等占80%（在企业完成的项目由企业指导教师评定），实习报告占20%。

三、专业人才培养实施流程

将汽车技术服务与营销市场岗位需求融入人才培养方案中，以培养学生良好职业道德和较强职业能力为宗旨，导入行企标准，借鉴校企合作人才培养经验，通过与日产、人保等一批汽车职业教育合作项目的实施，引入先进的汽车技术和职教理念，构建“岗位需求引导、行企标准跟进、三方考核评价”，适应区域经济发展的汽车技术服务与营销专业人才培养模式，如图 2-1 所示。

岗位需求引导是指深入汽车销售服务企业开展调研，把握企业岗位需求及综合职业能力要求，校企合作共同确定人才培养目标。行企标准跟进是指将行业企业技术和管理标准引入到学习领域中，建立包含专业平台课程、职业方向课程及就业岗位拓展课程的汽车技术

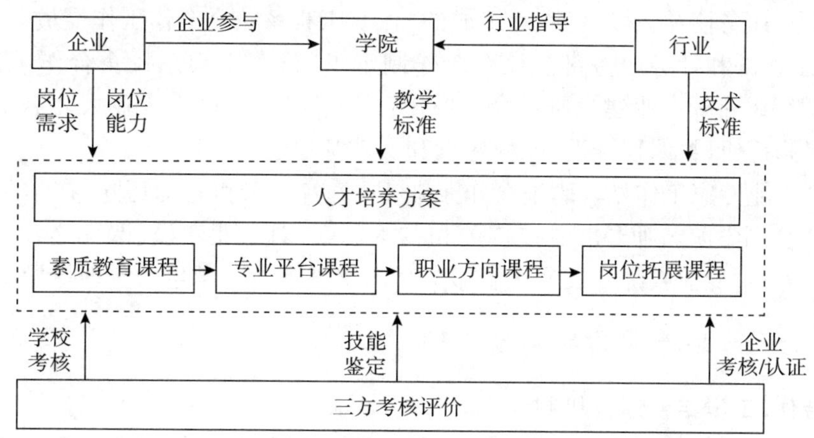

图2-1 “岗位需求引导、行企标准跟进、三方考核评价”人才培养模式

服务与营销专业课程体系，学生在学习专业平台课程的基础上，选择职业方向，根据职业方向进行岗位知识和技能的学习；三方考核评价包括：专业考核由学院实施，职业考核（如汽车维修资格证书）由国家职业技能鉴定部门实施，企业考核/认证由合作企业实施。

以典型工作任务为载体，积极推行任务驱动的教学模式。以完成真实维修任务为路径，将维修任务嵌入教学过程，让学生经过自己的思考和老师的指导，独立解决问题，从而掌握相关的知识和技能。不断深化人才培养模式改革，提升人才培养质量。

1. 公共基础学习领域

主要学习公共基础课程课程，培养学生基本的职业素养。

2. 专业基础学习领域

在校内常规教室、理实一体教室和基本技能实训室学习机械制图，电子商务，汽车机械系统的结构、工作原理、拆装、检修等专业基础内容，培养学生专业基本技能。

3. 专业核心学习领域

基于汽车技术服务与营销专业的特殊性，在校内常规教室、理实一体化教室、基本技能实训室和综合技能实训室、校企共建的实训室进行汽车营销、汽车售后服务管理、汽车配件管理与营销、汽车保险与理赔等专业核心知识和技能的学习。培养学生汽车销售、售后服务、车险理赔等岗位技能，并取得汽车配件销售员中级工、保险公估师等证书。

4. 专业拓展学习领域

在校内常规教室、理实一体化教室、基本技能实训室和综合技能实训室、校企共建的实训室进行二手车鉴定与评估、汽车装饰与美容、汽车检测与诊断等专业知识和技能的学习，拓展学生的专业学习领域，拓宽学生的就业领域。

5. 实践课程学习阶段

在校外实训基地、合作企业顶岗实习，结合岗位知识和技能，完成企业岗位技能、企业文化学习，融入企业，为后续的顺利就业打下良好基础。

四、专业人才培养实施保障

（一）专业人才培养实施的组织保障

在学院合作发展理事会的指导下，由系部牵头，组建由汽车行业企业专家和学院专业带头人、骨干教师、知名校友、学生代表等组成的“汽车工程系校企合作工作委员会”,并设办公室、专业建设工作部和社会服务部。校企合作制定了“汽车工程系校企合作工作委员会规程”,每年定期组织召开专业建设研讨会,制订年度工作计划,进行专业人才需求调研,专业人才培养方案修订研讨,课程开发、课程建设和实训基地建设等。

建立校内企业专家工作站。聘请合作企业1~2名专家和能工巧匠,在学院建立“企业专家工作站”,会同学院名师开展科技攻关和技术创新;对专业建设、课程建设、师资队伍建设提供咨询服务;对专业教师开展汽车新服务理念培训和参与学生的实训指导工作等活动。

(二)专业人才培养实施的制度保障

1. 校企合作、工学结合运行机制

为了使专业建设和技术服务工作能健康、有序地开展,并切实解决学生安全、学生待遇等突出问题,应该根据学院的相关管理规定,结合本专业的实际制定相关的《校企合作工作委员会工作细则》《校企合作工作委员会例会制度》《汽车运用技术专业建设工作部管理细则》《社会服务工作部管理细则》《校外实训实习基地校企共建共管细则》《教师培训与企业锻炼实施细则》《学生顶岗实习评价细则》等制度。

2. 专业教学运行管理机制

为了保证理论与实践教学的顺利实施与运行,应该依据学院《教学管理基本规程》《课程建设指导意见》《关于教学建设的若干规定》等;关于实践教学管理的《实践教学工作条例》等;关于学生成绩考核的《学生学业成绩考核管理规定》;关于学生管理的《学生管理规定》《学生考试违纪和作弊认定处理办法》等教学管理制度执行。

为了确保实践教学的顺利进行,各校内实训室和校外实训基地建立了完善的校内实训室和校外实实训基地的管理制度,如《实训室及实训基地的运行管理机制》《校外实训基地运行管理制度》《实训指导教师管理办法》《设备管理和维护保养制度》《实训室操作规范及管理制度》《岗位职责》《安全管理制度》《实训质量考核评价制度》等,保证校内外实训条件的优势资源在教学过程中的充分发挥。

3. 顶岗实习制度

顶岗实习是工学结合人才培养模式的重要组成部分,为了保证顶岗的效果、提高实习的质量,应该根据学院《顶岗实习管理办法》和有关管理规定,制定了本专业相关的实施细则和一系列学生顶岗实习的作业文件,包括《学生顶岗实习协议书》《学生自主联系顶岗实习申请表》《顶岗实习考核表》《顶岗实习辅导员联系学生情况登记表》《顶岗实习手册》等,使顶岗实习教学环节有计划、有组织、有考核、有落实。

4. 其他配套制度

此外,学院还制订了全员定期定聘计划、人才培养计划,出台了《江西交通职业技术学院人才引进管理办法》《兼职教师管理制度》《重点教学项目奖励办法》和《江西交通职业技术学院科技成果奖励办法》等文件,激励教师参与专业建设和教研、科研等工作。

(三)专业教学运行过程质量保障

1. 教学质量监控与评价主体

按学院的管理要求,构建和完善由教务、督导、系部、教研室、校企合作工作委员会和学

生信息员六大部分构成的教学质量监控与评价主体，其中，教务处和系部是教学质量监控与评价主体，督导室是教学过程日常巡视监控与评价主体，校企合作工作委员会是专业人才培养目标与规格监控主体，学生信息员是教学效果反馈主体。

2. 教学质量标准体系

校企合作积极探索职业岗位要求与专业人才培养方案有机结合的途径与方式，充分发挥由行业专家参与的校企合作工作委员会专业建设工作部的作用，制定了人才培养方案，建立了实践教学环节的质量标准体系。一是建立了教师教学标准；二是在专业调研基础上，校企合作共同制定了专业课程标准。

3. 教学质量监控与评价体系

针对本专业学生学习的目标、内容、要求等，形成了一整套科学、规范的教学运行管理细则，形成了教学全过程运行监控体系。特别是加强了学生顶岗实习期间的教学质量监控，强化顶岗实习过程管理。校企共同实施教学质量评价，通过督导考核、学院考核、学生评教及同行评价四个方面对教学进行综合评价。督导考核通过听课、走课、巡课、师生座谈会、学生教学信息反馈、教案检查、教学检查等情况对教师的教学工作进行客观评价；教务处代表学院对教师执行管理情况进行客观评价；学生根据教师平时的教学情况进行网上测评，再通过测评数据标准化处理形成可比测评分；同行考核是由系部、教研室和同行教师通过听课和教研活动情况，对教师的教学进行考核。为了使考核公平可信，系部应该按学院的相关管理规定，制定本系部和本专业教研室的教学考核细则，以保证测评结果客观公正。

（执笔人：孙丽娟）

第三部分　附　　件

附件1:《汽车市场营销》课程标准

一、课程定位

本课程定位,如表1所示。

课程定位表　　表1

课程名称及编号	汽车市场营销(212012)
课设学期及学时	第三学期(96学时)
课程类型	专业核心课程(学习领域)
先导课程	礼仪
平行课程	汽车保险与理赔、汽车贸易与谈判
后续课程	整车销售实训、汽车售后服务管理

二、课程性质

本课程是高等职业院校汽车技术服务与营销专业的核心课程,是从事汽车营销工作的必修课程。其功能是使学生掌握汽车市场营销技术的基本原理及基本技能,培养学生从事汽车市场营销的基本职业能力和职业素养。

三、课程设计思路

本课程标准的总体设计思路:变三段式课程体系为任务引领型课程体系,打破传统的文化基础课、专业基础课、专业课的三段式课程设置模式,紧紧围绕完成工作任务的需要来选择课程内容;变知识学科本位为职业能力本位,打破传统的以"了解"、"掌握"为特征设定的学科型课程目标,从"任务与职业能力"分析出发,设定职业能力培养目标;变书本知识的传授为完成工作任务的培养,打破传统的知识传授方式,以"工作项目"为主线,创设工作情境,培养学生的实践动手能力。

通过此课程的学习,学生能独立完成"汽车整车销售"的工作任务,以满足客户需求,实现汽车销售企业与购车客户之间的良好沟通,对企业而言,销售顾问代表客户运用企业的资源按照客户需求提供意向车型;对客户而言,销售顾问代表专营店(品牌店)的服务品质。在学习过程中培养与客户、同事沟通的能力,养成安全环保、质量意识。

四、课程目标

(一)知识目标

(1)熟练掌握汽车与市场营销基础知识;

(2)熟练掌握汽车市场营销策划的方法；
(3)会分析汽车消费者购买行为；
(4)熟练掌握汽车市场4P策略；
(5)熟练掌握汽车整车销售流程；
(6)掌握二手车交易的相关要求。

(二)能力目标

(1)能按计划进行汽车市场调研；
(2)能根据汽车市场营销的目的确定汽车市场营销战略和汽车市场竞争策略；
(3)会根据汽车目标市场进行汽车市场细分与目标市场定位；
(4)能按市场机会进行汽车市场营销组合；
(5)能根据企业规模进行汽车营销网络建设；
(6)能根据企业战略目标实施顾客满意战略；
(7)能按市场管理要求对汽车市场营销进行管理。

(三)素质目标

(1)培养学生的可持续发展的能力；
(2)培养学生与人合作的能力；
(3)利用英文版软件培养学生的外语应用能力；
(4)注重遵章守纪、积极思考、耐心、细致、勇于实践、竞争意识等职业素质的养成。

五、课程内容与学习目标

(一)课程内容结构安排

本课程分汽车市场营销认知等5个学习情境，汽车市场营销及汽车营销观念的认知19个工作任务，具体见表2。

课程内容结构安排一览表 表2

序号	学习情境	工作任务	学时
1	汽车市场营销认知	汽车市场营销及汽车营销观念的认知	2
		汽车销售的4S模式认知	2
2	汽车市场营销策划	汽车市场营销环境分析	4
		汽车市场调查与预测	6
		汽车市场细分与目标市场选择	4
		汽车营销策划书编写	6
3	汽车消费者购买行为分析	汽车消费者购买行为认知	4
		汽车个体消费者购买行为分析	4
		汽车集团组织消费者购买行为分析	2

续上表

序号	学习情境	工作任务	学时
4	汽车市场4P策略	汽车产品策略	4
		汽车价格策略	4
		汽车分销渠道策略	4
		汽车促销策略	4
5	汽车整车销售流程	汽车销售展厅接待	8
		汽车客户需求分析	8
		车辆展示与介绍	10
		异议处理与促进交易	16
		交车服务	2
		车辆的售后服务管理	2

(二)课程内容要求(表3)

课程内容要求 表3

<table>
<tr><td colspan="2">学习情境1:汽车市场营销认知</td><td>学时:4</td></tr>
<tr><td colspan="3">学习目标:
1. 能应顾客要求进行车型介绍;
2. 能对优秀的营销案例进行分析;
3. 能把学到的汽车市场营销管理知识运用到实际工作中</td></tr>
<tr><td colspan="3">学习内容:
1. 三大车系的主要品牌与车型特点;
2. 了解国际、国内汽车市场的基本情况;
3. 掌握市场营销与汽车营销概念;
4. 熟悉汽车4S店的特征;
5. 了解汽车4S店的主要工作岗位及其职能</td></tr>
<tr><td>教学资源:
讲义、教案、多媒体课件、实训指导书、任务工单、系统仿真软件、图片、模型、FLASH动画、规程等</td><td colspan="2">对学生基础要求:
1. 会查阅市场营销相关资料;
2. 具备汽车相关理论知识</td></tr>
<tr><td colspan="2">学习情境2:汽车市场营销策划</td><td>学时:20</td></tr>
<tr><td colspan="3">学习目标:
1. 能对汽车市场营销环境进行分析;
2. 能明确某车型市场定位;
3. 能设计某品牌汽车市场调查;
4. 能编制汽车营销策划大纲</td></tr>
<tr><td colspan="3">学习内容:
1. 汽车市场营销环境分析;
2. 汽车市场调查与预测;
3. 汽车市场细分与目标市场选择;
4. 汽车营销策划书编写</td></tr>
</table>

续上表

学习情境2:汽车市场营销策划	学时:20
教学资源: 讲义、教案、多媒体课件、实训指导书、任务工单、系统仿真软件、图片、模型、FLASH 动画、规程等	对学生基础要求: 1. 会查阅汽车市场营销策划相关资料; 2. 具备汽车市场营销理论知识
学习情境3:汽车消费者购买行为分析	学时:10
学习目标: 1. 能利用个体消费者的购买特征分析客户的需求; 2. 能为客户提供准确的购车决策; 3. 能对客户购车类型作出准确判断; 4. 能为集团客户提供准确的购车决策	
学习内容: 1. 汽车消费者购买行为认知; 2. 汽车个体消费者购买行为分析; 3. 汽车集团组织消费者购买行为分析	
教学资源: 讲义、教案、多媒体课件、实训指导书、任务工单、系统仿真软件、图片、模型、FLASH 动画、规程	对学生基础要求: 1. 会查阅汽车消费者购买行为相关资料; 2. 具备汽车市场营销理论、营销策划知识
学习情境4:汽车市场4P 策略	学时:16
学习目标: 1. 了解4P 理论组合营销的概念; 2. 熟悉4P 理论的4 要素; 3. 掌握4P 理论的内涵及意义; 4. 能用4P 理论进行汽车营销操作	
学习内容: 1. 汽车产品策略; 2. 汽车价格策略; 3. 汽车分销渠道策略; 4. 汽车促销策略	
教学资源: 讲义、教案、多媒体课件、实训指导书、任务工单、系统仿真软件、图片、模型、FLASH 动画、规程等	对学生基础要求: 1. 会查阅汽车市场4P 策略相关资料; 2. 具备汽车市场营销理论、营销策划、消费者购买行为分析知识
学习情境5:汽车整车销售流程	学时:46
学习目标: 1. 能够借助产品资料进行整车介绍; 2. 能够把学到的商务礼仪和销售流程运用到车辆介绍中	

续上表

<table>
<tr><td>学习情境5:汽车整车销售流程</td><td>学时:46</td></tr>
<tr><td colspan="2">学习内容:
1. 集客活动;
2. 汽车销售展厅接待;
3. 汽车客户需求分析;
4. 车辆展示与介绍;
5. 汽车报价;
6. 异议处理与促进交易;
7. 竞品分析;
8. 交车服务;
9. 车辆的售后服务管理</td></tr>
<tr><td>教学资源:
讲义、教案、多媒体课件、实训指导书、任务工单、系统仿真软件、图片、模型、FLASH 动画、规程等</td><td>对学生基础要求:
1. 会查阅汽车整车销售相关资料;
2. 具备汽车市场营销理论、营销策划、消费者购买行为分析、汽车市场4P 策略知识</td></tr>
</table>

六、课程实施建议

(一)教材及参考资源建议

1. 教材

付慧敏. 汽车营销实务[M]. 哈尔滨:哈尔滨工业大学出版社,2013.

2. 参考书

[1] 李刚. 汽车营销基础与实务[M]. 北京:北京理工大学出版社,2011.

[2] 刘建伟. 汽车销售实务[M]. 北京:北京理工大学出版社,2012.

[3] 宋润生. 汽车营销基础与实务[M]. 广州:华南理工大学出版社,2008.

[4] 王梅. 汽车营销实务[M]. 北京:北京理工大学出版社,2010.

[5] 华英雄. 汽车销售快速成交50 招[M]. 北京:中国经济出版社,2012.

3. 行业标准

[1] 一汽大众4S 店销售顾问标准。

4. 课程网站

http://elearn. jxjtxy. com/eol/homepage/course/layout/page/index. jsp? courseId = 11070

(二)师资条件建议

1. 专任教师

具有高校教师资格证;具有汽车营销岗位工作经历;精通汽车市场营销相关的基本理论与专业知识;具有较强的教科研能力。

2. 兼职教师

具有5 年以上汽车市场营销相关岗位工作经历,有丰富的实际工作经验;具有中级以上专业技术职务或在职业技能竞赛中获得奖励;具有较强的教学组织能力。

（三）实验实训条件建议

本课程对实训条件有一定要求，具体见表4。

实验实训条件配置建议 表4

实训室名称	主要设备名称	主要实训项目
汽车商务实训室	1. 汽车4S店销售服务仿真设施； 2. 汽车整车销售模块软件	1. 汽车销售流程； 2. 汽车整车销售软件使用

（四）教学方法建议

针对具体的教学内容和教学过程，总体采用项目教学法。在具体教学方法中，运用任务引导法、案例法、小组协作学习法等多种方法组织教学，以学生为中心"做中学、学中做"，让学生人人参与，培养学生团队协作能力和实践动手能力。

（五）教学评价建议

本课程采用过程考核、综合考核等多元性评价，其中过程考核包括学习态度、课程作业等，占课程总成绩的40%；综合考核包括期末考试等，占课程总成绩的60%，全面综合评价学生能力，见表5。

课 程 考 核 表 表5

考核项目		考核方式	比例	
			分项	总体
过程考核	学习态度	根据课堂教学参与情况、课堂回答问题、出勤情况，由教师综合评定学生的学习态度得分	50%	40%
	课程作业	根据学生完成课后作业、任务工单的情况由教师来评定成绩	50%	
综合考核		结合期末考试、实践考核等综合评定成绩	100%	60%
合计				100%

（课程标准制订人：付慧敏）

附件2：《汽车保险理赔》课程标准

一、课程定位

本课程定位，如表1所示。

课 程 定 位 表 表1

课程名称及编号	汽车保险理赔（212013）
课设学期及学时	第三学期（64学时）
课程类型	专业核心课程（学习领域）

续上表

先导课程	礼仪、电子商务
平行课程	汽车营销、汽车贸易理论与谈判
后续课程	汽车售后服务管理

二、课程性质

本课程是高等职业院校汽车技术服务与营销专业的核心课程，是从事汽车保险代理和车险查勘定损工作的必修课程。其功能是使学生掌握岗位的基本原理及基本技能，培养学生从事汽车保险代理和车险查勘定损的基本职业能力和职业素养。

三、课程设计思路

本课程标准的总体设计思路：变三段式课程体系为任务引领型课程体系，打破传统的文化基础课、专业基础课、专业课的三段式课程设置模式，紧紧围绕完成工作任务的需要来选择课程内容；变知识学科本位为职业能力本位，打破传统的以“了解”、“掌握”为特征设定的学科型课程目标，从“任务与职业能力”分析出发，设定职业能力培养目标；变书本知识的传授为完成工作任务的培养，打破传统的知识传授方式，以“工作项目”为主线，创设工作情境，培养学生的实践动手能力。

通过本课程的学习，学生能独立完成“汽车保险理赔”的工作任务，以满足客户需求，实现汽车保险企业与投保客户之间的良好沟通。汽车保险代理员以追求商业保险公司经济效益为原则、用心服务投保人为核心，认真开展保险的销售业务；车险查勘员以尊重事实为原则，做到现场情况明了、原因清楚、责任准确，并根据事故情况，按照保险合同的赔偿原则，能比较准确地初步估算出理赔的金额，提高事故现场查勘定损赔付效率，维护保险公司形象，为投保客户着想。

四、课程目标

（一）知识目标

（1）了解车险业务发展和车险市场；
（2）会分析车辆所面临的风险并进行管理；
（3）能正确分析和引导顾客的投保行为；
（4）会根据车辆用途和客户特点为客户设计汽车保险方案；
（5）能缮制保单；
（6）熟练掌握汽车保险的销售方法；
（7）熟练掌握汽车保险核保业务的处理方法；
（8）掌握汽车保险案件独立调查取证的相关知识；
（9）熟练掌握汽车保险理赔工作。

（二）能力目标

（1）能够掌握汽车保险投保业务环节和工作内容；

(2)能独立完成汽车保险的投保业务;
(3)能根据交通事故认定方法识别事故车;
(4)能够完成对交通事故现场的事故查勘,搜集整理资料;
(5)能对事故车的现场进行处理;准确快速确定事故车损失;
(6)能协助核损员及维修人员完成事故车辆的修理;
(7)能自学新技术、新知识、新技巧,不断提高职业能力。

(三)素质目标

(1)具有较强的口头与书面表达能力、人际沟通能力;
(2)具有团队精神和协作精神;
(3)具有良好的心理素质和克服困难的能力;
(4)能与客户建立良好、持久的关系。

五、课程内容与学习目标

(一)课程内容结构安排

本课程分车险展业等5个学习情境,保险基础等16个工作任务,具体见表2。

课程内容结构安排一览表 表2

序号	学习情境	工 作 任 务	学时
1	车险展业	保险基础	4
		车险条款	8
		保险展业	4
2	车险投保	车险的选择	6
		机动车辆的投保	6
3	车险承保	保险展业	4
		核保	4
		缮制和签发保险单证	4
4	车险查勘定损	查勘准备	2
		现场查勘的主要内容	2
		查勘的方法技术	4
		现场查勘工作地实施	4
		缮制现场查勘记录	2
		车辆损失的确定	2
5	车险理赔	理赔的原则和流程	4
		赔款理算	4

(二)课程内容要求(表3)

课程内容要求　　表3

<table>
<tr><td colspan="2">学习情境1:车险展业</td><td>学时:16</td></tr>
<tr><td colspan="3">学习目标:
1. 能帮助客户分析车辆风险;
2. 能介绍汽车保险产品;
3. 会运用销售技巧促成汽车保险销售;
4. 能根据客户需要制定投保方案;
5. 能签订汽车保险合同</td></tr>
<tr><td colspan="3">学习内容:
1. 理解保险的基本原理;
2. 掌握保险的基本原则;
3. 了解保险法概述;
4. 解释车险条款;
5. 运用保险展业的流程</td></tr>
<tr><td>教学资源:
讲义、教案、多媒体课件、实训指导书、任务工单、系统仿真软件、图片、模型、FLASH动画、规程等</td><td colspan="2">对学生基础要求:
具备车险条款的知识、资料的收集能力;具有良好的与他人沟通和协作的能力。</td></tr>
<tr><td colspan="2">学习情境2:车险投保</td><td>学时:12</td></tr>
<tr><td colspan="3">学习目标:
1. 能为客户选择合适的保险公司;
2. 能够制定合理的投保方案;
3. 能够为客户估算保险费;
4. 能够向客户解释投保方案</td></tr>
<tr><td colspan="3">学习内容:
1. 选择保险的基本原则;
2. 选择保险的内容;
3. 机动车辆投保流程;
4. 机动车辆的投保准备;
5. 正确填写投保单;
6. 核交保险费、领取保险单证</td></tr>
<tr><td>教学资源:
讲义、教案、多媒体课件、实训指导书、任务工单、系统仿真软件、图片、模型、FLASH动画、规程等</td><td colspan="2">对学生基础要求:
了解车险选择的方法;熟练填写投保单的能力;具有良好的与他人沟通和协作的能力;资料的收集能力</td></tr>
<tr><td colspan="2">学习情境3:车险承保</td><td>学时:12</td></tr>
<tr><td colspan="3">学习目标:
1. 能够指导投保人填写投保单;
2. 能够进行汽车保险初核工作;
3. 能够订立汽车保险合同;
4. 能够签发汽车保险单证;
5. 能够进行批改、续保工作</td></tr>
</table>

续上表

<table>
<tr><td colspan="2">学习情境3:车险承保</td><td>学时:12</td></tr>
<tr><td colspan="3">学习内容:
1. 确定保险方案、检验投保车辆和有关单证;
2. 核保的原理、核保的运作;
3. 核保实务、缮制保险单;
4. 复核保险单、收取保险费;
5. 签发保险单证、清分单证、单证归档</td></tr>
<tr><td>教学资源:
讲义、教案、多媒体课件、实训指导书、任务工单、系统仿真软件、图片、模型、FLASH 动画、规程等</td><td colspan="2">对学生基础要求:
具备汽车承保的知识;理解车险核保的原则;掌握缮制保单的能力;了解保险费计算的能力;具有良好的与他人沟通和协作的能力;资料的收集能力、文献检索的能力</td></tr>
<tr><td colspan="2">学习情境4:车险查勘定损</td><td>学时:16</td></tr>
<tr><td colspan="3">学习目标:
1. 能够对交通事故进行现场查勘;
2. 能够收集现场各方面的证据;
3. 能够判断交通事故的保险责任;
4. 能够指导出险的保险客户进行索赔;
5. 能够确定事故车辆的维修费用</td></tr>
<tr><td colspan="3">学习内容:
1. 联系客户、携带查勘工具;
2. 准备好各种空白单证、查验保险标志;
3. 查验受损车辆信息、初步判断保险责任;
4. 拍摄现场照片、事故现场图的绘制;
5. 现场摄影技术、缮制查勘记录;
6. 确定车辆损失</td></tr>
<tr><td>教学资源:
讲义、教案、多媒体课件、实训指导书、任务工单、系统仿真软件、图片、模型、FLASH 动画、规程等</td><td colspan="2">对学生基础要求:
具备查勘定损的基本知识;具有现场责任判断的能力;具有确定事故车损失的能力;具有良好的与他人沟通和协作的能力;资料的收集能力</td></tr>
<tr><td colspan="2">学习情境5:车险理赔</td><td>学时:8</td></tr>
<tr><td colspan="3">学习目标:
1. 熟悉车险理赔的流程;
2. 能够审核索赔资料;
3. 能够进行赔款计算;
4. 能够缮制赔款计算书;
5. 能审核保险赔案索赔单证;
6. 能进行赔付结案工作</td></tr>
</table>

续上表

学习情境5:车险理赔	学时:8
学习内容: 1.车险理赔的原则和流程; 2.赔款理算; 3.结案处理	
教学资源: 讲义、教案、多媒体课件、实训指导书、任务工单、系统仿真软件、图片、模型、FLASH动画、规程等	对学生基础要求: 具备车险理赔的基本知识;具有赔款理算的能力;具有核赔的能力;具有良好的与他人沟通和协作的能力;资料的收集能力

六、课程实施建议

(一)教材及参考资源建议

1.教材

党晓旭.机动车辆保险与理赔实务[M].北京:电子工业出版社,2014.

2.参考书

[1] 王灵犀,王伟.机动车辆保险与理赔实务[M].北京:人民交通出版社,2004.

[2] 曾娟.机动车辆保险与理赔[M].北京:电子工业出版社,2005.

[3] 王健康,周灿.机动车辆保险实务操作[M].北京:电子工业出版社,2013.

[4] 中国人民财产保险股份有限公司.机动车保险实务手册,2010.

3.行业标准

(1) 中国人保财险公司理赔标准。

4.课程网站

http://elearn.jxjtxy.com/eol/homepage/course/layout/page/index.jsp?courseId=11070

(二)师资条件建议

1.专任教师

具有高校教师资格证;具有汽车保险理赔岗位工作经历;精通汽车保险理赔相关的基本理论与专业知识;具有较强的教科研能力。

2.兼职教师

具有5年以上汽车保险理赔相关岗位工作经历,有丰富的实际工作经验;具有中级以上专业技术职务或在职业技能竞赛中获得奖励;具有较强的教学组织能力。

(三)实验实训条件建议

本课程对实训条件有一定要求,具体见表4。

实验实训条件配置建议 表4

实训室名称	主要设备名称	主要实训项目
汽车商务实训室	1.事故车工位、相机; 2.汽车保险理赔模块软件	1.车险查勘流程; 2.车险保险理赔管理软件使用

(四)教学方法建议

针对具体的教学内容和教学过程,总体采用项目教学法。在具体教学方法中,运用任务引导法、案例法、小组协作学习法等多种方法组织教学,以学生为中心"做中学、学中做",让学生人人参与,培养学生团队协作能力和实践动手能力。

(五)教学评价建议

本课程采用过程考核、综合考核等多元性评价,其中过程考核包括学习态度、课程作业等,占课程总成绩的40%;综合考核包括期末考试等,占课程总成绩的60%,全面综合评价学生能力,见表5。

课程考核表 表5

<table>
<tr><th colspan="2" rowspan="2">考核项目</th><th rowspan="2">考核方式</th><th colspan="2">比例</th></tr>
<tr><th>分项</th><th>总体</th></tr>
<tr><td rowspan="2">过程考核</td><td>学习态度</td><td>根据课堂教学参与情况、课堂回答问题、出勤情况,由教师综合评定学生的学习态度得分</td><td>50%</td><td rowspan="2">40%</td></tr>
<tr><td>课程作业</td><td>根据学生完成课后作业、任务工单的情况由教师来评定成绩</td><td>50%</td></tr>
<tr><td colspan="2">综合考核</td><td>结合期末考试、实践考核等综合评定成绩</td><td>100%</td><td>60%</td></tr>
<tr><td colspan="4">合计</td><td>100%</td></tr>
</table>

(课程标准制订人:刘星星)

附件3:《汽车售后服务管理》课程标准

一、课程定位

本课程定位,如表1所示。

课程定位表 表1

课程名称及编号	汽车售后服务管理(210012)
课设学期及学时	第四学期(64学时)
课程类型	专业核心课程(学习领域)
先导课程	汽车发动机构造、汽车市场营销
平行课程	汽车底盘构造、汽车电气设备
后续课程	汽车配件管理与营销

二、课程性质

本课程是高等职业院校汽车技术服务与营销专业的核心课程,是从事汽车服务顾问工作的必修课程。其功能是使学生掌握汽车维修业务接待(汽车服务顾问,SA)岗位的基本原理及基本技能,培养学生从事汽车维修业务接待的基本职业能力和职业素养。

三、课程设计思路

本课程标准的总体设计思路:变三段式课程体系为任务引领型课程体系,打破传统的文化基础课、专业基础课、专业课的三段式课程设置模式,紧紧围绕完成工作任务的需要来选择课程内容;变知识学科本位为职业能力本位,打破传统的以“了解”、“掌握”为特征设定的学科型课程目标,从“任务与职业能力”分析出发,设定职业能力培养目标;变书本知识的传授为完成工作任务的培养,打破传统的知识传授方式,以“工作项目”为主线,创设工作情境,培养学生的实践动手能力。

通过此课程的学习,学生能独立完成“汽车维修业务接待”的工作任务,以满足客户需求,实现汽车维修企业与修车客户之间的良好沟通,对维修企业而言,维修服务顾问代表客户运用维修企业的资源按照客户需求完成车辆的维修任务;对客户而言,维修服务顾问代表专营店(品牌店)的服务品质。在学习过程中培养与客户、同事沟通的能力,养成安全环保、质量意识。

四、课程目标

(一)知识目标

(1)熟练掌握汽车售后服务基础知识;
(2)熟练掌握汽车售后服务的礼仪规范;
(3)熟练掌握汽车售后服务流程;
(4)熟练掌握客户满意与客户关系的经营与管理;
(5)熟练掌握汽车售后5S现场管理;
(6)熟练掌握汽车配件管理的相关要求;
(7)熟练掌握汽车索赔管理与保险理赔。

(二)能力目标

(1)能够在汽车维修接待中正确运用礼仪规范;
(2)能够建立与使用客户档案;
(3)能够完成5S现场管理与检查;
(4)能够解释汽车保修原则与范围;
(5)能够操作汽车保险代赔服务;
(6)能够正确处理价格异议;
(7)能够处理客户投诉;
(8)能够熟练处理车辆维修的全过程;
(9)能够熟练使用汽车维修服务软件。

(三)素质目标

(1)具有较强的口头与书面表达能力、人际沟通能力;
(2)具有团队精神和协作精神;

(3)具有良好的心理素质和克服困难的能力;
(4)能与客户建立良好、持久的关系。

五、课程内容与学习目标

(一)课程内容结构安排

本课程分汽车售后服务认知等 6 个学习情境,汽车售后服务概述 20 个工作任务,具体见表 2。

课程内容结构安排一览表 表 2

序号	学习情境	工作任务	学时
1	汽车售后服务认知	汽车售后服务概述	2
2	礼仪规范	礼仪规范	4
3	售后服务流程	服务流程的概述	2
		预约服务	4
		接待流程	4
		派工与维修作业	4
		维修质量检查	4
		交车结算	4
		客户关系档案管理	4
		跟踪回访	4
4	客户满意与客户关系的经营与管理	客户满意度管理	4
		客户投诉的处理与持续改进	4
		交际技巧	4
5	汽车售后 5S 现场管理	汽车售后 5S 现场管理	4
6	配件管理	识别车型	2
		配件的分类和名称	2
		4S 店配件的订货流程、仓库管理	1
		4S 店配件的质量保修与索赔	1
		汽车索赔管理	2
		汽车保险理赔	4

(二)课程内容要求(表 3)

课程内容要求 表 3

学习情境 1:汽车售后服务认知	学时:2
学习目标: 1. 认识汽车售后服务的重要性; 2. 了解汽车售后服务的经营模式; 3. 了解汽车售后服务组织构架及相关职能	

续上表

<table>
<tr><td>学习情境1:汽车售后服务认知</td><td>学时:2</td></tr>
<tr><td colspan="2">学习内容:
1. 汽车售后服务的经营模式整体布置;
2. 汽车售后服务组织构架及相关职能挂板的设置</td></tr>
<tr><td>教学资源:
讲义、教案、多媒体课件、实训指导书、任务工单、系统仿真软件、图片、模型、FLASH动画、规程等</td><td>对学生基础要求:
汽车发动机构造与维修、汽车底盘构造与维修、汽车文化、公共关系学、电子商务、安全操作知识</td></tr>
<tr><td>学习情境2:礼仪规范</td><td>学时:4</td></tr>
<tr><td colspan="2">学习目标:
1. 掌握服务礼仪的知识;
2. 能规范操作日常礼仪;
3. 能规范接待客户</td></tr>
<tr><td colspan="2">学习内容:
1. 日常礼仪展示;
2. 规范接待客户</td></tr>
<tr><td>教学资源:
讲义、教案、多媒体课件、实训指导书、任务工单、系统仿真软件、图片、模型、FLASH动画、规程等</td><td>对学生基础要求:
汽车发动机构造与维修、汽车底盘构造与维修、汽车文化、公共关系学、电子商务、安全操作知识</td></tr>
<tr><td>学习情境3:汽车售后服务流程</td><td>学时:30</td></tr>
<tr><td colspan="2">学习目标:
1. 熟悉汽车售后服务流程,制定相关标准流程;
2. 能熟练完成各流程的规范操作;
3. 能理解和掌握相关的常用术语</td></tr>
<tr><td colspan="2">学习内容:
1. 服务流程的概述;
2. 预约服务、接待流程;
3. 派工与维修作业;
4. 维修质量检查;
5. 交车结算;
6. 客户关系档案整理;
7. 跟踪回访</td></tr>
<tr><td>教学资源:
讲义、教案、多媒体课件、实训指导书、任务工单、系统仿真软件、图片、模型、FLASH动画、规程等</td><td>对学生基础要求:
汽车发动机构造与维修、汽车底盘构造与维修、汽车文化、公共关系学、电子商务、安全操作知识</td></tr>
</table>

续上表

学习情境4:客户满意与客户关系的经营与管理	学时:12
学习目标: 1. 认识客户满意度,能进行相关数据的分析及管理; 2. 能有效处理客户的投诉,改善客户满意度; 3. 能灵活运用交际技巧	
学习内容: 1. 客户满意度管理; 2. 客户投诉的处理与持续改进; 3. 交际技巧	
教学资源: 讲义、教案、多媒体课件、实训指导书、任务工单、系统仿真软件、图片、模型、FLASH 动画、规程等	对学生基础要求: 汽车发动机构造与维修、汽车底盘构造与维修、汽车文化、公共关系学、电子商务、安全操作知识
学习情境5:汽车售后5S 现场管理	学时:4
学习目标: 1. 了解5S 现场管理的意义; 2. 掌握5S 现场管理的内容; 3. 掌握5S 现场管理的实施步骤	
学习内容: 1.5S 现场管理; 2.5S 现场管理具体案例分析	
教学资源: 讲义、教案、多媒体课件、实训指导书、任务工单、系统仿真软件、图片、模型、FLASH 动画、规程等	对学生基础要求: 汽车发动机构造与维修、汽车底盘构造与维修、汽车文化、公共关系学、电子商务、安全操作知识
学习情境6:配件管理	学时:12
学习目标: 1. 会识别车型与配件的关系; 2. 掌握配件的分类、名称; 3. 知道订货的流程与库存结构; 4. 4S 店配件的质量保修与索赔	
学习内容: 1. 识别车型; 2. 配件的分类、名称; 3. 4S 店配件的订货流程、仓库管理; 4. 4S 店配件的质量保修和索赔	
教学资源: 讲义、教案、多媒体课件、实训指导书、任务工单、系统仿真软件、图片、模型、FLASH 动画、规程等	对学生基础要求: 汽车发动机构造与维修、汽车底盘构造与维修、汽车文化、公共关系学、电子商务、安全操作知识

六、课程实施建议

(一)教材及参考资源建议

1. 教材

林月明,郑志中. 汽车售后服务实务[M]. 上海:上海交通大学出版社,2012.

2. 参考书

[1] 丁卓. 汽车售后服务管理[M]. 北京:机械工业出版社,2011.

[2] 潘波. 汽车维修业务接待实务[M]. 北京:机械工业出版社,2012.

[3] 曾鑫. 汽车维修业务接待[M]. 北京:机械工业出版社,2013.

[4] 鲁值雄. 汽车服务工程[M]. 北京:北京大学出版社,2010.

[5] 毛峰. 汽车维修管理实务[M]. 北京:北京大学出版社,2011.

3. 行业标准

(1)一汽大众 4S 店服务顾问标准。

4. 课程网站

http://elearn.jxjtxy.com/eol/homepage/course/layout/page/index.jsp? courseId = 11070

(二)师资条件建议

1. 专任教师

具有高校教师资格证;具有汽车售后服务岗位工作经历;精通汽车售后服务相关的基本理论与专业知识;具有较强的教科研能力。

2. 兼职教师

具有 5 年以上汽车售后服务相关岗位工作经历,有丰富的实际工作经验;具有中级以上专业技术职务或在职业技能竞赛中获得奖励;具有较强的教学组织能力。

(三)实验实训条件建议

本课程对实训条件有一定要求,具体见表 4。

实验实训条件配置建议 表 4

实训室名称	主要设备名称	主要实训项目
汽车商务实训室	1. 汽车 4S 店销售服务仿真道场; 2. 汽车维修模块软件	1. 汽车服务流程; 2. 汽车维修软件使用

(四)教学方法建议

针对具体的教学内容和教学过程,总体采用项目教学法。在具体教学方法中,运用任务引导法、案例法、小组协作学习法等多种方法组织教学,以学生为中心"做中学、学中做",让学生人人参与,培养学生团队协作能力和实践动手能力。

(五)教学评价建议

本课程采用过程考核、综合考核等多元性评价,其中过程考核包括学习态度、课程作业等，占课程总成绩的40%；综合考核包括期末考试等，占课程总成绩的60%，全面综合评价学生能力，见表5。

课程考核表 表5

考核项目		考核方式	比例	
			分项	总体
过程考核	学习态度	根据课堂教学参与情况、课堂回答问题、出勤情况，由教师综合评定学生的学习态度得分	50%	40%
	课程作业	根据学生完成课后作业、任务工单的情况由教师来评定成绩	50%	
综合考核		结合期末考试、实践考核等综合评定成绩	100%	60%
合计				100%

（课程标准制订人：孙丽娟）

附件4：《汽车配件管理与营销》课程标准

一、课程定位

本课程定位，如表1所示。

课程定位表 表1

课程名称及编号	汽车配件管理与营销（210015）
课设学期及学时	第五学期（60学时）
课程类型	专业核心课
先导课程	汽车售后服务管理、汽车底盘构造、汽车电气设备
平行课程	二手车鉴定与评估、汽车商务英语
后续课程	无

二、课程性质

本课程是高等职业院校汽车技术服务与营销专业的核心课程，是从事汽车配件管理与营销工作的必修课程。其功能是使学生掌握汽车配件管理和汽车配件销售计划员岗位的基本原理及基本技能，培养学生从事汽车配件管理及营销的基本职业能力和职业素养。

三、课程设计思路

本课程标准的总体设计思路：变三段式课程体系为任务引领型课程体系，打破传统的文化基础课、专业基础课、专业课的三段式课程设置模式，紧紧围绕完成工作任务的需要来选择课程内容；变知识学科本位为职业能力本位，打破传统的以“了解”“掌握”为特征设定的学科型课程目标，从“任务与职业能力”分析出发，设定职业能力培养目标；变书本知识的传授为完成工作任务的培养，打破传统的知识传授方式，以“工作项目”为主线，创设工作情境，培养学生的实践动手能力。

通过本课程的学习，学生能独立完成“汽车配件管理与营销”的工作任务，根据企业的生产安排,制订相应的配件采购计划,并根据计划完成采购任务,进行验收入库,入库期间对配件进行合理的码放、保养管理,同时根据生产需求和销售要求安排好配件的出库及记录,如在使用过程中出现问题,则妥善处理客户的保修索赔。在学习过程中培养与客户、同事沟通的能力,养成安全环保、质量意识。

四、课程目标

(一)知识目标

(1)熟练掌握汽车配件编码与查询方法;
(2)熟练掌握汽车配件订货与采购方法;
(3)熟练掌握汽车配件出入库管理方法;
(4)熟练掌握汽车配件库存管理方法;
(5)熟练掌握汽车配件仓储设计方法;
(6)熟练掌握汽车配件营销的方法。

(二)能力目标

(1)能够甄选合格的供应商,评估供应商的供货能力及合作关系;
(2)能够负责与供应商的谈判,争取优惠的价格和理想的交货条件;
(3)能够处理日常进出货业务;
(4)能够完成采购订单制作,确认、安排发货及跟踪到货日期;
(5)能做好货物入库相关单据,积极配合库房保质保量地完成采购货物的入库管理;
(6)能够积极联系厂家对问题配件进行保修索赔工作;
(7)能够根据市场与客户需求提供优质的销售业务及售后服务;

(三)素质目标

(1)具有较强的口头与书面表达能力、人际沟通能力;
(2)具有团队精神和协作精神;
(3)具有良好的心理素质和克服困难的能力;
(4)能与客户建立良好、持久的关系。

五、课程内容与学习目标

(一)课程内容结构安排

本课程分汽车配件编码与查询等 6 个学习情境,汽车配件基础知识等 25 个工作任务,具体见表 2。

课程内容结构安排一览表 表 2

序号	学 习 情 境	工 作 任 务	学时
1	汽车配件编码与查询	汽车配件基础知识	2
		汽车配件编码	2

续上表

序号	学 习 情 境	工 作 任 务	学时
1	汽车配件编码与查询	汽车配件查询	2
		汽车配件电子目录查询示例	2
2	汽车配件订货与采购	汽车配件市场调查与预测	4
		汽车配件订货	4
		汽车配件采购	4
		汽车配件订货系统应用示例	2
3	汽车配件出入库管理	汽车配件验收	2
		汽车配件入库	4
		汽车配件出库	4
		汽车配件入库操作示例	2
4	汽车配件库存管理	库存管理基础知识	2
		仓库日常管理	2
		汽车配件库存盘点	2
		汽车配件库存盘点示例	2
		盘点结果处理	2
5	汽车配件仓储设计	仓储设计概述	2
		仓储空间设计	2
		仓位规划设计	2
		料位码读取示例	2
6	汽车配件营销	汽车商品营销基础	2
		汽车配件营销市场及销售模式分析	2
		汽车配件营销策略	2
		财务常识	2

(二)课程内容要求(表3)

课程内容要求 表3

学习情境1:汽车配件编码与查询	学时:8
学习目标: 1. 知道汽车配件的含义、分类、标识及业务流程的基础知识; 2. 熟悉配件编号的基础知识,知道VIN码的含义、作用; 3. 正确合理地选用各种配件检索工具查询配件编码、价格、库存数量等信息,熟练运用汽车配件电子目录查询软件,为顾客精确、快速、安全地查找出所需的配件	
学习内容: 1. 汽车配件的含义、分类、标识及业务流程; 2. 汽车配件编号的基础知识	

续上表

<table>
<tr><td colspan="2">学习情境1:汽车配件编码与查询</td><td>学时:8</td></tr>
<tr><td>教学资源:
讲义、教案、多媒体课件、实训指导书、任务工单、系统仿真软件、图片、模型、FLASH动画、规程等</td><td colspan="2">对学生基础要求:
汽车发动机构造与维修、汽车底盘构造与维修、汽车文化、汽车市场营销、公共关系学、电子商务、安全操作知识</td></tr>
<tr><td colspan="2">学习情境2:汽车配件订货与采购</td><td>学时:14</td></tr>
<tr><td colspan="3">学习目标:
1. 能科学拟订采购计划;
2. 会运用软件进行汽车配件的订货和采购;
3. 会拟订汽车配件采购合同;
4. 具备能初步区分假冒伪劣配件的能力</td></tr>
<tr><td colspan="3">学习内容:
1. 根据企业需求确定安全库存量;
2. 拟订采购计划;
3. 配件订货成单流程</td></tr>
<tr><td>教学资源:
讲义、教案、多媒体课件、实训指导书、任务工单、系统仿真软件、图片、模型、FLASH动画、规程等</td><td colspan="2">对学生基础要求:
汽车发动机构造与维修、汽车底盘构造与维修、汽车文化、汽车市场营销、公共关系学、电子商务、安全操作知识</td></tr>
<tr><td colspan="2">学习情境3:汽车配件出入库管理</td><td>学时:12</td></tr>
<tr><td colspan="3">学习目标:
1. 能叙述汽车配件出入库相关要求;
2. 了解汽车配件出入库具体操作流程;
3. 能进行验收并作出合理的处理方案;
4. 能规范完成入库作业;
5. 能完整地完成配件出库;
6. 养成良好的职业素养和科学的工作方式</td></tr>
<tr><td colspan="3">学习内容:
1. 汽车配件出入库相关要求;
2. 汽车配件出入库具体操作流程;
3. 汽车配件的验收</td></tr>
<tr><td>教学资源:
讲义、教案、多媒体课件、实训指导书、任务工单、系统仿真软件、图片、模型、FLASH动画、规程等</td><td colspan="2">对学生基础要求:
汽车发动机构造与维修、汽车底盘构造与维修、汽车文化、汽车市场营销、公共关系学、电子商务、安全操作知识</td></tr>
</table>

续上表

<table>
<tr><td colspan="2">学习情境 4　汽车配件库存管理</td><td>学时:10</td></tr>
<tr><td colspan="3">学习目标:
1. 熟悉 5S 管理对工作人员的要求以及考评标准;
2. 知道仓库日常管理要求;
3. 能根据配件清单对配件仓库完成定期盘点作业;
4. 能根据盘点结果提出正确的处理方案</td></tr>
<tr><td colspan="3">学习内容:
1. 5S 管理的含义;
2. 汽车配件仓库日常管理要求;
3. 库存配件的日常盘点作业;
4. 盘亏盘盈的原因分析</td></tr>
<tr><td>教学资源:
讲义、教案、多媒体课件、实训指导书、任务工单、系统仿真软件、图片、模型、FLASH 动画、规程等</td><td colspan="2">对学生基础要求:
汽车发动机构造与维修、汽车底盘构造与维修、汽车文化、汽车市场营销、公共关系学、电子商务、安全操作知识</td></tr>
<tr><td colspan="2">学习情境 5:汽车配件仓储设计</td><td>学时:8</td></tr>
<tr><td colspan="3">学习目标:
1. 能叙述仓储设计的原则;
2. 对限定空间进行合理的设计;
3. 能分析配件仓储中货架的设计程序及要求事项;
4. 能进行料位码的编排;
5. 能对空间仓储的总体设计进行效果评价分析</td></tr>
<tr><td colspan="3">学习内容:
1. 仓储设计的原则;
2. 货架的设计程序和要求;
3. 料位码的编排</td></tr>
<tr><td>教学资源:
讲义、教案、多媒体课件、实训指导书、任务工单、系统仿真软件、图片、模型、FLASH 动画、规程等</td><td colspan="2">对学生基础要求:
汽车发动机构造与维修、汽车底盘构造与维修、汽车文化、汽车市场营销、公共关系学、电子商务、安全操作知识</td></tr>
<tr><td colspan="2">学习情境 6:汽车配件营销</td><td>学时:8</td></tr>
<tr><td colspan="3">学习目标:
1. 了解当前汽车配件市场的状况;
2. 能根据所在地域实际状况制定正确的销售策略;
3. 能根据配件市场销售反馈信息制定相应的销售对策;
4. 会常用的财务常识;
5. 养成良好的职业素养和科学的工作方式,以及客观的分析能力</td></tr>
</table>

续上表

<table>
<tr><td colspan="2">学习情境6:汽车配件营销</td><td>学时:8</td></tr>
<tr><td colspan="3">学习内容:
1. 汽车配件销售的特点;
2. 汽车配件销售市场的状况;
3. 汽车配件销售市场的分析及策略;
4. 常用的财务常识</td></tr>
<tr><td>教学资源:
讲义、教案、多媒体课件、实训指导书、任务工单、系统仿真软件、图片、模型、FLASH 动画、规程等</td><td colspan="2">对学生基础要求:
汽车发动机构造与维修、汽车底盘构造与维修、汽车文化、汽车市场营销、公共关系学、电子商务、安全操作知识</td></tr>
</table>

六、课程实施建议

(一)教材及参考资源建议

1. 教材

彭朝晖. 汽车配件管理与营销 [M]. 北京:人民交通出版社,2011.

2. 参考书

[1] 彭朝晖,倪红. 汽车配件管理 [M]. 北京:人民交通出版社,2010.

[2] 张国方,朱杰. 汽车配件销售员培训教程[M]. 北京:人民交通出版社,2010.

[3] 安军. 汽车营销与配件管理[M]. 北京:人民交通出版社,2010.

[4] 黄炳华. 汽车配件管理与营销[M]. 广州:华南理工大学出版社,2006.

3. 行业标准

(1)一汽大众 4S 店配件管理标准。

4. 课程网站

http://elearn. jxjtxy. com/eol/homepage/course/layout/page/index. jsp? courseId = 11070

(二)师资条件建议

1. 专任教师

具有高校教师资格证;具有汽车配件管理或营销岗位工作经历;精通汽车配件管理相关的基本理论与专业知识;具有较强的教科研能力。

2. 兼职教师

具有 5 年以上汽车配件管理与营销相关岗位工作经历,有丰富的实际工作经验;具有中级以上专业技术职务或在职业技能竞赛中获得奖励;具有较强的教学组织能力。

(三)实验实训条件建议

本课程对实训条件有一定要求,具体见表 4。

实验实训条件配置建议 表4

实训室名称	主要设备名称	主要实训项目
汽车商务实训室	1. 汽车配件仓库； 2. 汽车配件管理模块软件	1. 汽车配件仓储设计； 2. 汽车配件管理软件使用

（四）教学方法建议

针对具体的教学内容和教学过程，总体采用项目教学法。在具体教学方法中，运用任务引导法、案例法、小组协作学习法等多种方法组织教学，以学生为中心"做中学、学中做"，让学生人人参与，培养学生团队协作能力和实践动手能力。

（五）教学评价建议

本课程采用过程考核、综合考核等多元性评价，其中过程考核包括学习态度、课程作业等，占课程总成绩的40%；综合考核包括期末考试等，占课程总成绩的60%，全面综合评价学生能力，见表5。

课 程 考 核 表 表5

考 核 项 目		考 核 方 式	比例	
			分项	总体
过程考核	学习态度	根据课堂教学参与情况、课堂回答问题、出勤情况，由教师综合评定学生的学习态度得分	50%	40%
	课程作业	根据学生完成课后作业、任务工单的情况由教师来评定成绩	50%	
综合考核		结合期末考试、实践考核等综合评定成绩	100%	60%
合计				100%

（课程标准制订人：欧阳娜）

附件5：《二手车鉴定与评估》课程标准

一、课程定位

本课程定位，如表1所示。

课 程 定 位 表 表1

课程名称及编号	二手车鉴定与评估(213021)
课设学期及学时	第五学期(56学时)
课程类型	专业核心课程(学习领域)
先导课程	汽车底盘构造、汽车电气设备、汽车售后服务管理
平行课程	汽车贸易理论与谈判、汽车检测与诊断技术
后续课程	无

二、课程性质

本课程面向二手车鉴定与评估岗位，培养学生对二手车的鉴定、管理以及评估的能力，是汽车技术服务与营销专业的一门重要的专业核心课程。该课程以汽车发动机构造与维修、汽车底盘构造与维修、汽车电气设备与维修等课程为基础。该课程以职业行动为导向，基于工作过程的项目化课程。该课程的教学运行以工作任务为目标，以工作过程为导向，通过在教学中实行教学做一体，充分利用现代化、真实化、任务化的教学手段，让学生掌握工作过程中所需的知识和技能，以及注重学生社会能力和方法能力的培养，提高学生自主学习能力以及创新能力。

三、课程设计思路

本课程标准的总体设计思路：变三段式课程体系为任务引领型课程体系，打破传统的文化基础课、专业基础课、专业课的三段式课程设置模式，紧紧围绕完成工作任务的需要来选择课程内容；变知识学科本位为职业能力本位，打破传统的以“了解”、“掌握”为特征设定的学科型课程目标，从“任务与职业能力”分析出发，设定职业能力培养目标；变书本知识的传授为完成工作任务的培养，打破传统的知识传授方式，以“工作项目”为主线，创设工作情境，培养学生的实践动手能力。

通过本课程的学习，学生能独立完成“二手车鉴定与评估”的工作任务，能对二手车进行识别，并能对二手车进行鉴定、管理和评估，最终进行二手车交易的一整套作业流程。在学习过程中培养与客户、同事沟通的能力，养成安全环保、质量意识。

四、课程目标

（一）知识目标

(1)学生具备与客户的交流与谈话能力，能够向客户咨询车况，查询车辆技术档案；
(2)熟悉不同类型旧机动车型号、性能和主要技术参数；
(3)熟悉旧机动车各结构和系统的基本结构和工作原理；
(4)了解旧机动车的维护和修理的基本方法；
(5)能够对旧机动车进行鉴定估价，并进行记录、存档和评价反馈；
(6)熟悉旧机动车交易程序。

（二）能力目标

(1)能通过各种媒体资源查找所需信息，并对信息进行分析处理；
(2)能独立制订工作计划并进行实施、检测与评估；
(3)能举一反三，不断积累维修经验，从个案中寻找共性；
(4)能够理论实践相结合，自主学习新知识、新技术。

（三）素质目标

(1)具备灵活运用所学知识与技能鉴定评估和进行旧机动车交易的能力；

(2)具有自我学习新知识，适应汽车新技术发展变化的能力；

(3)具有良好的团队协作能力，具有较强的社会责任感、自我约束力，诚实守信；

(4)具有良好的心理素质和克服困难的能力；

(5)具有较强的环境保护意识。

五、课程内容与学习目标

(一)课程内容结构安排

本课程分前期准备等5个学习情境，业务洽谈等14个工作任务，具体见表2。

课程内容结构安排一览表 表2

序号	学习情境	工作任务	学时
1	前期准备	业务洽谈	4
		拟定鉴定评估作业方案	4
2	现场鉴定	检查核对证件	2
		二手车技术状况的静态检查	4
		二手车技术状况的动态检查	6
		二手车技术状况的仪器检查	4
3	评定估算	确定二手车成新率	4
		计算评估	6
		撰写评估报告	4
		运用二手车鉴定估价软件评估二手车	6
4	二手车交易后续业务的办理	引导客户办理过户手续	4
		引导客户办理转移登记手续	4
5	二手车经销	二手车收购定价	4
		二手车销售定价	4

(二)课程内容要求(表3)

课程内容要求 表3

学习情境1:前期准备	学时:8
学习目标： 1. 能够正确描述二手车鉴定评估的一般程序； 2. 掌握二手车鉴定机构的职能、特征、地位等基础知识； 3. 能够规范地进行二手车鉴定评估业务洽谈； 4. 掌握二手车鉴定评估的计价标准和基本方法	
学习内容： 1. 二手车鉴定评估的机构、资格、流程； 2. 二手车价格评估的基础知识	
教学资源： 讲义、教案、多媒体课件、实训指导书、任务工单、系统仿真软件、图片、模型、FLASH动画、规程等	对学生基础要求： 汽车发动机构造与维修、汽车底盘构造与维修、汽车电气设备、汽车市场营销、汽车贸易理论与谈判、安全操作知识

续上表

<table>
<tr><td colspan="2">学习情境 2:现场鉴定</td><td>学时:16</td></tr>
<tr><td colspan="3">学习目标:
1. 能核对二手车证件的合法性;
2. 能对二手车进行静态检查;
3. 能对二手车进行动态检查;
4. 能对二手车进行仪器检查</td></tr>
<tr><td colspan="3">学习内容:
1. 二手车的法定证件和各种税费单据;
2. 二手车技术状况的静态检查方法;
3. 二手车技术状况的动态检查方法;
4. 二手车技术状况的仪器检查方法</td></tr>
<tr><td>教学资源:
讲义、教案、多媒体课件、实训指导书、任务工单、系统仿真软件、图片、模型、FLASH 动画、规程等</td><td colspan="2">对学生基础要求:
汽车发动机构造与维修、汽车底盘构造与维修、汽车电气设备、汽车市场营销、汽车贸易理论与谈判、安全操作知识</td></tr>
<tr><td colspan="2">学习情境 3:评定估算</td><td>学时:20</td></tr>
<tr><td colspan="3">学习目标:
1. 能描述二手车估价的四种基本方法的原理及适用范围;
2. 能根据具体评估任务,选择合适的评估方法;
3. 能根据实际情况选择合适的方法计算二手车的成新率;
4. 能用四种基本方法计算二手车评估值;
5. 能撰写二手车鉴定评估报告;
6. 能够熟练运用二手车鉴定估价软件进行二手车价格的评估</td></tr>
<tr><td colspan="3">学习内容:
1. 二手车评估的基本方法及选择;
2. 成新率的计算方法;
3. 重置成本评估法;
4. 收益现值评估法;
5. 现行市价评估法;
6. 清算价格评估法;
7. 评估报告的撰写;
8. 二手车鉴定估价软件的使用</td></tr>
<tr><td>教学资源:
讲义、教案、多媒体课件、实训指导书、任务工单、系统仿真软件、图片、模型、FLASH 动画、规程等</td><td colspan="2">对学生基础要求:
汽车发动机构造与维修、汽车底盘构造与维修、汽车电气设备、汽车市场营销、汽车贸易理论与谈判、安全操作知识</td></tr>
</table>

续上表

<table>
<tr><td colspan="2">学习情境 4　二手车交易后续业务的办理</td><td>学时:8</td></tr>
<tr><td colspan="3">学习目标:
1. 能引导客户办理二手车交易过户业务;
2. 能引导客户办理二手车拍卖委托业务;
3. 能引导客户办理二手车转移登记业务</td></tr>
<tr><td colspan="3">学习内容:
1. 机动车注册登记、过户及变更登记的含义及要求;
2. 二手车直接交易、销售交易及拍卖交易的标准程序;
3. 二手车交易合同的种类及各类型交易合同包含的主要内容;
4. 二手车转移登记的标准程序</td></tr>
<tr><td>教学资源:
讲义、教案、多媒体课件、实训指导书、任务工单、系统仿真软件、图片、模型、FLASH 动画、规程等</td><td colspan="2">对学生基础要求:
汽车发动机构造与维修、汽车底盘构造与维修、汽车电气设备、汽车市场营销、汽车贸易理论与谈判、安全操作知识</td></tr>
<tr><td colspan="2">学习情境 5:二手车经销</td><td>学时:8</td></tr>
<tr><td colspan="3">学习目标:
1. 能够选择合适的定价方法与计算方法,确定不同类型二手车的收购价格;
2. 能引导客户办理二手车收购业务;
3. 能根据企业的定价目标,选择合适的定价方法与计算方法,并选择合适的销售定价策略,确定不同类型二手车的销售价格;
4. 能引导客户办理二手车销售业务</td></tr>
<tr><td colspan="3">学习内容:
1. 直线折旧法和快速折旧法计算二手车的折旧额;
2. 机动车折旧与二手车估价的异同;
3. 影响二手车收购定价的因素;
4. 二手车销售定价的影响因素;
5. 二手车销售业务的办理</td></tr>
<tr><td>教学资源:
讲义、教案、多媒体课件、实训指导书、任务工单、系统仿真软件、图片、模型、FLASH 动画、规程等</td><td colspan="2">对学生基础要求:
汽车发动机构造与维修、汽车底盘构造与维修、汽车电气设备、汽车市场营销、汽车贸易理论与谈判、安全操作知识</td></tr>
</table>

六、课程实施建议

(一)教材及参考资源建议

1. 教材

吴兴敏,吴志强. 二手车鉴定与评估[M]. 北京:人民邮电出版社,2014.

2. 参考书

[1] 岳国防. 二手车鉴定评估与交易[M]. 西安:西北工业大学出版社,2011.

[2] 谢焕、康学良. 二手车鉴定评估与交易[M]. 重庆:重庆大学出版社,2014.

[3] 刘仲国. 二手车交易与评估[M]. 北京:机械工业出版社,2013.

[4] 张南峰,陈述官,黄军辉. 二手车评估与交易[M]. 北京:人民邮电出版社,2010.

3. 行业标准

(1)一汽大众4S店置换业务标准。

4. 课程网站

http://elearn.jxjtxy.com/eol/homepage/course/layout/page/index.jsp? courseId=11070

(二)师资条件建议

1. 专任教师

具有高校教师资格证;具有二手车鉴定评估岗位工作经历;精通二手车相关的基本理论与专业知识;具有较强的教科研能力。

2. 兼职教师

具有5年以上二手车鉴定评估相关岗位工作经历,有丰富的实际工作经验;具有中级以上专业技术职务或在职业技能竞赛中获得奖励;具有较强的教学组织能力。

(三)实验实训条件建议

本课程对实训条件有一定要求,具体见表4。

实验实训条件配置建议 表4

实训室名称	主要设备名称	主要实训项目
汽车商务实训室	1. 二手车鉴定的仿真实训场地; 2. 二手车鉴定与评估软件	1. 二手车鉴定方法和流程; 2. 二手车鉴定与评估软件使用

(四)教学方法建议

针对具体的教学内容和教学过程,总体采用项目教学法。在具体教学方法中,运用任务引导法、案例法、小组协作学习法等多种方法组织教学,以学生为中心"做中学、学中做",让学生人人参与,培养学生团队协作能力和实践动手能力。

(五)教学评价建议

本课程采用过程考核、综合考核等多元性评价,其中过程考核包括学习态度、课程作业等,占课程总成绩的40%;综合考核包括期末考试等,占课程总成绩的60%,全面综合评价学生能力，见表5。

课 程 考 核 表 表5

<table>
<tr><td colspan="2" rowspan="2">考核项目</td><td rowspan="2">考核方式</td><td colspan="2">比例</td></tr>
<tr><td>分项</td><td>总体</td></tr>
<tr><td rowspan="2">过程考核</td><td>学习态度</td><td>根据课堂教学参与情况、课堂回答问题、出勤情况，由教师综合评定学生的学习态度得分</td><td>50%</td><td rowspan="2">40%</td></tr>
<tr><td>课程作业</td><td>根据学生完成课后作业、任务工单的情况由教师来评定成绩</td><td>50%</td></tr>
<tr><td colspan="2">综合考核</td><td>结合期末考试、实践考核等综合评定成绩</td><td>100%</td><td>60%</td></tr>
<tr><td colspan="4">合计</td><td>100%</td></tr>
</table>

（课程标准制订人：吴映辉）

汽车电子技术专业
人才培养方案

第一部分　主体部分

一、专业名称(专业代码)

汽车电子技术(580403)

二、招生对象

普通高中毕业生或具有同等学力者

三、学制

三年

四、培养目标

本专业面向汽车机电维修、售后服务、配件管理及汽车制造等岗位,培养具有良好的职业素养和职业道德,具备较扎实的汽车电子电器装配、调试、检测与维修等工作的专业理论知识,具有较强的实践动手能力和分析问题、解决问题能力的技术技能人才。

五、就业面向

本专业毕业生主要是面向汽车维修、服务及汽车制造企业,从事汽车机电维修、汽车维修接待、汽车检测、查勘定损、汽车制造等技术工作。

主要岗位:汽车机电维修工、汽车服务顾问、汽车检测、汽车制造等。

拓展岗位:汽车保险与公估、汽车销售顾问等。

发展岗位:技术总监、销售总监、售后服务经理、理赔经理、技术主管等。

六、培养规格

(一)素质目标

(1)具有强烈的责任意识、质量意识、安全意识及环保意识;

(2)具有良好的文化、身体和心理素质;

(3)具有沟通能力及团队协作精神;

(4)具有勇于创新、敬业乐业的工作作风;

(5)爱岗敬业,团结协作,遵纪守法,热爱劳动;

(6)具有良好的环保意识;

(7)具备获取分析使用信息的能力;

(8)具有科学分析和解决问题的能力。

（二）知识目标

(1)掌握本专业必需的基础文化知识；
(2)掌握汽车电工电子、单片机、局域网等方面的基础知识；
(3)掌握汽车的基本构造与工作原理,具备对汽车进行技术评价的能力；
(4)掌握汽车电气系统、电控系统、网络系统的构造与工作原理；
(5)掌握汽车检测与故障诊断的方法；
(6)掌握识读与分析汽车电路图、汽车波形与数据流的方法；
(7)掌握汽车维护的方法；
(8)了解汽车销售与服务相关知识；
(9)了解汽车保险理赔有关知识；
(10)掌握一定的汽车英语知识,能够较熟练地翻译汽车英文技术资料。

（三）能力目标

(1)具有汽车电子产品整机调试、检测与维修的能力；
(2)具有识读与绘制汽车电气系统原理图、线束图的能力；
(3)具有调试汽车整车电气控制线路的能力；
(4)具有诊断与排除汽车典型故障的能力,能熟练使用汽车维修工具、检测仪器设备；
(5)具有基本的汽车销售与售后服务能力；
(6)具有较好的计算机使用能力；
(7)具有翻译汽车维修外文资料和计算机操作的能力；
(8)具有信息收集与处理、写作与表达能力。

七、教学环节进程安排表

（一）培养时间分配表

在人才培养的实施过程中,教学环节周数分配,如表3-1所示。

汽车电子技术专业专业培养时间分配表 表3-1

学年		一		二		三		合计
学期		一	二	三	四	五	六	
1	入学教育	1周						1周
2	国防教育	2周						2周
3	课内教学	16周	16周	16周	16周	15周		79周
4	实践教学		3周	3周	3周			9周
5	生产实习					4周	19周	23周
累计		19周	19周	19周	19周	19周	19周	114周

注:1.课内教学指按课程(学习领域)组织的各种教学活动,包括理论课程、理实一体化课程等。
2.实践教学是指计划单列的非生产性实践教学活动,包括专业认识实践、专项单列实训、课程设计、综合设计、社会实践等。
3.生产实习是指生产性教学实习活动,包括工学交替生产实习、生产劳动实习、毕业顶岗实习。

（二）教学进程表

本专业的人才培养进程，如表 3-2 所示。

汽车电子技术专业教学进程表

表 3-2

序号	类别	课程名称	教学时数与学分				考核方式		课内教学周时数与实践周数安排					
									第一学年		第二学年		第三学年	
			总学分	学分	理论学时	实践学时	考试学期	考查学期	一	二	三	四	五	六
									16 周	16 周	16 周	16 周	15 周	19 周
1	公共基础课程	“两课”基础	64	2	64			1	4					
2		“两课”概论	64	2	64			2		4				
3		体育	64	3	64			1,2	2	2				
4		计算机应用基础	96	5	44	52	1		6					
5		高等数学	64	4	64			1	4					
6		大学英语Ⅰ	64	4	64		1		4					
7		大学英语Ⅱ	64	4	64			2		4				
8		任选课 1	32	2	32			3			2			
9		任选课 2	32	3	32			4				2		
10		就业指导	15	1	15			5					1	
公共基础课程小计			559	30	507	52	课内占比		19.89%					
1	专业基础学习领域	机械基础	64	2	44	20	1		4					
2		汽车文化	32	2	24	8		2		2				
3		电工电子技术	96	6	56	40	2			6				
4		汽车发动机机械系统检修	96	6	56	40	2			6				
5		汽车传动系统检修	32	2	20	12	3				2			
6		汽车行驶转向制动系统检修	64	3	36	28	3				4			
7		汽车电路识图	60	3	36	24	5						4	
专业基础学习领域小计			444	24	272	172	课内占比		15.80%					
1	专业核心学习领域	汽车电气系统检修	96	6	56	40	3				6			
2		汽车发动机电控系统检修	96	6	56	40	3				6			
3		汽车底盘电控系统检修	96	6	56	40	4					6		
4		汽车车身电控系统检修	96	6	56	40	4					6		
5		汽车波形与数据流分析	60	2	36	24	5						4	
6		汽车车内局域网系统检修	45	2	25	20		5					3	
专业核心学习领域小计			478	28	275	203	课内占比		17.00%					

续上表

序号	类别	课程名称	教学时数与学分				考核方式		课内教学周时数与实践周数安排					
									第一学年		第二学年		第三学年	
			总学分	学分	理论学时	实践学时	考试学期	考查学期	一	二	三	四	五	六
									16周	16周	16周	16周	15周	19周
1	专业拓展学习领域	汽车维修业务接待	32	2	20	12		4				2		
2		汽车专业英语	32	2	26	6		5				2		
3		汽车运行材料	32	2	24	8		4				2		
4		汽车市场营销	32	2	20	12		3			2			
5		汽车配件管理	32	2	22	10		3			2			
6		汽车空调系统检修	48	2	28	20	4					3		
7		汽车检测与诊断技术	60	3	36	24	5						4	
8		汽车保险与理赔	30	3	20	10		5					2	
9		现代汽车新技术	30	2	24	6		3					2	
专业拓展学习领域小计			280	20	192	88	课内占比		9.96%					
课内教学环节合计			1761	102	1256	515	总百分比		62.65%					
1	独立实践环节	入学教育	1周	1		30		1	1周					
2		国防教育	2周	2		60			2周					
3		钳工实习	1周	1		30		1		1周				
4		汽车发动机构造拆装实习	1周	2		30		2		1周				
5		汽车电工电子技术实习	1周	2		30		2		1周				
6		汽车底盘构造实习	1周	2		30		3			1周			
7		汽车电气设备实习	1周	2		30		3			1周			
8		汽车发动机电控系统实习	1周	2		30		3			1周			
9		汽车维护实习	1周	2		30		4				1周		
10		汽车底盘电控系统实习	1周	2		30		4				1周		
11		汽车车身电控系统实习	1周	2		30		4				1周		
12		毕业顶岗实习	4周	4		120		5					4周	
13		毕业顶岗实习	19周	10		570		6						19周
独立实践环节合计			1050	34		1050	总百分比		37.35%					
课时(学分)总计			2811	136	1246	1565	周时数		24	24	22	25	20	0
周数总计									19	19	19	19	19	19
理论教学时数			1246				总百分比		44.33%					
实践教学时数			1565				总百分比		55.67%					

(三)课程设置及学时比例

在人才培养的实施过程中,各教学环节学时比例,如表3-3所示。

汽车电子技术专业课程设置及学时比例表　　表3-3

项目	理论教学	实践教学			
		课内实训	专项实训	生产实习	合计
学　时	1246	533	360	690	1565
所占比例	44.33%	55.67%			

注：1. 理论教学学时不包含课内的实训环节教学，课内实训是指由课程教学内完成的、非计划单列实践教学。

2. 专项实训是指计划单列的非生产性实践教学，包括专业认识实践、专项单列实训、课程设计、综合设计、社会实践等。

3. 生产实习包含轮岗生产实习、定岗生产实习、毕业顶岗实习。

八、毕业标准

（一）课程考核要求

（1）德、智、体、美等方面均通过学生管理部门考核达标；

（2）按规定完成课程（学习领域）的学习，成绩合格；

（3）完成各项独立实践环节（单列科目：如实践课、课程设计、实习、毕业实践、毕业设计等）的学习，成绩合格。

（二）考证要求

（1）必须获得全国计算机等级证（一级及以上）、英语应用能力证书（三级B）及驾驶证；

（2）必须获得至少一个本专业职业资格证书方可毕业。本专业职业资格证书，如表3-4所示。

汽车电子技术专业职业资格证书表　　表3-4

序号	考核项目	发证部门	等级要求
1	汽车维修工	江西省人力资源和社会保障厅	中级/高级
2	汽车配件销售员	江西省人力资源和社会保障厅	中级/高级
3	汽车保险公估员	中国保险监督管理委员会	初级
4	二手车鉴定评估师	江西省人力资源和社会保障厅	中级

（三）其他要求

完成任选课的学习，并取得5学分。

九、其他说明

本专业人才培养方案是依托汽车工程系校企合作工作委员会，与江西运通汽车集团有限公司、江西华宏汽车集团有限公司、江西国力汽车集团有限公司、江西欧亚汽车集团有限公司、江西江铃海外汽车销售有限公司、南昌同驰丰田汽车销售服务有限公司等企业共同制定，实施过程中，应该加强与相关企业合作，将有关行业标准和企业规范导入专业课程中，与企业共同实施工学并进的人才培养模式，积极探索现代学徒制育人模式，共同建设生产型实习基地，共同管理顶岗实习，共同评价教学过程，全面实现人才培养方案的育人目标。

（执笔人：刘堂胜）

第二部分　支撑材料

一、专业人才培养实施条件

（一）专业教学团队

1. 师资数量与结构

（1）教师队伍数量应与学生规模相适应，师生比控制在 1∶18 左右。

（2）教师队伍结构优化，梯队合理，45 岁以下青年教师中研究生学历或硕士以上学位比例达到 30%，专任教师中高级职称的比例≥30%，专任教师中具备双师素质教师的比例应达到 80% 以上。

（3）每个学习领域（课程）的教师应不少于 2 人，其中专业核心学习领域应配备相关专业中级技术职称以上的双师素质教师 2 人。

（4）各专业学习领域及独立实践环节，均应配备行业企业专业技术人员担任兼职教师，兼职教师折算比例应达到 50% 左右。

（5）专业实习（训）指导教师均为大专以上学历或中级以上职称。实习（训）指导教师具有中高级职称的比例≥20%。

2. 业务水平

教师应具备良好的职业道德和一定的教学科研能力，达到高等教育教师任职资格的要求且具备高等教育教师任职资格。其中主讲教师应由具备讲师以上职称的专任教师或工程师以上职称的兼职教师担任，参加科学研究或技术服务的专任教师人数不少于专任教师总数的 30%。

（二）专业教学资源

1. 选用优秀的高职高专规划教材

在选择教材时，应整体研究制定教材选用标准和选用程序，确保具有时代性、应用性、先进性和普适性的优秀教材优先被选用，同时，要注意选用具有鲜明行业特征的高职高专规划教材、特色教材和精品教材。

2. 开发基于工作过程的校本教材

与合作企业共同开发基于工作过程的校本教材，将相关的企业标准、行业规范等导入教材之中，编写中要突破学科体系的构架，将职业教育的教学过程与工作过程相融合，将专业理论知识和技能向企业工作过程知识转变，以典型工作任务作为工作过程知识的载体，并按职业能力构建教材的知识、技能体系，使之成为理实一体化教学的适用教材。专业学习领域教材一般要求为特色鲜明的校本教材，或国家和地区职业教育优质教材。可供选用教材，如表 3-5 所示。

汽车电子技术专业校本教材开发一览表　　表3-5

序号	教材名称	出版社	主编	出版时间
1	汽车行驶转向制动系统检修	人民交通出版社股份有限公司	黄晓敏、邹小明	2015年
2	汽车底盘电控系统检修	人民交通出版社股份有限公司	闵思鹏、周羽皓	2015年
3	汽车检测与诊断技术	人民交通出版社股份有限公司	官海兵、张光磊	2015年
4	汽车发动机机械系统检修	人民交通出版社股份有限公司	廖胜文、杨晋	2015年
5	汽车电气系统检修	人民交通出版社股份有限公司	吴纪生、刘星星	2015年
6	汽车市场营销	人民交通出版社股份有限公司	付慧敏、欧阳娜	2015年
7	汽车车身电控系统检修	北京邮电大学出版社	闵思鹏、吴纪生	2012年

3. 选用精品资源共享课程

充分利用现有国家和地方的精品资源共享课程开展教学，加强网络学习平台建设，通过慕课、个人空间、网络课程等网络技术构建日常教学课程网站，整合各种优质教学资源进行专业教学。根据汽车机电维修工、汽车服务顾问等职业岗位群任职要求，引进汽车维修企业操作规范和工艺流程，将职业岗位能力和职业素养融入到教学内容中，由专业教师与企业技术人员共同开发制定汽车行驶转向制动系统检修等9门专业课程。可供选用的精品资源共享课程，如表3-6所示。

汽车电子技术专业可供选用的精品资源共享课程一览表　　表3-6

序号	课程名称	建设状态	负责人	通过时间
1	发动机电控系统检修	省级	闵思鹏、龙志平(企业)	2009年
2	汽车车身电控系统检修	省级	徐昭、赵和辉(企业)	2011年
3	汽车空调系统检修	院级	刘堂胜、陶云飞(企业)	2011年
4	汽车售后服务管理	院级	吴映辉、邹良春(企业)	2011年
5	汽车行驶转向制动系统检修	国家级	黄晓敏、彭志勇(企业)	2013年
6	汽车底盘电控系统检修	国家级	闵思鹏、杨丹峰(企业)	2013年
7	汽车检测诊断技术	院级	官海兵、邹良春(企业)	2014年
8	发动机机械系统检修	院级	廖胜文、李发禾(企业)	2014年
9	汽车电气系统检修	院级	吴纪生、邹军新(企业)	2014年

4. 专业网络教学资源

以数字化校园为运行载体，以学习领域(课程)为组织形式，利用网络学习平台建设共享性网络教学资源库，主要包括试题库、课件库、专业教学素材库、教学录像库等。网络教学资源库的建议配置，如表3-7所示。

汽车电子技术专业网络教学资源库的建议配置　　表3-7

<table>
<tr><th>类别</th><th>资源</th><th>主要内容与要求</th><th>备注</th></tr>
<tr><td rowspan="4">专业基本资源</td><td>专业简介</td><td>专业代码、招生对象、学制、就业面向、专业特点、主要课程等</td><td rowspan="4">专业介绍</td></tr>
<tr><td>人才培养方案</td><td>主要包括培养目标、专业面向的职业岗位分析、专业定位、课程体系、核心课程描述、教学进程、毕业标准、实施条件、实施规范、实施流程、实施保障等</td></tr>
<tr><td>课程标准</td><td>专业核心课程的课程标准</td></tr>
<tr><td>教学文件</td><td>教学管理相关文件</td></tr>
</table>

续上表

类别	资源	主要内容与要求	备注
课程教学资源	教学指南	本课程的作用、目标和要求，本课程与职业岗位的关系，本课程与其他课程的关系，本课程的主要特点、课程结构、课程内容、课时分配、课程的重点与难点、实践教学体系、课程教学方法、课程教学资源、课程考核、课程授课方案设计、课程建设与工学结合效果评价等	专业基本配置
	教学设计	主要包括学时安排、学习任务设计、学习内容确定、教学目标设定、教学重难点分析及处理、任务工单提供、教学方法建议、教学手段选用、教学设施和教学场地安排、教学实施要求、课程考核方法，以及课后总结等	
	多媒体课件	优质核心课程课件	
	教学视频库	课程设计录像、课堂教学录像、实训操作演示录像等	
	案例库	以一个完整的企业项目为案例单元，通过观看、阅读、学习、分析案例，实现知识内容的传授、知识技能的综合应用展示、知识迁移、技能掌握等	
	FLASH 资源	教学难点的动漫演示	
	实训项目	实训目标、实训设备、实训要求、实训内容与步骤、实训项目考核和评价标准、实训报告或总结、技术手册、操作规程与安全注意事项	
	学生作品	学生学习成果、实训作品和生产产品	
自主学习资源	学习指南	课程学习目标与要求，重点、难点提示及释疑，学习方法，典型任务解析，自我测试题及答案，参考资料和网站	专业特色配置
	测试题库	知识和技能测试	
	视频库	学习任务实施操作视频资料	
	网络课程	基于互联网的自主学习平台	
	课程链接	与本专业相关的网站	
拓展学习资源	拓展视频资源	其内容可以在教学标准的基础上适当拓展	专业拓展选配
	文献库	与本课程或本专业相关的行业标准、企业规范、专利资料、法律法规、技术资料、成功案例等	
	仪器设备操作手册	常用仪器设备的操作手册	
	仿真教学	与上海景格科技有限公司共同开发《发动机拆装虚拟实训系统》《汽车检测线实训系统》《汽车故障诊断虚拟实训系统》《汽车自动变速器拆装虚拟实训系统》等仿真软件	
	课程 BBS	建立由专人管理的网上论坛	
	网上答疑	按主讲教师开设答疑室	
	其他资源	素质教育模块、课外活动园地	

5. 其他教学资源

学院图书馆或资料室配置数量适当、结构合理、技术新颖的本专业纸质和电子图书，为专业学习、教学、科研和社会服务提供良好的信息服务；学院配置的电子图书，具有良好服务功能，能为专业教学资源库建设提供大数据服务。

（三）实验实训条件

1. 校内实训条件

（1）建设要求。

根据汽车电子技术专业培养目标和教学要求，在校内应建设具备理实一体化教学和生产性实训功能的校内实训基地。实训室在设备和工位数量上能保证3个教学班实施理实一体化课程的需要，配置多媒体教学设备，便于开展教、学、做合一的教学活动。

（2）建设情况。

根据汽车电子技术专业的需要，建成了汽车发动机实训室等6个实训室，自建了1个校内生产性实训基地（校中厂）江西交通职业技术学院汽车技术服务中心，具体如表3-8所示。

校内实训条件情况表 表3-8

序号	名称	主要设备	主要功能	对应课程	容纳人数
1	汽车发动机实训室	发动机曲柄连杆机构台架、发动机配气机构台架、发动机供给系统台架、发动机冷却系统台架、发动机润滑系统台架、发动机起动系统台架、发动机点火系统台架、拆装用发动机、套装普通工具（含工具车）、零配件、发动机固定支架、大修包等	完成发动机拆装和检测的教学与实训，使学生具备发动机专项检测、维修等能力，培养学生基本职业岗位能力	发动机机械系统检修、汽车维护与保养、职业技能鉴定考证	50
2	汽车底盘实训室	手动变速器解剖实训台、离合器解剖实训台、差速器解剖实训台、悬架拆装实训台、球笼拆装实训台、ABS/EBD/ESP综合系统实训台、扒胎机、轮胎动平衡机、手动变速器、套装普通工具（含工具车）、变速器固定支架、驱动桥等	完成汽车底盘各总成拆装和维修等项目的教学与实训，使学生具备变速器、制动、传动等系统的检测与维修能力；培养学生基本职业岗位能力	汽车维护与保养、汽车传动系统检修、汽车行驶转向制动系统检修、职业技能鉴定考证	50
3	汽车电气实训室	起动系统实训台架、灯光系统实训台架、点火系统实训台架、空调系统实训台架、起动机实训台架、空调系统检测设备、蓄电池检测设备、刮水器系统实训台架、车门中控锁、玻璃升降机实训台架、发动机电路实训台架、套装普通工具（含工具车）、零配件等	完成汽车电路设备总线路连接、汽车电源及充电系统、照明与信号系统、仪表及显示系统、空调系统及汽车辅助电气设备的检修等项目的教学与实训	汽车电气系统检修、汽车空调系统检修、职业技能鉴定考证	50

续上表

序号	名称	主要设备	主要功能	对应课程	容纳人数
4	汽车电子实训室	发动机电控系统实训台、底盘电控系统实训台、CAN－BUS系统实训台、自动变速器、失速试验台、博世740故障诊断仪、教学一体化设备、解码器套装普通工具(含工具车)等	完成汽车发动机电控技术、汽车底盘电控技术、汽车车身电控技术故障检测诊断,汽车局域网技术实训等项目的教学与实训	发动机电控系统检修、汽车底盘电控系统检修、汽车车身电控系统检修、职业技能鉴定考证	50
5	汽车仿真实训室	网络教学设备 汽车仿真教学软件	完成汽车总成及部件的结构原理仿真,车辆各大系统的构造认识教学,完成汽车发动机、底盘、电气及电控故障诊断模拟实训操作,各个部件测量、虚拟故障排除;培养学生掌握清晰的操作方法	发动机机械系统检修、汽车传动系统检修、汽车行驶转向制动系统检修、发动机电控系统检修、汽车底盘电控系统检修	30
6	汽车检测实训室	汽车制动检验台、汽车轴(轮)重仪、汽车悬架性能检验台、汽车底盘测功机、汽车速度表检验台、汽车侧滑检验台、机动车前照灯检测仪、声级计、转向盘转向力仪、柴油机烟度计、废气分析仪、五工位智能工控计算机仪表控制系统	完成汽车性能检测基本岗位技能教学与实训;满足汽车技术服务中心修复车辆性能检测的生产性功能;满足C类检测站的检测功能	汽车检测与诊断、职业技能鉴定考证	50
7	汽车技术服务中心(校中厂)	快速保养工位设备、发动机清洗机、通用诊断仪、举升机、汽车维修服务管理软件、常用工具(含工具车)、电脑、电子屏等	开展社会服务,同时完成汽车专项维修、综合维修等实训项目,满足学生顶岗实习需要;培养学生专项维修和综合维修能力	职业岗位认知实践、校内顶岗实训、职业技能鉴定考证	50

2. 校外实训条件

(1)建设要求。

在完善现有校外实训基地的基础上,新建6个校外实训基地及3个厂中校。

(2)建设情况。

依托学院合作发展理事会,选择技术较为先进、管理水平较高、生产规模大、效益好的企业作为紧密合作对象,共建校外实训基地数量13家,如表3-9所示。与南昌同驰丰田汽车销售服务有限公司等合作企业共建3个“厂中校”,如表3-10所示。

校外实训基地情况 表 3-9

序号	校外实训基地	主要功能	容纳学生人数
1	江铃海外汽车服务有限公司	1. 汽车维修综合实训； 2. 服务接待综合实训； 3. 汽车营销综合实训； 4. 职业岗位认识实践； 5. 寒暑期岗位见习； 6. 毕业顶岗实习	20
2	江西昌河汽车股份有限公司		20
3	江西运通汽车集团公司		20
4	南昌同驰丰田汽车销售服务有限公司		20
5	江西国力东本汽车服务公司		20
6	江西国力广丰汽车服务有限公司		20
7	江西国力北京现代汽车服务公司		20
8	南昌欧亚一汽大众汽车服务有限公司		20
9	江西德奥汽车销售服务有限公司		20
10	南昌宝泽汽车销售服务有限公司		20
11	江西全顺汽车销售服务有限公司		20
12	江西东维汽车销售有限公司		20
13	江西省海峰实业有限公司		20

“厂中校”建设情况 表 3-10

序号	“厂中校”名称	共建单位	功　　能	容纳人数
1	丰田企业学校	南昌同驰丰田汽车销售有限公司(一汽丰田)	专业教学、学生实训、师资培养、社会培训等	20
2	现代企业学校	江西国力汽车贸易有限公司(北京现代)	专业教学、学生实训、师资培养、社会培训等	20
3	大众企业学校	江西欧亚集团有限公司(一汽大众)	专业教学、学生实训、师资培养、社会培训等	20

二、专业人才培养实施规范

(一)课程教学标准

1. 公共基础课程教学标准

公共基础课程的课程标准参考汽车运用技术专业。

2. 专业基础学习领域教学标准(表 3-11)

专业基础学习领域教学标准 表 3-11

学习领域 1	机 械 基 础		
学期	第 1 学期	参考学时	64 学时
职业能力要求	1. 会对机械零件进行静力分析和强度计算； 2. 会叙述常用机械传动的工作原理； 3. 了解、熟悉和掌握汽车工业中常用机构的结构、特性等基本知识，并初步具有选用、分析基本机构的能力； 4. 了解、熟悉和掌握通用机械零件的工作原理、特点、应用和简单设计计算方法，并初步具有选用和分析简单机械传动装置的能力； 5. 了解、熟悉和具有运用标准、规范、手册、图册等有关技术资料的能力		

续上表

<table>
<tr><td>学习领域1</td><td colspan="3">机 械 基 础</td></tr>
<tr><td>学期</td><td>第1学期</td><td>参考学时</td><td>64学时</td></tr>
<tr><td>学习目标</td><td colspan="3">1. 会进行机械零件的静力分析；
2. 会分析零件的变形和计算零件的强度；
3. 了解并熟悉常用机构和机械传动的结构、类型及工作原理；
4. 了解轴系零件的结构、类型及功用；
5. 掌握液压传动的工作原理及液压系统部件的结构及工作原理；
6. 了解常用金属材料的特性及使用；
7. 了解机械制图的基本看图识图方法；
8. 了解公差与配合的作用及工作原理</td></tr>
<tr><td>学习内容</td><td colspan="3">学习情境1:机械零件的静力分析；
学习情境2:机械零件的变形及强度计算；
学习情境3:常用机构和机械传动工作过程分析；
学习情境4:轴系零件的结构认识；
学习情境5:液压传动工作分析；
学习情境6:常用金属材料的特性分析；
学习情境7:机械制图的基本看图识图；
学习情境8:公差与配合</td></tr>
<tr><td>学习领域2</td><td colspan="3">汽车文化</td></tr>
<tr><td>学期</td><td>第2学期</td><td>参考学时</td><td>32</td></tr>
<tr><td>职业能力要求</td><td colspan="3">使学生能够掌握汽车文化的专业知识和专业技能,通过学习的过程掌握工作岗位所需的各项技能和相关专业知识</td></tr>
<tr><td>学习目标</td><td colspan="3">1. 掌握汽车起源和发展过程；
2. 掌握汽车车史文化、造型文化、名人文化、名车文化等；
3. 掌握汽车车标文化、赛车文化及技术文化；
4. 掌握汽车基本知识、提高汽车鉴赏的能力</td></tr>
<tr><td>学习内容</td><td colspan="3">学习情境1:汽车认知
学习情境2:汽车品牌文化认识
学习情境3:汽车外形和色彩欣赏
学习情境4:汽车公司及车标识别
学习情境5:汽车竞赛
学习情境6:汽车新技术与未来汽车探讨</td></tr>
<tr><td>学习领域3</td><td colspan="3">电工电子技术</td></tr>
<tr><td>学期</td><td>第2学期</td><td>参考学时</td><td>96学时</td></tr>
<tr><td>职业能力要求</td><td colspan="3">1. 能够使用基本的电工电子工具、仪器、仪表；
2. 掌握手工焊接方法和工艺,并能熟练地手工焊接基板和元器件；
3. 能够正确识读电子电路图、电气设备控制系统电气图和安装接线图；
4. 学会常用的低压电器的识别、选择与使用；
5. 熟悉电子元器件的类别、性能、用途,并能够正确地选用电子元器件；
6. 能够根据电路图独立完成电子电路的制作任务,并能分析和查找问题并排除故障；
7. 具备可持续发展的能力；
8. 具备与人合作的能力；
9. 具有遵章守纪、积极思考、耐心、细致、勇于实践、竞争意识的职业素养</td></tr>
</table>

续上表

<table>
<tr><td>学习领域 3</td><td colspan="3">电工电子技术</td></tr>
<tr><td>学期</td><td>第 2 学期</td><td>参考学时</td><td>96 学时</td></tr>
<tr><td>学习目标</td><td colspan="3">1. 学会使用基本的电工电子工具、仪器、仪表；
2. 学会手工焊接方法和工艺，并能熟练地手工焊接基板和元器件；
3. 能够正确识读电子电路图、电气设备控制系统电气图和安装接线图；
4. 学会常用低压电器的识别、选择与使用；
5. 熟悉电子元器件的类别、性能、用途，并能够正确地选用电子元器件；
6. 能够根据电路图独立完成电子电路的制作任务，并能分析和查找问题并排除故障</td></tr>
<tr><td>学习内容</td><td colspan="3">学习情境 1：照明电路的安装与调试；
学习情境 2：低压配电柜的装配与调试；
学习情境 3：分立式功率放大器的制作与调试；
学习情境 4：直流稳压电源的制作与调试；
学习情境 5：数字钟的制作与调试</td></tr>
<tr><td>学习领域 4</td><td colspan="3">汽车发动机机械系统检修</td></tr>
<tr><td>学期</td><td>第 2 学期</td><td>参考学时</td><td>96 学时</td></tr>
<tr><td>职业能力要求</td><td colspan="3">1. 能够熟练使用发动机维修的常用工具、量具和设备；
2. 熟悉发动机主要系统的工作原理和结构；
3. 能使用发动机拆装工具熟练拆装发动机总成及主要部件；
4. 了解发动机常见故障的类型；
5. 能排除发动机常见故障；
6. 能与他人一起进行发动机的大修</td></tr>
<tr><td>学习目标</td><td colspan="3">1. 掌握发动机曲柄连杆机构及各主要元件的构造、工作原理与检修方法；
2. 掌握发动机配气机构及各主要元件的构造、工作原理与检修方法；
3. 掌握发动机冷却系统及各主要元件的构造、工作原理与检修方法；
4. 掌握发动机润滑系统及各主要元件的构造、工作原理与检修方法；
5. 掌握普通柴油机及各主要元件的构造、工作原理与检修方法；
6. 能熟练使用发动机维修的常用工具、量具和设备；
7. 具备对发动机进行维护、调整、拆装及检修的初步技能；
8. 具有分析、判断和排除发动机常见故障的能力；
9. 掌握发动机大修的方法步骤</td></tr>
<tr><td>学习内容</td><td colspan="3">学习情境 1：发动机总体结构认知；
学习情境 2：汽缸压力低故障检修；
学习情境 3：配气机构异响故障检修；
学习情境 4：柴油机起动困难故障检修；
学习情境 5：发动机水温过高故障检修；
学习情境 6：机油压力过低故障检修；
学习情境 7：发动机的拆装与竣工验收</td></tr>
<tr><td>学习领域 5</td><td colspan="3">汽车传动系统维修</td></tr>
<tr><td>学期</td><td>第 3 学期</td><td>参考学时</td><td>32 学时</td></tr>
<tr><td>职业能力要求</td><td colspan="3">1. 能够熟练使用维修的常用工具、量具和设备；
2. 熟悉传动系统的工作原理和结构；
3. 能使用常用工具熟练拆装底盘各总成及主要部件；
4. 熟知传动系统常见故障的类型；
5. 能排除传动系常见故障。</td></tr>
</table>

续上表

学习领域 5	汽车传动系统维修		
学期	第 3 学期	参考学时	32 学时
学习目标	1. 掌握离合器及各主要元件的构造、工作原理与检修方法; 2. 掌握手动变速器及各主要元件的构造、工作原理与检修方法; 3. 掌握万向传动装置及各主要元件的构造、工作原理与检修方法; 4. 掌握驱动桥及各主要元件的构造、工作原理与检修方法; 5. 熟练使用常用工具、量具和设备; 6. 具备对传动系进行维护、调整、检修、更换的初步技能; 7. 具有分析、判断和排除传动系常见故障的能力		
学习内容	学习情境 1:离合器分离不彻底故障检修; 学习情境 2:手动变速器跳挡故障检修; 学习情境 3:万向传动装置抖动故障检修; 学习情境 4:驱动桥过热故障检修		
学习领域 6	汽车行驶转向制动系统维修		
学期	第 3 学期	参考学时	64 学时
职业能力要求	1. 具备与客户交流和协商的能力,能够向客户咨询车况、查询车辆技术档案、初步判断车辆的技术故障; 2. 能遵守相关法律、遵循车辆检修工作安全和技术规范,制订检修工作计划,能正确选择和使用检测设备和工具; 3. 能正确完成汽车行驶系统检修的相关操作; 4. 能正确完成汽车转向系统检修的相关操作; 5. 能正确完成汽车制动系统检修的相关操作; 6. 能检查汽车行驶、转向、制动系统的检修质量,并在交车过程中向客户介绍已完成的工作; 7. 能根据环境保护要求,正确处理使用过的辅料、废气液体及报废的零部件		
学习目标	1. 掌握汽车行驶系统及各主要元件的构造、工作原理与检修方法; 2. 掌握汽车转向系统及各主要元件的构造、工作原理与检修方法; 3. 掌握汽车制动系统及各主要元件的构造、工作原理与检修方法; 4. 熟练使用常用工具、量具和设备; 5. 具备对汽车行驶、转向、制动系统进行维护、调整、检修、更换的初步技能; 6. 具有分析、判断和排除汽车行驶、转向、制动系统常见故障的能力		
学习内容	学习情境 1:汽车行驶跑偏故障检修; 学习情境 2:轮胎异常磨损故障检修; 学习情境 3:汽车转向不灵故障检修; 学习情境 4:汽车转向沉重故障检修; 学习情境 5:汽车制动失效故障检修		

续上表

学习领域7	汽车电路识图		
学期	第5学期	参考学时	60学时
职业能力要求	1. 具备基本的电路图识读与分析技巧； 2. 能熟练使用万用表、试灯等工具进行汽车电路故障诊断的操作； 3. 能看懂国产车系基本电路图； 4. 能看懂欧美车系基本电路图； 5. 能看懂日韩车系基本电路图； 6. 能利用电路图进行电路故障的辅助检测		
学习目标	1. 掌握汽车电气系统的基本维护技能与使用技巧； 2. 具备汽车各系统电路的基本检修能力； 3. 熟悉汽车整车电路图的分析能力； 4. 会分析典型车系的电路图； 5. 会利用电路图诊断排除汽车电气系统故障； 6. 结合所学知识初步具备在汽车电气系统领域维修检测的创新能力		
学习内容	学习情境1:国产轿车电路图识读； 学习情境2:大众车系轿车电路图识读； 学习情境3:宝马车系电路图识读； 学习情境4:奔驰车系电路图识读； 学习情境5:标致雪铁龙车系电路图的识读； 学习情境6:通用车系电路图识读； 学习情境7:福特车系电路图识读； 学习情境8:丰田车系电路图识读； 学习情境9:日产车系电路图识读； 学习情境10:本田车系电路图识读； 学习情境11:马自达车系电路图识读； 学习情境12:现代起亚车系电路图识读		

3. 专业核心学习领域教学标准(表3-12)

专业核心学习领域教学标准 表3-12

学习领域1	汽车电气系统检修		
学期	第3学期	参考学时	96学时
职业能力要求	1. 能够熟练使用汽车电气设备维修的常用工具、仪器设备； 2. 熟悉电气系统主要子系统的工作原理和结构； 3. 能使用常用工具熟练拆装电气设备各子系统及主要部件； 4. 了解电气设备系统常见故障的类型； 5. 能排除电气设备常见故障； 6. 能看懂汽车电气系统的子系统电路图及整车电路图		

续上表

学习领域1	汽车电气系统检修		
学期	第3学期	参考学时	96学时
学习目标	1. 掌握汽车起动系统及各主要元件的构造、工作原理与检修方法； 2. 掌握汽车充电系统及各主要元件的构造、工作原理与检修方法； 3. 掌握汽车普通点火系统及各主要元件的构造、工作原理与检修方法； 4. 掌握汽车照明系统及各主要元件的构造、工作原理与检修方法； 5. 熟练使用汽车电气设备维修的常用工具、量具和设备； 6. 具备对汽车电气设备进行维护、调整、检修的初步技能； 7. 具有分析、判断和排除汽车电气设备常见故障的能力		
学习内容	学习情境1：发动机起动无力故障检修； 学习情境2：充电指示灯常亮故障检修； 学习情境3：起动机不转故障检修； 学习情境4：发动机无高压火故障检修； 学习情境5：汽车前照灯不亮故障检修； 学习情境6：车速表指示异常故障检修； 学习情境7：线束更换		
学习领域2	汽车发动机电控系统检修		
学期	第3学期	参考学时	96学时
职业能力要求	1. 具备与客户交流和协商的能力，能够向客户咨询车况、查询车辆技术档案、初步判断车辆的技术故障； 2. 能遵守相关法律、遵循车辆检修工作安全和技术规范，制订检修工作计划，能正确选择和使用检测设备和工具； 3. 具备对汽车发动机电控系统进行维护、调整、检修的初步技能； 4. 能检查汽车电控系统的检修质量，并在交车过程中向客户介绍已完成的工作； 5. 能根据环境保护要求，正确处理使用过的辅料、废气液体及报废的零部件		
学习目标	1. 掌握电控燃油喷射系统及主要元件的构造、工作原理与检修方法； 2. 掌握电控点火系统及主要元件的构造、工作原理与检修方法； 3. 掌握怠速控制系统及主要元件的构造、工作原理及检修方法； 4. 掌握进气控制系统及主要元件的构造、工作原理及检修方法； 5. 掌握增压控制系统及主要元件的构造、工作原理及检修方法； 6. 掌握排放控制系统及主要元件的构造、工作原理及检修方法； 7. 掌握柴油机电控系统及主要元件的构造、工作原理及检修方法； 8. 掌握电控发动机诊断仪器设备的使用方法（万用表、示波器及故障诊断仪）； 9. 掌握电控发动机常见故障的诊断方法； 10. 掌握汽车发动机电控系统主要零部件的拆装方法		
学习内容	情境1：汽车发动机起动困难故障检修； 情境2：发动机点火不良故障检修； 情境3：电控柴油机起动不着火故障检修； 情境4：电控汽油机怠速不稳故障检修； 情境5：电控汽油机排气管冒黑烟故障检修		

续上表

<table>
<tr><td>学习领域 3</td><td colspan="3">汽车底盘电控系统检修</td></tr>
<tr><td>学期</td><td>第 4 学期</td><td>参考学时</td><td>96 学时</td></tr>
<tr><td>职业能力要求</td><td colspan="3">1. 能够熟练使用底盘电控系统维修的常用工具、仪器和设备；
2. 熟悉底盘电控系统主要子系统及主要部件的工作原理和结构；
3. 能熟练使用万用表和故障诊断仪进行底盘电控系统主要部件的检修；
4. 了解底盘电控系统常见故障的故障现象、原因；
5. 能利用一定的方法步骤排除底盘电控系统常见故障</td></tr>
<tr><td>学习目标</td><td colspan="3">1. 能识别汽车底盘电子控制系统零部件；
2. 掌握自动变速器（AT）及各主要部件的结构、工作原理及检修方法；
3. 掌握电控防抱死系统（ABS）及各主要部件的结构、工作原理及检修方法；
4. 掌握驱动防滑（ASR）系统及各主要部件的结构、工作原理及检修方法；
5. 掌握电子稳定系统（ESP）及各主要部件的结构、工作原理及检修方法；
6. 掌握电控悬架系统及各主要部件的结构、工作原理及检修方法；
7. 掌握电控动力转向系统及各主要部件的结构、工作原理及检修方法；
8. 能识读汽车底盘电子控制系统电路图；
9. 能正确拆装、分解、检查、装配和调整汽车底盘电子控制系统各总成；
10. 能正确使用维修工具、仪器设备对汽车底盘电子控制系统进行诊断和检测</td></tr>
<tr><td>学习内容</td><td colspan="3">情境 1：自动变速器漏油故障检修；
情境 2：自动变速器异响故障检修；
情境 3：自动变速器换挡冲击故障检修；
情境 4：无级变速器无前进挡故障检修；
情境 5：ABS 故障指示灯常亮故障检修；
情境 6：ASR/ESP 功能失效故障检修；
情境 7：电控悬架不能自动调节故障检修；
情境 8：电控动力转向助力不足故障检修</td></tr>
<tr><td>学习领域 4</td><td colspan="3">汽车车身电控系统检修</td></tr>
<tr><td>学期</td><td>第 4 学期</td><td>参考学时：</td><td>96 学时</td></tr>
<tr><td>职业能力要求</td><td colspan="3">1. 能够熟练使用车身电控系统维修的常用工具、仪器和设备；
2. 熟悉车身电控系统主要子系统及主要部件的工作原理和结构；
3. 能熟练使用万用表和诊断仪进行车身电控系统主要部件的检修；
4. 了解车身电控系统常见故障的故障现象、原因；
5. 能利用一定的方法步骤排除车身电控系统常见故障</td></tr>
<tr><td>学习目标</td><td colspan="3">1. 能识别汽车车身电子控制系统零部件；
2. 掌握电动辅助系统及各主要部件的结构、工作原理及检修方法；
3. 掌握中控门锁系统及各主要部件的结构、工作原理及检修方法；
4. 掌握安全气囊系统及各主要部件的结构、工作原理及检修方法；
5. 掌握电电子巡航系统及各主要部件的结构、工作原理及检修方法；
6. 掌握导航系统及各主要部件的结构、工作原理及检修方法；
7. 熟悉汽车车身电子控制系统构造和工作原理；
8. 能识读汽车车身电子控制系统电路图；
9. 能正确拆装、分解、检查、装配和调整汽车车身电子控制系统各总成；
10. 能正确使用维修工具、仪器设备对汽车车身电子控制系统进行诊断和检测</td></tr>
</table>

续上表

学习领域4	汽车车身电控系统检修		
学期	第4学期	参考学时:	96学时
学习内容	学习情境1:电动车窗不能升降故障检修; 学习情境2:遥控器失控门锁故障检修; 学习情境3:安全气囊故障灯常亮故障检修; 学习情境4:电子巡航失效故障检修; 学习情境5:导航仪屏无图标故障检修		
学习领域5	汽车波形与数据流分析		
学期	第5学期	参考学时	60学时
职业能力要求	1. 能正确操作示波器检测出波形; 2. 能识别电控元件正常波形与故障波形; 3. 能根据故障波形分析故障原因及故障部位; 4. 能通过点火系统波形分析点火系统故障; 5. 能正确操作故障诊断仪读取数据流; 6. 能通过数据流分析故障原因及故障部位		
学习目标	1. 熟悉常见电控元件与系统的波形; 2. 会分析波形与元件工作的相互关系; 3. 掌握根据波形进行故障诊断与故障排除的方法; 4. 掌握波形分析中常用诊断仪器的正确使用方法; 5. 掌握根据数据流进行故障诊断与故障排除的方法; 6. 掌握数据流分析中常用诊断仪器和设备的使用方法		
学习内容	学习情境1:汽车发动机怠速不稳定故障检修; 学习情境2:汽车发动机故障指示灯点亮故障检修; 学习情境3:汽车起动后仪表闪烁故障检修; 学习情境4:汽车怠速不稳、动力不足故障检修; 学习情境5:汽车无法换挡故障检修; 学习情境6:汽车制动车轮抱死故障检修		
学习领域6	汽车车内局域网系统检修		
学期	第5学期	参考学时	45学时
职业能力要求	1. 能叙述汽车常用网络系统的原理; 2. 能初步看懂汽车车载网络系统电路图; 3. 熟悉典型车型的汽车网络系统; 4. 具备初步的汽车网络系统故障诊断能力		
学习目标	1. 掌握汽车网络系统的基础知识; 2. 掌握车载CAN-BUS网络传输系统、MOST(多媒体)网络传输系统和车载LIN网络传输系统的原理; 3. 掌握汽车网络系统的故障诊断方法; 4. 熟悉典型车型的车载网络系统; 5. 具备汽车网络系统的基本检修能力; 6. 熟悉汽车网络系统检测仪器的使用方法		

续上表

学习领域6	汽车车内局域网系统检修		
学期	第5学期	参考学时	45学时
学习内容	学习情境1:汽车电脑通信故障检修; 学习情境2:车载蓝牙电话无法拨打故障检修; 学习情境3:车载CAN-BUS网络系统无信号故障检修; 学习情境4:车载影音娱乐系统工作不正常故障检修		

4. 专业拓展学习领域教学标准(表3-13)

专业拓展学习领域教学标准　　表3-13

学习领域1	汽车维修业务接待		
学期	第3学期	参考学时	32学时
职业能力要求	1. 能建立与使用客户档案; 2. 能完成5S现场管理与检查; 3. 能操作汽车保险代赔服务; 4. 能合理处理客户投诉; 5. 能熟练处理车辆维修全过程; 6. 能熟练使用汽车维修服务软件		
学习目标	1. 能够在汽车维修接待中正确运用礼仪规范; 2. 能够建立与使用客户档案; 3. 能够完成5S现场管理与检查; 4. 能够解释汽车保修原则与范围; 5. 能够操作汽车保险代赔服务; 6. 能够正确处理价格异议; 7. 能够处理客户投诉; 8. 能够熟练处理车辆维修的全过程; 9. 能够熟练使用汽车维修服务软件		
学习内容	学习情境1:汽车售后服务认知; 学习情境2:礼仪规范; 学习情境3:售后服务流程; 学习情境4:客户满意与客户关系的经营与管理; 学习情境5:汽车售后5S现场管理; 学习情境6:配件管理		
学习领域2	汽车专业英语		
学期	第3学期	参考学时	32学时
职业能力要求	1. 熟悉汽车常用缩略词的含义; 2. 能初步看懂英文维修手册及维修资料; 3. 掌握汽车专业英语的翻译技巧		

续上表

学习领域2	汽车专业英语		
学期	第3学期	参考学时	32学时
学习目标	1. 具有基本的音标拼读能力； 2. 能够熟练掌握汽车常见结构英文词汇； 3. 掌握汽车专业英语的翻译技巧； 4. 能熟练完成教与学的外文资料的英汉对照； 5. 熟悉并掌握汽车常用缩略词及其不同车型常见故障码的英文说明； 6. 借助汽车英汉字典能较熟练阅读英文汽车说明书、维修手册、光盘等最新的汽车外文资料		
学习内容	学习情境1：汽车系统及主要部件中英互译； 学习情境2：汽车常用缩略词解读； 学习情境3：英文维修手册及培训资料识读		
学习领域3	汽车运行材料		
学期	第3学期	参考学时	32学时
职业能力要求	1. 掌握汽油与柴油的使用性能及正确选用方法； 2. 掌握润滑油的使用性能及正确选用方法； 3. 掌握变速器油及润滑脂的使用性能及正确选用方法； 4. 掌握冷却液、制动液、转向助力液、清洗液的使用性能及正确选用方法； 5. 掌握轮胎的结构特点、规格及正确选用方法		
学习目标	1. 了解石油与石油产品的基础知识； 2. 了解油料的技术管理的措施； 3. 掌握汽油、柴油的使用性能、种类及正确选用方法； 4. 掌握发动机润滑油及润滑脂的作用、分类、选用及使用范围； 5. 掌握齿轮油及液力传动油的工作条件、分类、规格及选用方法； 6. 掌握汽车制冷液、冷却液、减振器油及制冷剂的选用方法； 8. 掌握轮胎的作用、类型及结构特点； 9. 掌握轮胎的规格及选用方法； 10. 掌握轮胎的使用与维护方法		
学习内容	学习情境1：汽车燃料的选用； 学习情境2：汽车润滑油及特种油液的选用； 学习情境3：车用特种液体的选用； 学习情境4：汽车轮胎的选用		
学习领域4	汽车市场营销		
学期	第4学期	参考学时	32学时
职业能力要求	1. 能按计划进行汽车市场调研； 2. 能根据汽车市场营销的目的确定汽车市场营销战略和汽车市场竞争策略； 3. 会根据汽车目标市场进行汽车市场细分与目标市场定位； 4. 能按市场机会进行汽车市场营销组合； 5. 能根据企业规模进行汽车营销网络建设； 6. 能根据企业战略目标实施顾客满意战略； 7. 能按市场管理要求对汽车市场营销进行管理		

续上表

<table>
<tr><td>学习领域4</td><td colspan="3">汽车市场营销</td></tr>
<tr><td>学期</td><td>第4学期</td><td>参考学时</td><td>32学时</td></tr>
<tr><td>学习目标</td><td colspan="3">1. 能按计划进行汽车市场调研；
2. 能根据汽车市场营销的目的确定汽车市场营销战略和汽车市场竞争策略；
3. 会根据汽车目标市场进行汽车市场细分与目标市场定位；
4. 能按市场机会进行汽车市场营销组合；
5. 能根据企业规模进行汽车营销网络建设；
6. 能根据企业战略目标实施顾客满意战略；
7. 能按市场管理要求对汽车市场营销进行管理</td></tr>
<tr><td>学习内容</td><td colspan="3">学习情境1:汽车与市场营销基础认知；
学习情境2:汽车市场营销策划；
学习情境3:汽车消费者购买行为分析；
学习情境4:汽车市场4P策略；
学习情境5:汽车整车销售流程；
学习情境6:二手车交易</td></tr>
<tr><td>学习领域5</td><td colspan="3">汽车配件管理</td></tr>
<tr><td>学期</td><td>第4学期</td><td>参考学时</td><td>32学时</td></tr>
<tr><td>职业能力要求</td><td colspan="3">1. 能够甄选合格的供应商；
2. 能负责与供应商的谈判；
3. 能处理日常进出货业务；
4. 能完成采购订单的制作,并能做好货物入库相关单据；
5. 能根据市场与客户需求提供优质销售与售后服务</td></tr>
<tr><td>学习目标</td><td colspan="3">1. 能够甄选合格的供应商,评估供应商的供货能力及合作关系；
2. 能够负责与供应商的谈判,争取优惠的价格和理想的交货条件；
3. 能够处理日常进出货业务；
4. 能够完成采购订单制作,确认、安排发货及跟踪到货日期；
5. 能够做好货物入库相关单据,积极配合库房保质保量完成采购货物的入库管理；
6. 能够积极联系厂家对问题配件进行保修索赔工作；
7. 能够能根据市场与客户需求提供优质的销售业务及售后服务</td></tr>
<tr><td>学习内容</td><td colspan="3">学习情境1:汽车配件编码与查询；
学习情境2:汽车配件订货与采购；
学习情境3:汽车配件出入库管理；
学习情境4:汽车配件库存管理；
学习情境5:汽车配件仓储设计；
学习情境6:汽车配件营销</td></tr>
</table>

续上表

学习领域6	汽车空调系统检修		
学期	第4学期	参考学时	48学时
职业能力要求	1. 具有空调系统维修资料收集与整理的能力； 2. 具有制订、实施空调检修工作计划的能力； 3. 具备进行汽车空调系统性能维护和测试的能力； 4. 具有规范地完成制冷剂充注与泄漏检查的能力； 5. 具有规范完成空调各部件的更换和安装工作的能力； 6. 具备对采暖与通风系统进行性能检查与维护的能力； 7. 具备利用空调自诊系统检查电控系统故障的能力		
学习目标	1. 掌握汽车空调制冷系统及各主要部件的结构、工作原理及检修方法； 2. 掌握汽车空调暖风系统及各主要部件的结构、工作原理及检修方法； 3. 掌握汽车空调通风净化系统及各主要部件的结构、工作原理及检修方法； 4. 掌握汽车空调控制系统及各主要部件的结构、工作原理及检修方法； 5. 掌握汽车空调系统性能维护和测试的方法步骤； 6. 能够进行汽车空调检漏、抽真空及制冷剂充注的操作； 7. 能够正确完成空调各部件的更换和安装工作； 8. 能正确排除汽车空调常见故障		
学习内容	学习情境1:汽车空调不制冷故障检修； 学习情境2:汽车空调无暖风故障检修； 学习情境3:汽车空调不出风故障检修； 学习情境4:自动空调按键无反应故障检修		
学习领域7	汽车检测与诊断技术		
学期	第5学期	基准学时	60学时
职业能力要求	1. 具有收集与整理汽车检测与诊断维修资料的能力； 2. 具有制订、实施汽车检测与诊断工作计划和流程的能力； 3. 具备正确使用各种诊断检测仪器和设备的能力； 4. 能够根据故障现象分析故障原因； 5. 能够通过仪器检测和数据分析，确定故障部位		
学习目标	1. 能够正确使用各种诊断检测仪器和设备； 2. 能够根据故障现象分析故障原因； 3. 能够通过仪器检测和数据分析，确定故障部位； 4. 熟练制定正确的诊断操作流程； 5. 熟练完成故障排除的任务		
学习内容	学习情境1:发动机技术状况检测诊断； 学习情境2:底盘技术状况检测与诊断； 学习情境3:整车性能检测； 学习情境4:汽车检测站工艺流程与实施		

续上表

学习领域8	汽车保险理赔		
学期	第5学期	参考学时	30学时
职业能力要求	1. 能独立完成汽车保险的投保业务; 2. 能根据交通事故认定方法识别事故车; 3. 能够完成对交通事故现场的事故查勘,搜集整理资料; 4. 能对事故车的现场进行处理;准确快速确定事故车损失; 5. 能协助核损员及维修人员完成事故车辆的修理; 6. 能完成车辆理赔核算流程		
学习目标	1. 能够掌握汽车保险投保业务环节和工作内容; 2. 能独立完成汽车保险的投保业务; 3. 能根据交通事故认定方法识别事故车; 4. 能够完成对交通事故现场的事故查勘,搜集整理资料; 5. 能对事故车的现场进行处理;准确快速确定事故车损失; 6. 能协助核损员及维修人员完成事故车辆的修理; 7. 能自学新技术、新知识、新技巧,不断提高职业能力		
学习内容	学习情境1:车险展业; 学习情境2:车险投保; 学习情境3:车险承保; 学习情境4:车险查勘定损; 学习情境5:车险理赔		
学习领域9	现代汽车新技术		
学期	第5学期	参考学时	30学时
职业能力要求	1. 具有收集与整理汽车新技术资料的能力; 2. 了解汽车上所应用的新技术的工作原理		
学习目标	1. 了解并熟悉发动机新技术在汽车上的应用; 2. 了解并熟悉底盘新技术在汽车上的应用; 3. 了解并熟悉汽车电子与电气新技术在汽车上的应用; 4. 了解并熟悉汽车安全新技术在汽车上的应用; 5. 了解并熟悉新能源技术在汽车上的应用		
学习内容	学习情境1:发动机新技术应用; 学习情境2:底盘新技术应用; 学习情境3:汽车电子与电气新技术应用; 学习情境4:汽车安全新技术应用; 学习情境5:新能源技术应用		

5. 独立实践环节领域教学标准(表 3-14)

独立实践环节领域教学标准 表 3-14

学习领域 1	钳工实习		
学期	第 2 学期	参考学时	30 学时
职业能力要求	使学生掌握从事汽车、机械维修以及排除故障所必需的钳工基础知识、方法和技能。同时,通过钳工实习培养和提高学生的全面素质,让学生在实习中培养吃苦耐劳的精神和认真细致的工作作风,具备良好的职业道德和良好的综合职业能力及安全操作知识,为从事专业工作和适应岗位变化以及学习新技术打下基础		
学习目标	1. 了解钳工的特点与用; 2. 着重了解钳的基本操作方法; 3. 掌握基本操作技能; 4. 能正确调整和使用钳工的简单设备、常用工具、工夹量具		
学习内容	1. 划线基本操作; 2. 锯割基本操作; 3. 錾削与锉削基本操作; 4. 钻孔和其他加工方法基本操作; 5. 攻丝与套丝基本操作; 6. 刮削基本操作; 7. 综合件工艺编制与分析		
学习领域 2	发动机构造实习		
学期	第 2 学期	参考学时	30 学时
职业能力要求	通过发动机构造实习使学生加深对专业理论知识的理解,培养和提高学生实际操作和分析问题、解决问题的能力,使学生综合运用所学理论知识与汽车销售服务实践紧密结合,为毕业后从事汽车销售服务等工作打下良好的基础		
学习目标	1. 在实习过程中认知汽车修理企业的工作流程和各岗位的职责任务,提高岗位的适应能力,学会以各种方式学习,综合素质要有明显提升; 2. 将发动机构造等专业知识和相关政策法规结合,运用到相应的实践岗位,提高观察问题、发现问题、分析问题、解决问题的能力,提高专业水平; 3. 在规范有序的实际工作中养成努力钻研、吃苦耐劳的精神		
学习内容	1. 发动机总成及主要部件认知; 2. 拆装工具认识与使用; 3. 发动机总成及各主要部件拆装; 4. 发动机主要部件检测		
学习领域 3	汽车电工电子技术实习		
学期	第 2 学期	参考学时	30 学时
职业能力要求	使学生掌握从事汽车、机械维修以及排除故障所必需的电工电子技术基础知识、方法和技能。同时,通过电工电子实习培养和提高学生的全面素质,让学生在实习中培养认真细致的工作作风,具备良好的职业道德和良好的综合职业能力及安全操作知识,为从事专业工作和适应岗位变化以及学习新技术打下基础		

续上表

学习领域3	汽车电工电子技术实习		
学期	第2学期	参考学时	30学时
学习目标	1. 掌握使用万用表检测电阻、二极管、三极管等电子元件的方法; 2. 掌握高压电路(工业用电、三相电)参数的测量方法; 3. 掌握电路电压、电流、电阻的检测方法及安全规范; 4. 车身电路认识与专用万用表的使用; 5. 认识车身电路结构、电气元件,掌握汽车万用表的使用方法。		
学习内容	1. 电阻、二极管、三极管等电子元件的万用表检测; 2. 高压电路(工业用电、三相电)参数的测量; 3. 电路电压、电流、电阻的检测; 4. 万用表的使用		
学习领域4	汽车底盘构造实习		
学期	第3学期	参考学时	30学时
职业能力要求	通过汽车底盘构造实习使学生加深对专业理论知识的理解,培养和提高学生实际操作和分析问题、解决问题的能力,使学生综合运用所学理论知识与汽车销售服务实践紧密结合,为毕业后从事汽车销售服务等工作打下良好的基础		
学习目标	1. 在实习过程中认知汽车修理企业的工作流程和各岗位的职责任务,提高岗位的适应能力,学会以各种方式学习,综合素质要有明显提升; 2. 将汽车底盘等专业知识和相关政策法规结合,运用到相应的实践岗位,提高观察问题、发现问题、分析问题、解决问题的能力,提高专业水平; 3. 在规范有序的实际工作中养成努力钻研、吃苦耐劳的精神		
学习内容	1. 底盘总成及主要部件认知; 2. 拆装工具认识与使用; 3. 底盘总成及各主要部件拆装; 4. 发动机主要部件检测		
学习领域5	汽车电气设备实习		
学期	第3学期	参考学时	30学时
职业能力要求	通过汽车电气实习使学生加深对专业理论知识的理解,培养和提高学生实际操作和分析问题、解决问题的能力,使学生综合运用所学理论知识与汽车销售服务实践紧密结合,为毕业后从事汽车销售服务等工作打下良好的基础		
学习目标	1. 在实习过程中认知汽车修理企业的工作流程和各岗位的职责任务,提高岗位的适应能力,学会以各种方式学习,综合素质要有明显提升; 2. 将汽车电气等专业知识和相关政策法规结合,运用到相应的实践岗位,提高观察问题、发现问题、分析问题、解决问题的能力,提高专业水平; 3. 在规范有序的实际工作中养成努力钻研、吃苦耐劳的精神		
学习内容	1. 汽车电气系统及主要部件认知; 2. 汽车电气系统及各主要部件的拆装; 3. 汽车基本电路分析; 4. 汽车电路常用仪器设备使用; 5. 汽车电气系统主要部件的检测; 6. 汽车电气系统常见故障的原因分析与方案制定		

续上表

<table>
<tr><td>学习领域6</td><td colspan="3">汽车发动机电控系统实习</td></tr>
<tr><td>学期</td><td>第3学期</td><td>参考学时</td><td>30学时</td></tr>
<tr><td>职业能力要求</td><td colspan="3">通过汽车电控系统实习使学生加深对专业理论知识的理解，培养和提高学生实际操作和分析问题、解决问题的能力，使学生综合运用所学理论知识与汽车销售服务实践紧密结合，为毕业后从事汽车销售服务等工作打下良好的基础</td></tr>
<tr><td>学习目标</td><td colspan="3">1. 在实习过程中认知汽车修理企业的工作流程和各岗位的职责任务，提高岗位的适应能力，学会以各种方式学习，综合素质要有明显提升；
2. 将汽车发动机电控系统等专业知识和相关政策法规结合，运用到相应的实践岗位，提高观察问题、发现问题、分析问题、解决问题的能力，提高专业水平；
3. 在规范有序的实际工作中养成努力钻研、吃苦耐劳的精神</td></tr>
<tr><td>学习内容</td><td colspan="3">1. 汽车发动机电控系统及主要部件认知；
2. 发动机电控系统检测设备的使用；
3. 发动机电控系统常见故障的原因分析与方案制定；
4. 发动机电控系统的检测</td></tr>
<tr><td>学习领域7</td><td colspan="3">汽车维护实习</td></tr>
<tr><td>学期</td><td>第4学期</td><td>参考学时</td><td>30学时</td></tr>
<tr><td>职业能力要求</td><td colspan="3">通过汽车维护实习使学生加深对专业理论知识的理解，培养和提高学生实际操作和分析问题、解决问题的能力，使学生综合运用所学理论知识与汽车销售服务紧密结合，为毕业后从事汽车销售服务等工作打下良好的基础</td></tr>
<tr><td>学习目标</td><td colspan="3">1. 掌握汽车维护的分类和级别；
2. 掌握汽车维护的操作规范；
3. 掌握汽车维护部件和总成的工作原理和结构；
4. 掌握各种维护设备和工具的使用方法；
5. 掌握制订汽车维护计划的方法；
6. 掌握汽车整车维护的方法、过程和要求；
7. 掌握汽车整车维护质量的检验方法</td></tr>
<tr><td>学习内容</td><td colspan="3">1. 新车交车检验；
2. 查找车辆安全配置；
3. 客户接待—车辆外观检查；
4. 蓄电池维护；
5. 润滑系统维护；
6. 车轮轮胎维护；
7. 整车维护</td></tr>
<tr><td>学习领域8</td><td colspan="3">汽车底盘电控系统实习</td></tr>
<tr><td>学期</td><td>第4学期</td><td>参考学时</td><td>30学时</td></tr>
<tr><td>职业能力要求</td><td colspan="3">通过汽车底盘电控系统实习使学生加深对专业理论知识的理解，培养和提高学生实际操作和分析问题、解决问题的能力，使学生综合运用所学理论知识与汽车维修与售后服务实践紧密结合，为毕业后从事汽车维修与售后服务等工作打下良好的基础</td></tr>
</table>

续上表

学习领域8	汽车底盘电控系统实习		
学期	第4学期	参考学时	30学时
学习目标	1. 在实习过程中认知汽车修理企业的工作流程和各岗位的职责任务,提高岗位的适应能力,学会以各种方式学习,综合素质要有明显提升; 2. 将汽车底盘电控系统等专业知识和相关政策法规结合,运用到相应的实践岗位,提高观察问题、发现问题、分析问题、解决问题的能力,提高专业水平; 3. 在规范有序的实际工作中养成努力钻研、吃苦耐劳的精神		
学习内容	1. 底盘电控系统及主要部件的认知; 2. 底盘电控系统检测设备的使用; 3. 底盘电控系统常见故障的原因分析与方案制定; 4. 底盘电控系统主要部件的检测		
学习领域9	汽车车身电控系统实习		
学期	第4学期	参考学时	30学时
职业能力要求	通过汽车车身电控系统实习使学生加深对专业理论知识的理解,培养和提高学生实际操作和分析问题、解决问题的能力,使学生综合运用所学理论知识与汽车维修与售后服务实践紧密结合,为毕业后从事汽车维修与售后服务等工作打下良好的基础		
学习目标	1. 在实习过程中认知汽车修理企业的工作流程和各岗位的职责任务,提高岗位的适应能力,学会以各种方式学习,综合素质要有明显提升; 2. 将汽车车身电控系统等专业知识和相关政策法规结合,运用到相应的实践岗位,提高观察问题、发现问题、分析问题、解决问题的能力,提高专业水平; 3. 在规范有序的实际工作中养成努力钻研、吃苦耐劳的精神		
学习内容	1. 车身电控系统及主要部件的认知; 2. 车身电控系统检测设备的使用; 3. 车身电控系统常见故障的原因分析与方案制定; 4. 车身电控系统主要部件的检测		
学习领域10	毕业顶岗实习		
学期	第5、6学期	参考学时	690
职业能力要求	通过毕业顶岗实习使学生加深对专业理论知识的理解,培养和提高学生实际操作和分析问题、解决问题的能力,使学生综合运用所学理论知识与汽车维修与售后服务实践紧密结合,为毕业后从事汽车维修与售后服务等工作打下良好的基础		
学习目标	1. 了解岗位要求,履行岗位职责; 2. 参与汽车4S店服务顾问、汽车机修工、汽车销售顾问、汽车保险理赔等岗位顶岗实习,独立或协助完成汽车维修服务工作; 3. 适应汽车销售与维修企业职业氛围和职业环境; 4. 具备安全和环保意识		
学习内容	1. 选择汽车4S店服务顾问、汽车机修工、汽车保险理赔、汽车销售顾问等汽车销售与维修服务企业岗位进行实习; 2. 岗位技能和职业素养培养; 3. 实习工作总结,撰写顶岗实习技术报告		

(二)教学组织

贯彻“合作办学、合作育人、合作发展”的理念,按照“依托行业、对接产业、定位职业、服务社会”的专业建设思路,以行动导向实施课程教学,形成以教师为主导、学生为主体、教学做合一、理论与实践合一、工学结合的教学模式。始终要重视学生在校学习与实际工作的一致性,采取工学交替、任务驱动、项目导向的一体化教学模式,运用任务驱动法、项目导向法、情境教学法、案例分析法、现场教学法、课堂讨论法等教学方法进行教学,立足于加强学生实际操作能力的培养。

核心课程建议采用“任务驱动、项目导向”教学法,通过典型的工作任务或项目,由教师提出要求或示范,组织学生进行活动,注重“教”与“学”的互动,让学生在活动中增强爱岗敬业、团结协作的意识,实现技能与素质的同步提高。实施“教、学、做”一体化教学,提高学生的学习兴趣,有效培养学生的职业能力;教师可着重进行引导并实施监督和评价。实践课程要加强引导、示范,创设工作情境,让学生亲自动手,提高学生岗位适应能力和分析处理问题的能力。

在教学过程中,要充分借鉴多媒体、教学资源库、网络资源等教学资源辅助教学,帮助学生理解所学知识,并重视本专业领域新技术、新工艺、新设备的发展趋势。要充分利用校外实训基地,校企合作、工学结合,积极引导学生提升职业素养、提高职业道德紧密结合职业技能证书的考核、加强取证项目的训练。

(三)考核评价

吸纳用人单位专家参与教学质量评价,建立以能力为核心、以过程为重点的学习绩效考核评价体系。针对不同类型的课程采用不同的考核方法。对公共基础课程,建议采取理论考核的方法;对于专业学习领域,建议采取过程考核与综合考核相结合的方式;对于实践学习领域,尽量采用实操考核、过程考核的方法。具体原则如下:

1. 公共基础学习领域

总评成绩 = 平时成绩(考勤、提问、作业等)×40% + 期终考核 ×60%。

2. 专业学习领域

采取过程考核与综合考核相结合的评价方式,同时根据学生取得相应工种的职业资格证书的情况,综合评价学生成绩。其中过程考核包括学习态度、课程作业等,占课程总成绩的40%;综合考核包括期末考试、实践考核等,占课程总成绩的60%。如学生取得相应工种的职业资格证书,则该门课程考核合格。

3. 实践学习领域

以工作态度、实际操作和实习报告等情况综合评定学生成绩,其中工作态度、实际操作等占80%(在企业完成的项目由企业指导教师评定),实习报告占20%。

二、专业人才培养实施流程

将汽车售后服务市场岗位需求融入人才培养方案中,以培养学生良好职业道德和较强职业能力为宗旨,导入行企技术标准,借鉴校企合作人才培养经验,通过与德国、韩国等一批汽车职业教育合作项目的实施,引入发达国家先进的汽车技术和职教理念,构建“岗位需求引导、行企标准跟进,三方考核评价"适应区域经济发展的汽车电子技术专业人才培养模式,如图3-1所示。

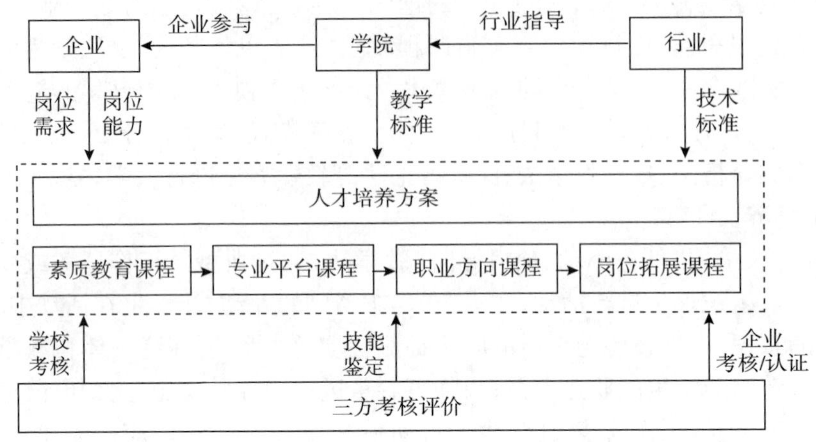

图3-1 "岗位需求引导、行企标准、三方考核评价"跟进人才培养模式

岗位需求引导是指深入汽车售后服务企业开展调研,把握企业岗位需求及综合职业能力要求,校企合作共同确定人才培养目标。行企标准跟进是指将行业企业技术和管理标准引入到学习领域中,建立包含公共基础课程、专业基础课程、专业核心课程、专业拓展课程和独立实践课程的汽车电子技术专业课程体系;三方考核是指专业考核由学院实施,职业考核(如汽车维修资格证书)由国家职业技能鉴定部门实施,企业考核/认证由合作企业实施。

以典型工作任务为载体,积极推行任务驱动的教学模式。以完成真实维修任务为路径,将维修任务嵌入教学过程,让学生经过自己的思考和老师的指导,独立解决问题,从而掌握相关的知识和技能。不断深化人才培养模式改革,提升人才培养质量。

1. 公共基础课学习阶段

主要学习公共基础课程课程,培养学生基本的职业素养。

2. 专业基础课程学习阶段

在校内常规教室、理实一体教室和基本技能实训室学习汽车电工电子,汽车机械系统的结构、工作原理、拆装、检修等专业基础内容,培养学生专业基本技能。

3. 专业核心课程学习阶段

基于汽车电子专业的特殊性,在校内常规教室、理实一体化教室、基本技能实训室和综合技能实训室、校企共建的实训室进行汽车电气、发动机电控、底盘电控、车身电控、汽车空调等专业核心知识和技能的学习。培养学生汽车检测、故障诊断与维修等岗位技能,并取得汽车维修中级工证书。

4. 专业拓展课程学习阶段

在校内常规教室、理实一体化教室、基本技能实训室和综合技能实训室、校企共建的实训室进行汽车营销、汽车配件管理、汽车保险理赔、汽车检测与诊断等专业知识和技能的学习,拓展学生的专业学习领域,拓宽学生的就业领域。

5. 校外实践环节学习阶段

在校外实训基地、合作企业顶岗实习,结合岗位知识和技能,完成企业岗位技能、企业文化学习,融入企业,为后续的顺利就业打下良好基础。

注:校内独立实践环节在专业课程学习中间穿插进行。

四、专业人才培养实施保障

(一)专业人才培养实施的组织保障

在学院合作发展理事会的指导下,由系牵头,组建由学院专业带头人、骨干教师、知名校友、学生代表以及汽车行业企业专家共同参与的“汽车工程系校企合作工作委员会”,设有办公室、专业建设工作部和社会服务部。校企合作制定了“汽车工程系校企合作工作委员会规程”,每年定期组织召开专业建设研讨会,制订年度工作计划,进行专业人才需求调研,专业人才培养方案修订研讨,课程开发、课程建设和实训基地建设等。

(二)专业人才培养实施的制度保障

1. 校企合作、工学结合运行机制

为了使专业建设和技术服务工作能健康、有序地开展,并切实解决学生安全、学生待遇等突出问题,根据学院统一制定的相关文件,结合专业实际制定了汽车工程系《校企合作工作委员会工作细则》《校企合作工作委员会例会制度》《专业建设工作部管理细则》《社会服务部管理细则》《校外实习实训基地建设校企共建共管细则》《教师培训与企业锻炼实施细则》《企业兼职教师聘用、管理与考核管理细则》《教学组织方案调整细则》等工学结合相关制度。

2. 专业教学运行管理机制

为了保证理论与实践教学的顺利实施与运行,学院制定了教学管理制度,包括关于教学日常管理的《教学管理基本规程》《课程建设指导意见》《关于教学建设的若干规定》等;关于实践教学管理的《实践教学工作条例》等;关于学生成绩考核的《学生学业成绩考核管理规定》;关于学生管理的《学生管理规定》《学生考试违纪和作弊认定处理办法》等。

建立了完善的校内实训室和校外实训基地的管理制度,如《校内实训基地管理制度》《校外实训基地运行管理制度》《实训室工作人员管理制度》《实训室及设备管理制度》《仪器操作规程》等,保证校内外实训条件的优势资源在教学过程中的充分发挥。

3. 顶岗实习制度

“顶岗实习”作为工学结合人才培养模式的重要组成部分,相对于校内教学组织而言,更需规范和管理。为此,制定了《顶岗实习管理办法》和一系列学生顶岗实习的作业文件,包括《学生顶岗实习协议书》《学生自主联系顶岗实习申请表》《顶岗实习考核表》《顶岗实习辅导员联系学生情况登记表》《顶岗实习手册》等,以这些作业文件内容指导顶岗实习全过程,使顶岗实习教学环节有计划、有组织、有考核、有落实。

4. 其他配套制度

此外,学院还制定了全员定期定聘计划、人才培养计划,出台了《江西交通职业技术学院人才引进管理办法》《兼职教师管理制度》《重点教学项目奖励办法》和《江西交通职业技术学院科技成果奖励办法》等文件,激励教师参与专业建设和教研、科研等工作。

（三）专业教学运行过程质量保障

1. 教学质量监控与评价主体

在学院分管教学工作副院长领导下，在教务处、教学督导室的工作指导下，汽车工程系、教研室、校企合作工作委员会、学生信息员构成教学质量监控与评价的四大主体，其中，教务处和汽车工程系是教学质量监控与评价主体，督导室是教学过程日常巡视监控与评价主体，校企合作工作委员会是专业人才培养目标与规格监控主体，学生教学信息员是教学效果反馈主体。

2. 教学质量标准体系

校企合作积极探索职业岗位要求与专业人才培养方案有机结合的途径与方式，充分发挥由行业专家参与的校企合作工作委员会专业建设工作部的作用，制定了人才培养方案，建立了实践教学环节的质量标准体系。一是建立了教师教学标准；二是在专业调研基础上，校企合作共同制定了专业课程标准。

3. 教学质量监控与评价体系

针对本专业学生学习的目标、内容、要求等，形成了一整套科学、规范的教学运行管理细则，形成了教学全过程运行监控体系。特别是加强了学生顶岗实习期间的教学质量监控，强化顶岗实习过程管理。

校企共同实施教学质量评价体系。督导考评、系部考核、学生评教及同行评价四个方面对教学进行综合评价。分别制定了规范的质量评价标准、考核办法和考核工作方案，分项实施考核。学院督导采取随机听课方式，对教学情况进行考评；专业所在系部每学期对教师的教学态度、教学能力、教学效果进行全面考核；学院教务处组织学生对教师的教学情况进行测评，利用统计结果对教师的教学情况进行评价；同行对指导学生实习的教师和教学过程进行评价。以上四项考核均按百分制定出具体分数，然后按照一定比例合成得出每位教师的总成绩，促进了教师教学能力和教学质量的稳步提高。

（执笔人：刘堂胜）

第三部分　附　　件

附件 1:《汽车波形与数据流分析》课程标准

一、课程定位

课 程 定 位 表　　表 1

课程名称及编号	汽车波形与数据流分析(221206)
课设学期及学时	第 5 学期(60 学时)
课程类型	专业核心课程(学习领域)
先导课程	汽车电气系统检修、发动机电控系统检修、汽车底盘电控系统检修、汽车车身电控系统检修
平行课程	汽车检测与诊断技术、汽车车内局域网系统检修
后续课程	无

二、课程性质

本课程是汽车电子技术专业的一门专业核心课程,该课程系统阐述了汽车波形与数据流的分析方法方法。本课程的学习情境是依据工作过程为导向,以典型工作任务为基点,综合理论知识、操作技能和职业素养为一体的思路设计。通过完成学习情境的学习,学生不但能够掌握典型车型的数据流分析方法,还能够全面培养团队协作、沟通表达、工作责任心、职业规范和职业道德等综合素质,使学生通过学习的过程掌握工作岗位所需的各项技能和相关专业知识。

三、课程设计思路

按照"以能力为本位,以职业实践为主线,以项目课程为主体的模块专业课程体系"的总体设计要求,本课程以维修质量与检验技能为基本目标,突出工作任务与知识的联系,让学生在实践活动的基础上掌握知识,增强课程内容与职业岗位能力要求的相关性,提高学生的实践能力。

学习模块选取的依据是以本专业所对应的岗位群要求而制定,以汽车电子技术专业一线技术岗位为载体,使工作任务具体化,针对任务按本专业所特有的逻辑关系编排项目。

四、课程目标

通过课程的学习,使学生能够正确选择、规范使用工具、仪器设备和技术资料;能按要求掌握按照波形与数据流分析排除故障的方法;能根据故障现象分析故障原因、确定故障区域、明确故障部位、制定维修方案、排除故障,并保证维修质量;能使用相关的仪器设备;能遵守劳动纪律、遵守操作规程、注意生产安全,具有环境保护、成本节约的意识,能合理处理辅料和报废的零部件。

同时，通过本课程的学习，学生能胜任汽车机电维修岗位的检修工作，并能通过汽车维修工职业资格证书中汽车波形与数据流分析部分内容的考核。

(一)知识目标

(1)熟悉常见电控元件与系统的波形；
(2)掌握根据波形进行故障诊断与排除的方法；
(3)掌握波形分析中常用诊断仪器的正确使用方法；
(4)会根据数据流进行故障诊断与排除的方法；
(5)掌握数据流分析中常用诊断仪器和设备的使用方法。

(二)能力目标

(1)会分析波形与元件工作的相互关系；
(2)能根据波形进行故障的诊断与排除；
(3)能根据数据流分析故障并排除故障；
(4)能正确使用示波器等波形检测仪器设备；
(5)能正确使用故障诊断仪等数据流检测仪器设备；

(三)素质目标

(1)具有可持续发展的能力；
(2)具有团队协作能力；
(3)具有收集和处理信息的能力；
(4)具有获取新知识的能力；
(5)具有综合运用所学知识分析和解决问题的能力；
(6)具有良好的职业道德和敬业精神。

五、课程内容与学习目标

(一)课程内容结构安排

本课程以典型故障为载体分为发动机怠速不稳定故障检修等 6 个学习情境，空气流量计波形分析等 16 个工作任务，具体见表 2。

课程内容结构安排一览表 表 2

序号	学习情境	工作任务	参考学时
1	汽车发动机怠速不稳定故障检修	空气流量计波形分析	4
		氧传感器波形分析	6
		其他传感器波形分析	4
2	汽车发动机故障指示灯点亮故障检修	喷油器驱动器波形分析	4
		点火系统波形分析	4
		控制阀波形分析	4

续上表

序号	学 习 情 境	工 作 任 务	参考学时
3	汽车起动后仪表闪烁故障检修	交流发电机信号波形分析	4
		起动系统测试波形分析	4
4	汽车动力不足故障检修	发动机参数分析	2
		燃油控制参数分析	2
		进气状态参数分析	2
		供电点火参数分析	2
		排放控制数据流分析	4
5	汽车无法换挡故障检修	自动变速器输入信号数据流分析	4
		自动变速器电磁阀数据流分析	4
6	汽车 ABS 系统故障检修	ABS 数据流分析	6
合计			60

(二)课程内容要求(表3)

课程内容要求 表3

<table>
<tr><td colspan="2">学习情境1:汽车发动机怠速不稳定故障检修</td><td>参考学时:14</td></tr>
<tr><td colspan="3">学习目标:
1. 能根据客户反映的故障现象,确定故障部位、确定检修项目、制定任务工单;
2. 熟悉汽车电子信号的类型与判定依据;
3. 熟悉汽车波形的识别方法;
4. 掌握空气流量计波形分析方法;
5. 掌握氧传感器波形分析方法;
6. 掌握节气门温度传感器、温度传感器、爆燃传感器、车速传感器、轮速传感器、曲轴/凸轮轴位置传感器等传感器的波形分析方法;
7. 能根据波形分析方法正确分析汽车发动机怠速不稳定故障,并能诊断排除</td></tr>
<tr><td colspan="3">学习内容:
1. 汽车电子信号的类型与判定依据;
2. 汽车波形的识别;
3. 空气流量计波形的分析;
4. 氧传感器波形的分析;
5. 节气门位置传感器、温度传感器等传感器的波形分析;
6. 利用波形分析对汽车发动机怠速不稳定故障的诊断与排除</td></tr>
<tr><td>教学资源:
1. 讲义、教案、多媒体课件、图片、模型、FLASH 动画等;
2. 实训指导书、任务工单等
企业资源:
3. 维修案例、培训资料、维修手册等</td><td colspan="2">对学生基础要求:
1. 具备汽车电气设备结构、原理和检修相关知识;
2. 具备一定专业基础知识、实践技能和自学能力;
3. 会使用示波器、故障诊断仪等常用仪器设备;
4 具有良好的与他人沟通和协作的能力;
5. 资料的查阅与收集能力</td></tr>
</table>

续上表

<table>
<tr><td>学习情境 2:汽车发动机故障指示灯点亮故障检修</td><td>参考学时:12</td></tr>
<tr><td colspan="2">学习目标:
1. 能根据客户反映的故障现象,确定故障部位、确定检修项目、制定任务工单;
2. 掌握喷油器的波形分析方法;
3. 掌握点火系统波形分析方法;
4. 掌握控制阀的波形分析方法;
5. 能根据波形分析方法正确分析汽车发动机运转不稳定、故障指示灯点亮故障,并能诊断与排除</td></tr>
<tr><td colspan="2">学习内容:
1. 喷油器波形的分析;
2. 点火系统波形分析;
3. 控制阀波形分析;
4. 利用波形分析对汽车发动机运转不稳定、故障指示灯点亮故障的诊断与排除</td></tr>
<tr><td>教学资源:
1. 讲义、教案、多媒体课件、图片、模型、FLASH 动画等;
2. 实训指导书、任务工单等
企业资源:
3. 维修案例、培训资料、维修手册等</td><td>对学生基础要求:
1. 具备汽车电气设备结构、原理和检修相关知识;
2. 具备一定专业基础知识、实践技能和自学能力;
3. 会使用示波器、故障诊断仪等常用仪器设备;
4. 具有良好的与他人沟通和协作的能力;
5. 资料的查阅与收集能力</td></tr>
<tr><td>学习情境 3:汽车起动后仪表闪烁故障检修</td><td>参考学时:8</td></tr>
<tr><td colspan="2">学习目标:
1. 能根据客户反映的故障现象,确定故障部位、确定检修项目、制定任务工单;
2. 掌握蓄电池电源测试波形分析的方法;
3. 掌握交流发电机信号波形分析的方法;
4. 掌握起动系统测试波形分析的方法;
5. 能根据波形分析方法正确分析汽车起动后仪表闪烁故障,并能诊断与排除</td></tr>
<tr><td colspan="2">学习内容:
1. 蓄电池测试波形分析;
2. 交流发电机信号波形分析;
3. 起动系统测试信号波形分析;
4. 利用波形分析方法对汽车起动后仪表闪烁故障的诊断与排除</td></tr>
<tr><td>教学资源:
1. 讲义、教案、多媒体课件、图片、模型、FLASH 动画等;
2. 实训指导书、任务工单等。
企业资源:
3. 维修案例、培训资料、维修手册等</td><td>对学生基础要求:
1. 具备汽车电气设备结构、原理和检修相关知识;
2. 具备一定专业基础知识、实践技能和自学能力;
3. 会使用基本的拆装工具,具有基本的动手操作能力;
4. 会使用万用表、故障诊断仪等常用仪器设备;
5 具有良好的与他人沟通和协作的能力;
6. 资料的查阅与收集能力</td></tr>
</table>

续上表

<table>
<tr><td>学习情境4:汽车动力不足故障检修</td><td>参考学时:12</td></tr>
<tr><td colspan="2">学习目标:
1. 能根据客户反映的故障现象,确定故障部位、确定检修项目、制定任务工单;
2. 熟悉数据流的概念与数据流参数的分类;
3. 掌握数据流分析的方法。
4. 掌握发动机参数分析方法;
5. 掌握燃油控制参数分析方法;
6. 掌握进气状态参数分析方法;
7. 掌握供电点火参数分析方法;
8. 掌握排放控制参数分析方法;
9. 能利用数据流分析方法正确分析汽车怠速不稳、动力不足故障,并能诊断与排除</td></tr>
<tr><td colspan="2">学习内容:
1. 数据流的概念与数据流参数的分类;
2. 数据流分析的方法。
3. 发动机参数分析方法;
4. 燃油控制参数分析方法;
5. 进气状态参数分析方法;
6. 供电点火参数分析方法;
7. 排放控制参数分析方法;
8. 利用数据流分析方法对汽车怠速不稳、动力不足故障的诊断与排除</td></tr>
<tr><td>教学资源:
1. 讲义、教案、多媒体课件、图片、模型、FLASH动画等;
2. 实训指导书、任务工单等
企业资源:
维修案例、培训资料、维修手册等</td><td>对学生基础要求:
1. 具备汽车电气设备结构、原理和检修相关知识;
2. 具备一定专业基础知识、实践技能和自学能力;
3. 会使用万用表、故障诊断仪等常用仪器设备;
4. 具有良好的与他人沟通和协作的能力;
5. 资料的查阅与收集能力</td></tr>
<tr><td>学习情境5:汽车无法换挡故障检修</td><td>参考学时:8</td></tr>
<tr><td colspan="2">学习目标:
1. 能根据客户反映的故障现象,确定故障部位、确定检修项目、制定任务工单;
2. 掌握自动变速器输入信号参数分析方法;
3. 掌握自动变速器电磁阀参数分析方法;
4. 能利用数据流分析方法正确分析汽车无法换挡故障,并能诊断与排除</td></tr>
<tr><td colspan="2">学习内容:
1. 自动变速器输入信号参数分析方法;
2. 掌握自动变速器电磁阀参数分析方法;
3. 利用数据流分析方法对汽车无法换挡故障进行诊断与排除</td></tr>
</table>

续上表

<table>
<tr><td colspan="2">学习情境5:汽车无法换挡故障检修</td><td>参考学时:8</td></tr>
<tr><td>教学资源:
1. 讲义、教案、多媒体课件、图片、模型、FLASH 动画等;
2. 实训指导书、任务工单等
企业资源:
维修案例、培训资料、维修手册等</td><td colspan="2">对学生基础要求:
1. 具备汽车电气设备结构、原理和检修相关知识;
2. 具备一定专业基础知识、实践技能和自学能力;
3. 会使用万用表、故障诊断仪等常用仪器设备;
4. 具有良好的与他人沟通和协作的能力;
5. 资料的查阅与收集能力</td></tr>
<tr><td colspan="2">学习情境6:汽车 ABS 系统故障检修</td><td>参考学时:6</td></tr>
<tr><td colspan="3">学习目标:
1. 能根据客户反映的故障现象,确定故障部位、确定检修项目、制定任务工单;
2. 掌握 ABS 参数分析方法;
4. 能利用数据流分析方法正确分析汽车制动车轮抱死故障,并能诊断与排除</td></tr>
<tr><td colspan="3">学习内容:
1. ABS 参数分析方法;
2. 利用数据流分析方法对汽车制动车轮抱死故障的诊断与排除</td></tr>
<tr><td>教学资源:
1. 讲义、教案、多媒体课件、图片、模型、FLASH 动画等;
2. 实训指导书、任务工单等
企业资源:
维修案例、培训资料、维修手册等</td><td colspan="2">对学生基础要求:
1. 具备汽车电气设备结构、原理和检修相关知识;
2. 具备一定专业基础知识、实践技能和自学能力;
3. 会使用故障诊断仪等常用仪器设备;
4 具有良好的与他人沟通和协作的能力;
5. 资料的查阅与收集能力</td></tr>
</table>

六、课程实施建议

(一)教材及参考资源建议

1. 教材

谭本忠,汽车波形与数据流分析[M]. 北京:机械工业出版社,2011

2. 参考书

[1] 郭彬,数据流分析及在汽车故障检测诊断中的应用[M]. 南京:江苏科学技术出版社,2010.

(二)师资条件建议

1. 专任教师

具有高校教师资格证;具有较强的教学组织与管理能力;具备良好的师德和执教素质;具有汽车电气系统检修经验。具有汽车维修检测企业工作经历;精通汽车构造与电工电子相关的基本理论与专业知识;具有较强的教科研能力。

2. 兼职教师

具有5年以上汽车维修行业工作经历,有丰富的实际工作经验;具有较强的教学组织能力。

(三)实验实训条件建议

本课程对实训条件有一定要求,具体见表4。

实验实训条件配置建议　　表4

实训室名称	主要设备名称	主要实训项目
汽车电气实训室	充电系统实训台	蓄电池与交流发电机的波形分析
汽车电气实训室	整车、示波器	起动系统波形分析
汽车电子实训室	整车、示波器	传感器波形分析
汽车电子实训室	整车、示波器	点火系统波形分析
汽车电子实训室	整车、示波器	喷油器与控制阀的波形分析
汽车电子实训室	整车、故障诊断仪	汽车各总成基本参数分析

(四)教学方法建议

针对具体的教学内容和教学过程,总体采用项目教学法。在具体教学方法中,运用任务引导法、案例法、小组协作学习法等多种方法组织教学,以学生为中心"做中学、学中做",让学生人人参与,培养学生团队协作能力和实践动手能力。

(五)教学考核评价建议

(1)改革考核手段和方法,加强实践教学环节的考核,可采用过程考核和结果考核相结合的考核方法。

(2)结合课堂提问、学生作业、平时测验、任务工作单、实验实训、技能竞赛及考试情况,综合评定学生的学业成绩。

(3)应注重对学生动手能力和在实践中分析问题、解决问题能力的考核,对在学习和应用上有创新的学生应特别给予鼓励,综合评价学生的能力。

(4)考核要重视对学生的学习态度、团队合作能力、沟通能力的评价。

按任务考评(过程考评)与课程考评(期末考评)相结合的方法对学生的学习情况进行整体考评,突出过程考评,其中过程考评占总成绩的70%,期末考评占30%,具体考核方式见表5。

考 核 过 程 表　　表5

考评方式	过程考评(项目考评)70分			期末考评(卷面考评)30分
	素质考评	工单考评	实操考评	
	10分	20分	40分	
考评实施	由指导教师根据学生表现集中考评	由主讲教师根据学生完成的工单情况考评	由实训指导教师对学生进行操作考评	根据教考分离的原则,由学校教务处组织考评

续上表

<table>
<tr><td rowspan="3">考评方式</td><td colspan="3">过程考评(项目考评)70 分</td><td rowspan="3">期末考评
(卷面考评)
30 分</td></tr>
<tr><td>素质考评</td><td>工单考评</td><td>实操考评</td></tr>
<tr><td>10 分</td><td>20 分</td><td>40 分</td></tr>
<tr><td>考评标准</td><td>根据遵守设备安全、人身安全和生产纪律等情况进行评分</td><td>预习内容:10 分
操作记录:10 分</td><td>任务方案:10 分
工具使用:5 分
操作过程:15 分
完成质量:10 分</td><td>题目类型:填空、单项选择、多项选择、判断、名词解释、问答和论述题等</td></tr>
<tr><td>备注</td><td colspan="4">由于操作不当造成设备损坏和人身伤害的,计 0 分</td></tr>
</table>

(课程标准制订人:刘堂胜)